中国海洋大学一流大学建设专项经费资助

教育部人文社科重点研究基地中国海洋大学海洋发展研究院资助

中国海洋文化发展报告

（2016—2020）

修 斌 主编　　赵成国 马树华 副主编

China Marine Culture
Development Report 2016-2020

中国社会科学出版社

图书在版编目（CIP）数据

中国海洋文化发展报告 . 2016-2020 / 修斌主编 . —北京：
中国社会科学出版社，2022.12
ISBN 978 - 7 - 5227 - 1112 - 6

Ⅰ.①中…　Ⅱ.①修…　Ⅲ.①海洋—文化—研究报告—
中国—2016-2020　Ⅳ.①P72

中国版本图书馆 CIP 数据核字（2022）第 231375 号

出 版 人	赵剑英
责任编辑	张 湉
责任校对	姜志菊
责任印制	李寡寡

出　　　版	中国社会科学出版社
社　　　址	北京鼓楼西大街甲 158 号
邮　　　编	100720
网　　　址	http://www.csspw.cn
发 行 部	010 - 84083685
门 市 部	010 - 84029450
经　　　销	新华书店及其他书店

印刷装订	北京君升印刷有限公司
版　　　次	2022 年 12 月第 1 版
印　　　次	2022 年 12 月第 1 次印刷

开　　　本	710 × 1000　1/16
印　　　张	17.5
字　　　数	278 千字
定　　　价	89.00 元

凡购买中国社会科学出版社图书，如有质量问题请与本社营销中心联系调换
电话：010 - 84083683

目　录

绪　　论

中国海洋文化是伴随中华文化的发展同步发展起来的，在各个历史时期都有其鲜明的特色。以东夷、百越为代表的中国古代先民，依海而生，靠海发展；先秦海洋文化既体现渔盐之利、舟楫之便的实用理性，也包含政治理想、道德胸襟、梦幻憧憬的精神价值；秦汉以降各朝代对海洋的经略和海疆的治理，为华夏子孙开辟了世代生存和永续发展的地理空间，奠定了国家统一和民族安稳的共同家园，并通过海域文化交流促进了中国海洋文化不断生长发育、丰富多彩。中国海洋文化中的神话、信仰、理念、认知、文学、艺术、科技、经验，经过漫长的发展历程，造就出辉煌灿烂的华夏海洋文明，成为民族文化自信的重要源泉和底气。同时，海洋是防御的屏障、交锋的舞台，更是交流的纽带，在当今构建海洋命运共同体的进程中，中国需要与世界携手促进海洋文化的交融互鉴，深化海上互联互通和各领域务实合作，为全球海洋治理贡献中国智慧。

继党的十八大作出建设海洋强国的战略部署之后，党的十九大又进一步提出加快建设海洋强国。这期间，习近平总书记提出"一带一路"特别是共建"21世纪海上丝绸之路"的倡议，为中国的海洋发展、为中外海洋经济贸易和文化交流描绘了宏伟蓝图。2019年4月，国家主席、中央军委主席习近平23日在青岛集体会见应邀出席中国人民解放军海军成立70周年多国海军活动的外方代表团团长时提出海洋命运共同体[①]重要理念，丰

[①] 《习近平集体会见出席海军成立70周年多国海军活动外方代表团团长》，中华人民共和国中央人民政府网，2019年4月23日，http://www.gov.cn/xinwen/2019-04/23/content_5385354.htm

富了"人类命运共同体"思想的内涵。习总书记还指出，"建设海洋强国是实现中华民族伟大复兴的重大战略任务""建设海洋强国，必须进一步关心海洋、认识海洋、经略海洋""海洋对于人类社会生存和发展具有重要意义。海洋孕育了生命、联通了世界、促进了发展。我们人类居住的这个蓝色星球，不是被海洋分割成了各个孤岛，而是被海洋联结成了命运共同体，各国人民安危与共。海洋的和平安宁关乎世界各国安危和利益，需要共同维护，倍加珍惜"。① 这些重大倡议、重要论述（包括"海洋生态文明""蓝色伙伴关系"等），共同构成了以习近平同志为核心的党中央推进中国海洋事业、完善全球海洋治理的新理念、新思想、新战略。而中国海洋文化是建设海洋强国的题中应有之义，它既是海洋事业的重要组成部分，也是其发展的强大动力和重要支撑。

进入被称为"海洋世纪"的 21 世纪以来，中国海洋文化发展日新月异，海洋历史文化研究也进入一个新的历史时期。研究队伍日益壮大，研究机构日渐增多，学术会议接连不断，学术成果大量涌现，定期学术出版物和国际学术交流机制也受到瞩目。这一切又与中外关系史、中外文化交流史、海外交通史、海外贸易史、海外移民史、航海史与航海文化、港口史与海港文化、岛屿历史与岛屿文化、海洋思想与海洋信仰、海洋民俗与海洋社会、海洋教育与海洋意识、海战与海军、海洋文学与艺术、海洋文献与海图、海洋考古、海上丝绸之路研究、郑和下西洋研究，以及当下海洋治理、海洋权益、21 世纪海上丝绸之路、海洋命运共同体等诸多学术领域产生交叉互动，促进了海洋人文社会科学的繁荣和进步。

"十三五"期间是中国海洋文化继续蓬勃发展的五年，也是中国海洋文化研究成果丰硕的五年，这些发展和成果得益于良好的环境，也得益于业界、学界和全社会的共同关注和参与。我们有必要对"十三五"期间中国海洋文化的研究和发展进行梳理和总结。本报告的出版就是基于这样的考虑。报告由中国海洋大学海洋文化研究团队承担。中国海洋大学于 1997 年成立了国内首家海洋文化研究所，在学校的大力支持下，由创所所长曲

① 《习近平：向海洋进军，加快建设海洋强国》，光明网，2022 年 6 月 8 日，https：//m. gmw. cn/baijia/2022−06/08/35797017. html

金良教授领衔，在全国率先开展海洋文化研究，进行海洋文化人才培养和社会服务，先后开设了海洋文化系列课程，出版了《海洋文化概论》《海洋文化与社会》《中国海洋文化史长编》（五卷本）、《中华大典》（海洋分典）等一批教材、专著、资料汇编，承担了国家社科基金重大项目"中国海洋文化理论体系研究"等 20 余项国家、部委和国际合作的课题，以及教育部发展报告系列（蓝皮书）之《中国海洋文化发展报告》（2013 年卷、2014 年卷、2015 年卷）。近年来团队又先后完成中国大百科全书第三版之专业版《海洋卷》（海洋文化部分）及专题版"中国海洋文化专题"的编撰。20 多年来，团队始终重视海洋文化研究的史、论结合，注重科研与人才培养相辅相成，注重围绕国家重大战略发挥资政和社会服务功能，注重海洋历史文化领域的国内外合作与交流，为繁荣和发展中国海洋文化不懈努力，也做出中国海大的贡献。

本报告是中国海洋大学海洋文化团队在以往编写教育部发展报告系列《中国海洋文化发展报告》的基础上，因应形势变化和时代需求重新推出的新版报告。作为第一部新版报告，所涉时间段主要集中在 2016 年至 2020 年，也就是中国国民经济和社会发展第十三个五年计划期间，内容既包括海洋文化的发展状况也包括其研究状况，主要由海洋文化理论、海洋史、海洋文化遗产、海洋考古、海洋民俗、海洋文学、海洋文化产业、海洋文化教育及人才培养、海洋历史文献 9 个分报告构成，基本上包括了中国海洋文化最受关注的几个方面。现将 9 个分报告的情况略述一二。

1. 中国海洋文化理论研究

近年来呈现出新局面，尤其是关于海洋文化基本理论及相关概念、内涵等重要问题的思考更加丰富和多元，学术讨论更加活跃，宏观理论体系建构、区域建设实践研究、海洋生态文明研究、海洋文化与中华文明的关系等问题受到更多关注。但是，海洋文化的理论创新、学科属性的探讨尚有待加强。该分报告选取部分已经发表和出版的综合性理论成果进行分类整理，概略呈现五年来海洋文化理论研究的大致脉络和主要特点。

2. 中国海洋史研究

海洋史业已成为近年来中国学术研究的一大热点，表现在研究成果丰硕、学术交流频繁、青年研究人才辈出等诸多方面。从具体领域来看，研究的主题更加丰富，海上丝绸之路、海洋政策、海洋社会经济、海疆海权、海洋环境生态、海图等较为集中，海洋史研究的理论和方法也更加多元，跨学科特征明显，研究资料也得到更多挖掘和扩展。但是研究成果、研究区域还不够平衡，资料库建设需要加强。

3. 中国海洋文化遗产保护

五年来我国的海洋文化遗产保护事业取得了显著进展，海洋文化遗产保护机制有了新探索，规划立法、联合行动增多，学术研究助力文化遗产保护，尤其是海洋物质文化遗产保护得到快速推进，海洋非物质文化遗产保护在文旅融合背景下被注入活态传承新动力，"泉州：宋元中国的世界海洋商贸中心"项目成功列入世界文化遗产名录等。整体而言，海洋文化遗产保护呈现出稳中有进、重点突破的态势。但需重点加大保护范围、落实整体保护的有效政策措施。

4. 中国海洋考古发展报告

近五年来考古学面临前所未有的发展机遇、政策环境和科技支撑，水下考古取得跨域式发展，北起庙岛群岛，南到西沙群岛，一批令世人瞩目的成果问世。得益于国家一系列文物保护方案的编制，海洋文物保护也开创了新局面。国家文物局水下文化遗产保护中心新建多个基地和中心，并举办一系列会议和培训。以中沙塞林港遗址考古合作为代表的国际合作也取得了新经验。同时，中国海洋考古学术研究方面如海上丝绸之路考古研究、出水文物研究、海洋考古技术研究等也都有新亮点；海洋文化遗产的展示也备受关注。

5. 中国海洋民俗研究与发展

该分报告回顾了"海洋民俗"发展的历程与近五年的发展背景，指出社会政策创造了发展空间，学术研究则提供了理论前提。近五年的特点可归纳为海洋民俗研究热点集中、区域特色显著；海洋民俗文化开发实践日趋丰富、生命力更强；海洋民俗发展的数字化、国际化、文化创意产业化趋势得到彰显。同时，也存在基础理论研究不足、问题意识缺乏连贯性、重古轻今、海洋民俗挖掘动力不平衡等问题。报告还从战略和政策、多主体参与、避免"建设性破坏"、加强海洋民俗文化传播等方面提出了政策建言。

6. 中国海洋文学研究与发展

海洋文学是海洋文化的重要组成部分，具有文学和海洋文化的双重属性。同时，海洋文学也是海洋文化形象化、艺术化的再现，是增强全民海洋意识的有效途径。五年来，中国海洋文学在创作和研究两方面得到重视。海洋文学作品出版呈井喷之势，数量多，文体多样，儿童文学在其中也占有相当比重。海洋文学研究论著不胜枚举，研究内容包括海洋文学定义、范围，具体时期或篇目，不同区域和不同作家，中外海洋文学比较和对外传播（翻译），海洋文学教育以及跨学科研究等。中国本土海洋文学研究已经成为研究的主流，海洋文化自信不断增强。

7. 中国海洋文化产业发展

作为特色文化产业，也作为海洋文化与经济的结合体，海洋文化产业既是建设现代海洋产业体系中的新动能、也是建成文化强国战略中的新蓝海，更是构建海洋命运共同体的有力抓手。"十三五"时期，利好的政策环境加上沿海各省市的重视，使得滨海旅游业、海洋文化节庆业、海洋文化创意产业、海洋影视业以及数字海洋文化产业等均保持较好的增长态势，呈现海洋文旅融合趋势显著、海洋休闲产业迅猛发展、海洋文化创意快速升温、数字海洋文化产业方兴未艾等特征。同时，未来发展也需要产业结构的突破，需要海洋文化资源现代化、创意化的深度挖掘，需要解决海洋文化资源开发与保护的矛盾以及统筹规划缺乏等问题。

8. 中国海洋文化教育及人才培养

中国海洋文化教育的主要实施领域是基础教育（幼儿园、中小学）、高等教育、社会教育，内容包括海洋课程学习（包括专业课程、通识课程）、海洋志愿活动（志愿者组织）、海洋实践活动（世界海洋日、全国海洋宣传日、知识竞赛、创意比赛）、海洋文化教育培训等。"十三五"期间海洋文化教育参与规模扩大，质量得到提升，形式不断创新，成效更加显著。存在的问题：教育领域缺乏顶层设计和统筹规划；在实践领域缺少专业引领和理论引领；在普及推广上缺少公共服务平台支撑和实施保障。海洋文化教育不均衡、公众海洋意识淡薄的现状有待根本改变。建设新时代海洋文化教育高质量发展新体系、建设海洋文化教育支持服务新机制等方面任重道远。

9. 中国海洋历史文献整理与研究的进展

近年来海洋历史文献的整理、影印、点校、研究都取得重要进展，尤其在海疆、海岛、海关、海外交通、海洋民俗等内容领域表现突出，一大批丛书和资料汇编极大地推动了中国海洋历史文化的研究。但同时也存在着重复辑录、专题研究不均衡等现象。学界应与出版界共同努力，在摸清中国海洋文献家底、强化薄弱专题研究、重视数据库建设等方面加强合作，投入更多力量。

此外，本报告还附有五年来的中国海洋文化发展大事记。这是新版报告的一个尝试，分类辑录还比较粗疏，今后还需要进一步完善。

从 2013 年开始的《中国海洋文化发展报告》，中国海洋大学海洋文化团队持续探索"蓝皮书"的编写体例、内容、方式，努力适应新时代的需求，努力反映中国海洋文化发展和研究的新进展、新成果。在这个过程中，得到教育部有关司局、自然资源部海洋宣教中心和地方有关部门的指导和支持，得到了中国海洋大学领导和学校文科处等部门的信任和支持，也得到学界同人的鼓励和帮助，在此深表感谢！本报告的出版还要感谢中国社会科学出版社以及责任编辑张湉女士的悉心工作！海洋文化团队参与报告执笔的师生克服教学科研和学科建设任务繁重的困难，齐心协力奉献给学界、业界和广大读者的这份报告，想必还存在诸多不足，恳请专家和读者批评指正，以促我们不断改进和完善。

修斌

2021 年 12 月

中国海洋文化理论研究

马树华

2016—2020 年适值国家"十三五"建设时期，随着海洋强国战略的持续推进，海洋文化基础理论研究呈现出新局面。在学术讨论和争论过程中，关于海洋文化概念与内涵的思考更加丰富和多元；在海洋强国战略和建设海洋强省的现实需求下，宏观理论架构研究、区域建设实践研究和生态文明研究等领域都得到了进一步拓展。着眼未来，加强实证研究、促进学科交叉互动、积极汲取他国经验，不仅可以提升中国海洋文化基础理论研究的深度与广度，也可推进实现重构中国海洋文明史、建设海洋强国及增强文化自信的学术使命。

"十三五"期间，随着海洋文化研究与建设受到持续关注，① 海洋文化理论研究也取得了长足进步。学者们带着对中国文化来路与去向的深刻思考，以及对如何实现海洋强国的深切关怀，努力超越东西方海洋文明二元对立思维框架，就海洋文化既是中华文明的源头之一，也是中华多元一体文明的重要有机组成部分达成了共识，而且开始尝试通过系统的学科建设谋求实现理论突破。一些在海洋文化领域深耕多年的研究机

---

① 可参见张纾舒《中国海洋文化研究历程回顾与展望》，《中国海洋大学学报》（社会科学版）2016 年第 4 期；赵玲、吴雁萍：《基于文献计量法的中国海洋文化研究 20 年回顾》，《上海海洋大学学报》第 30 卷第 2 期。赵玲、吴雁萍文借助文献计量工具 Bibexcel 软件分析了海洋文化研究的增长趋势、研究内容和主题等，认为海洋文化研究文献数量较少，但总体上呈平稳发展态势，海洋文化、海洋意识、海洋文化产业一直是近几年来的主流研究方向，海洋生态文明、海洋强国、海上丝绸之路等问题也逐渐成为学界关注的重要领域。

构与学术团体，① 以及致力于海洋文化传播的学术期刊，② 均为这个新领域的理论探讨与认知进步做出了重要贡献。

五年来，学界在海洋文化理论的概念界定、方法论思考、跨学科与新领域开拓、国家海洋战略与沿海区域实践研究等方面，都展开了讨论，并出现了可贵的学术争鸣。这些成果既有宏观理论探讨，也有具体领域分析，成绩卓然。海洋文化遗产、海洋社会与民俗、海洋文化产业、海洋文学等领域的理论探讨，后有专章，兹不赘述。本报告选取部分已经发表和出版的综合性理论成果进行分类整理，将海洋文明的相关探讨也归入其中，概略呈现五年来海洋文化理论研究的大致脉络。管窥之见，疏漏难免，或可作为线索，期待有更多学界力量关注海洋文化基础理论研究。

一 概念的多元表达与反思

虽然自 20 世纪 90 年代以来学术界对海洋文化概念多有探讨，但就像文化的多样性定义一样，对海洋文化概念的界定也是各抒己意，仁智互见。近几年来一个突出的变化是，在史学、哲学、文化学等学科的介入下，学术界关于海洋文化概念的研究呈现出更加多元的表达，并在不断的争鸣、商榷与批判中对其内涵与本质有了更丰富的认识。

（一）史学的海洋文化：实证基础再思考

历史学是人文社会科学的基础，海洋文化理论的研究离不开海洋史学研究的进步。自 20 世纪后半叶以来，海洋史研究渐成国际潮流，成为历史

---

① 这些研究机构和学术团体主要集中在中国海洋大学、厦门大学、上海海洋大学、浙江海洋大学、广东海洋大学等高等院校。

② 代表性的期刊主要有：《太平洋学报》《东南学术》《厦门大学学报》（哲学社会科学版）、《中国海洋大学学报》（社会科学版）、《上海海洋大学学报》《广东海洋大学学报》《中国海洋文化发展报告》（2015 卷）、《中国海洋社会学研究》《海洋史研究》等。

研究的一个热门领域。近二三十年来，中国的海洋史研究成就斐然，它倡导陆海并重，修正偏陆地历史的不足，体现了当代史学的新思维和新领域。同时，海洋史学的进步，通过大量的文化积累和史料的支撑，为其他海洋人文社会科学提供了丰厚的信息资源和思想资源。① 关于海洋史学的成就，后有专章讨论，这里仅就学界如何从历史学的角度对海洋文明和海洋文化的概念和内涵进行阐释与重构略述一二。

2016 年 7 月，杨国桢主持的十卷本《中国海洋文明史专题研究》面世，这既是中国海洋史研究的新突破，也体现了海洋文明与文化理论研究的新进展。② 第一卷《海洋文明论与海洋中国》是杨国桢对海洋文明与海洋中国基础理论和实践研究的阶段性成果，虽然这些成果大多已于 2010—2015 年面世，但结成此卷后呈现出了比较系统的架构，是近年来产生了重要影响的理论成果。这本集成式的著作主要包括三个方面：第一篇"海洋文明论"属于基础理论研究，试图通过梳理海洋人文社会学科的兴起，了解不同学科使用的概念分析的工具是如何为中国海洋文明史研究既立足历史学科，又有序地与相关学科实现对接、融合的，尝试提供妥帖的概念和有解释力的理论工具。第二篇"历史的海洋中国"属于海洋史专题研究，提出了以海洋为本位划分中国海洋文明史的历史分期问题。第三篇"现代新型海洋观"属于当代研究，阐述了新海洋观的理论建构。③

杨国桢指出，海洋文化的讨论与中国海洋史研究的新进展是脱节的，这导致学术界和社会上对海洋文明的理解混乱，各说各话，是长期海洋意识薄弱、海洋文明缺乏深入研究的结果。他举例分析了一些观点，发现这些论述不仅构成了理论"陷阱"，有些甚至与历史本相出现脱节，并不是掌握全面史料基础上的理论创新和学术创新，无法得到学术界的认可，而急于表达中华海洋文明是世界领跑者、优秀者的角色，恰是焦虑不安、缺乏理论自信和文化自信的表现。将海洋文化和海洋文明作为人类开发利用海洋空间与资源所创造的物质财富和精神财富总和的定义

---

① 杨国桢主编：《中国海洋文明专题研究》（第一卷），人民出版社 2016 年版，第 38 页。

② 杨国桢主编：《中国海洋文明专题研究》（全十卷），人民出版社 2016 年版。

③ 杨国桢主编：《中国海洋文明专题研究》（第一卷·前言），人民出版社 2016 年版。

仅仅是把海洋与文化、文明的概念简单地糅合在一起，模糊了它的特质，而海洋文化的本质是需要从动态的、运动变化中的历史存在去揭示的。他对海洋文明进行的历史学阐释是，海洋文明是源于海洋活动生成的文明类型，是海洋文化有机综合的文化共同体，是人类文明的一个小系统，是一种文化发展的过程，是一种长期的、综合的文化积累。海洋文明的基本形态包括互相渗透和影响的海洋经济文明、海洋社会文明、海洋制度文明和海洋精神文明。①

杨国桢认为，海洋文明是以自然海洋为活动基点的物质生产方式、社会生活及交往方式、精神生活方式有机综合的文化共同体，海洋文明与海洋文化的关系是：

> 海洋文化是海洋文明的内涵，海洋文明是海洋文化的载体，广义的海洋文化（物质文化、制度文化、精神文化）以流动为基本特征：流动的家（舟船）、流动的生计（捕鱼、贸易、劫掠）、流动的文化（海洋渔业文化、海洋商业文化、海洋移民文化、海盗文化），流动的疆界（超越地理、国家和地方政区的边界），在流动中与不同海上文明和陆地文明接触、冲突、融合，形成不同海域、不同民族各具特色的海洋文明。②

杨著在宏观视野与多学科交叉观照下，进行学术史梳理和理论辨析，阐述了世界海洋文明的学科分类、发展模式及多样化特点，指出了先前对中国海洋文明种种不符合实际或有意无意的疏忽、误解，以及非专业的臆测发挥，有助于人们在历史考察中思考和树立新海洋观。在杨著理论统领下的《中国海洋文明专题研究》，则在丰富中国海洋文明史学术内涵的同时，也为建设21世纪海上丝绸之路、推进海洋强国建设、维护海洋权益等

---

① 杨国桢主编：《中国海洋文明专题研究》（第一卷），人民出版社2016年版，第11—35页。

② 杨国桢主编：《中国海洋文明专题研究》（第一卷），人民出版社2016年版，第18页。

重大现实问题提供了历史逻辑和历史借鉴。①

李国强基于对海洋文化的史学思考，从海域基础、人的活动、陆海文化关系三个角度阐述了中国海洋文化的性质，认为中国海洋文化既是历史现象，也是社会现象。作为一种历史现象，海洋文化是中国人民在海洋长期生活生产、开发经营的产物，是海洋社会历史发展的积淀。作为一种社会现象，中国海洋文化是中国人民基于物质文化和精神文化而创造出的文明形态，是基于海洋历史、地理、风土人情、传统习俗、生活方式、文学艺术、行为规范、思维方式、价值观念以及海船、航海、海洋科学等诸多要素历经传承的凝练，是中华文化的有机组成部分。他认为开展中国海洋文化研究的理论价值在于弘扬中华海洋文明，为推进国家经济社会发展和维护国家海洋权益提供不竭的智力支持。因此，研究的深化不仅需要关注文化软实力竞争，也需要关注社会发展的实用性需求以及海洋维权的功能性要求。关于如何构筑中国海洋文化理论体系，他认为必须立足于中国实际，所谓中国实际，其内涵既包括千百年来胼手胝足的沿海先民在以海洋为生产和生活舞台而凝结的实践经验的总结，同时也包孕着人们在与海洋长期的持久互动中而产生的观念、思想、认识等精神活动的升华。②

近年来，伴随海洋史研究的热潮，学者们积极推进从具体历史问题出发探究海洋文化。如《学术月刊》曾组织"海洋文明的'失落'与重构"专题讨论，四篇论文从不同角度探讨明清以来的中国海洋文明。③ 这些研

---

① 学界对该十卷本给予了很高评价，具体可参见潘茹红《探索海洋文明 构建理论体系——〈中国海洋文明专题研究〉第一卷评介》，《闽南师范大学学报》（哲学社会科学版）2016年第4期；李国强：《中国海洋文明史学术研究的开拓与创新——评〈中国海洋文明专题研究〉》，《中国边疆史地研究》2017年第1期；苏智良、李玉铭：《从海洋寻找历史：中国海洋文明研究新思维——评〈中国海洋文明专题研究〉》，《中国社会经济史研究》2017年第1期；范金民：《中国海洋文明研究的里程碑式著述——杨国桢主编的〈中国海洋文明专题研究〉评介》，《海交史研究》（第十辑）2017年6月；李庆新：《构建中国海洋文明体系》，《中国社会科学报》2017年9月27日，第7版。

② 李国强：《关于中国海洋文化的理论思考》，《思想战线》2016年第6期。

③ 于逢春：《中国海洋文明的隆盛与衰落》，《学术月刊》2016年第1期；李庆新：《地方主导与制度转型——明中后期海外贸易管理体制演变及其区域特色》，《学术月刊》2016年第1期；陈国灿、王涛：《依海兴族：东南沿海传统海商家谱与海洋文化》，《学术月刊》2016年第1期，第31—37页；郑莉：《明清时期海外移民的庙宇网络》，《学术月刊》2016年第1期。

究为重构海洋文明框架提供了历史脉络，为承续海洋文明之路指出了基因特质与实践启示。事实上，长期以来对中国海洋文化的主观定性与对中西海洋文化的简单比较，之所以未能科学地阐明概念的深刻内涵，未能获得学界同仁的普遍认同，很重要的是因为缺乏历史研究的坚实基础导致的。①

（二）哲学的海洋文化：方法论反思

近二十年来，学界比较有代表的观点是将"海洋文化"定义为人类缘于海洋所创造和传承的物质的、精神的、制度的、社会的生活方式及其表现形态，其内涵包括物质文化层、制度文化层、精神文化层与行为文化层四个层次，其本质是人类与海洋的互动关系及其产物，其特征体现为商业性、冒险性、涉海性、地域性等。②

有学者认为这样的定义虽然非常全面，但看不出海洋文化的独特规定性，似乎所有文化都具有这些规定性。这种概念界定尚游离于海洋文化内涵之外，缺乏海洋文化实质性的规定、历史底蕴与核心意义。而另外一种颇为流传"海洋文化就是与海洋有关的文化"的概念，则陷入了同义语反复，等于说"海洋文化就是海洋文化"③。

霍桂桓从方法论的角度分析了这种定义存在的问题：

它和我们常见的一般性文化定义一样，都具有试图囊括一切但却缺乏具体适用对象的"大而无当"特征，因为它并没有把作为被界定对象的海洋文化本身的基本内容、本质特征和特有的表现形式真正揭

---

① 张开城：《比较视野中的中华海洋文化》，《中国海洋大学学报》（社会科学版）2016年第1期。

② 曲金良：《海洋文化与社会》，中国海洋大学出版社2003年版；曲金良等：《中国海洋文化基础理论研究》，海洋出版社2014年版；陈涛：《海洋文化及其特征的识别与考辨》，《社会学评论》2013年第5期；姜秀敏：《服务海洋强国战略的海洋文化体系构建》，《中国海洋大学学报》（社会科学版）2020年第4期。

③ 李晓元、王梓一：《从海洋文化到闽南海洋文化的概念界定——工作世界意义、本质与精神结构》，《闽台文化研究》2020年第4期。

示出来，因而完全可以说是既不具有明确的现实针对性、也不具有充分的理论解释力的！而它之所以如此，则主要是因为研究者在进行这种界定的时候所使用的研究方法，基本上可以说并不适合于探讨和研究这样的被界定对象……如此界定海洋文化的做法，实际上是沿袭了迄今为止中外文化研究界一直流行的界定文化的基本做法。①

他认为这种"基本做法"脱胎于西方的实证主义哲学立场，是一种以自然科学研究模式为最终典范的、竭力追求运用自然科学的研究方法来研究和界定文化的基本立场。它往往将研究对象客观化、平面化、形式化、精确化，以摒弃其难以应付的人的主观情感因素和社会因素为代价。所以，海洋文化研究者在研究、界定海洋文化的过程中自觉不自觉地使用的这种方法，在研究以特定的人的社会性和充满主观情感因素的海洋活动和现象时，不是最科学、最恰当的方法，更不可能是唯一的方法。他还指出，"历史研究方法"面临的"时空距离"问题，等等，都由于其各自存在的问题而不是、也不可能是合适的研究方法。之所以出现这种现象，他认为是由于绝大多数研究者实际上都是从已有的观念出发、而不是从现实出发的——由于自觉或者不自觉地直接照搬或者沿用出于不适当的研究方法的现行文化定义，使本应得到恰当的研究和界定的被研究对象难以得到恰当的探讨和研究，因而使所谓的"文化哲学研究""文化研究"和"海洋文化研究"一直停留在既缺乏现实针对性、又缺少理论解释力的尴尬境地的现实研究状况。②

对于究竟该如何看待海洋文化，霍桂桓从"社会个体生成论"的角度阐述了对"海洋文化"的界定："所谓海洋文化，就是作为社会个体而存在的现实主体，在其具体进行的与海洋有关的认识活动和社会实践活动的基础上、在其基本物质性生存需要得到相对满足的情况下，为了追求和享受更加高级、更加完满的精神性自由，而以其作为饱含情感的感性符号而

---

① 霍桂桓：《论中国海洋文化界定研究的方法论问题》，《党政干部学刊》2016年第10期。
② 霍桂桓：《论中国海洋文化界定研究的方法论问题》，《党政干部学刊》2016年第10期。

存在的'文'来'化''物'的过程和结果。"①

另一种观点则重新检讨了黑格尔海洋文明论对中国海洋文化和文学研究的影响，指出因为译介过程中出现的问题，黑格尔《历史哲学》体现着辩证法智慧的海洋文明论在中国被"误读"为大陆—海洋文明二元论、中西方分属大陆—海洋文明论、海洋文明先进论。受此影响，中国的海洋文化研究以大航海时代西方资产阶级精神为研究重心与价值评判标准，忽视海洋文化的多样性；中国的海洋文学研究除了具有上述偏颇以外，还忽略文学性。二者都以重新评估中华文化属性为目标，偏离了海洋主题。②

从哲学层面探讨海洋文化的概念，不仅有上述批判性意见，还有一些新的建构与尝试。比如，有学者从"世界意义"和"工作世界本质"的角度定义"海洋文化"，认为海洋文化的核心要义是其世界意义和工作世界本质，即通过海洋通道不断实现生活与工作世界的国际世界意义过程，即世界性的交往过程，这一过程是技术、制度和精神文化的总体，其中海洋工作世界技术是根本支撑。③ 也有学者从认识论、价值论和实践论层面进行海洋文化的理论探讨，提出要从历史自觉、主体自觉和价值取向自觉三个文化自觉的维度解析中国海洋文化的内在逻辑，并从历时性的视野客观地认识中国海洋文化的历史，从共时性视野全面地分析中国海洋文化的内涵，从价值意蕴角度洞察中国海洋文化独特的精神传统，同时面向现实考察当代中国海洋文化面临的问题，分析其背后的原因，进而探索中国海洋文化建构的发展取向，以解决中国海洋文化发展的理论自觉、本体自知和道路自信问题。④

另有学者试图表达别具一格的海洋观和对海洋文化概念的理解。比如，宋正海论述了中国传统海洋哲学是有机论海洋观，即有关海洋问题的

① 该作者在2011年已经提出过这个概念界定，此文进行了重申。参见霍桂桓《论中国海洋文化界定研究的方法论问题》，《党政干部学刊》2016年第10期。
② 毛明：《论黑格尔海洋文明论对中国海洋文化和文学研究的影响》，《中华文化论坛》2017年第10期。
③ 李晓元、王梓一：《从海洋文化到闽南海洋文化的概念界定——工作世界意义、本质与精神结构》，《闽台文化研究》2020年第4期。
④ 洪刚、洪晓楠：《中国海洋文化的内在逻辑与发展取向》，《太平洋学报》2017年第8期。

有机论自然观。他从元气自然论、圜道观、海平观、天（海）人合一观、海洋自然神信仰、综合方法论、以海为田价值观等方面对中国传统海洋文化进行了论述，认为中国传统有机论海洋观的形成来自千百年来沿海居民生存发展的需求，包括两种基本价值观：一种是以海为田，即大力开发的海洋农业（海洋捕捞、海产养殖、潮灌等）；另一种是以海为途，利用海洋的远距离运输大力发展海洋商业或海盗掠夺去获取远方资源。① 梁纯生则从伦理学的角度对海洋文化进行了探究，他以"海洋的德性"论述了海洋意象中的神性、父性和母性，以及海洋意象的道德意蕴等，主张通过尊重海洋自身特性、人类共同价值支撑、规范的不断健全与完善等基本条件，构建一种求内务外的海洋伦理。②

（三）计量的海洋文化：模型的介入

海洋文化自身的包容性使各个学科在对它进行研究时都可以大胆创新。有学者认为以往相关研究尚未找到能对海洋文化的时空特征进行较好描述的方法，而地名是一种社会现象，其形成有着深刻的地理、历史和文化背景，直接或间接地反映着该区域的文化，通过地名可以看出我国海洋文化的时空特点。于是，他们大胆地借用二元选择回归的 Probit 模型，分别对我国省级和地级行政区名称的由来进行研究，试图从地名的由来及其演变过程找出我国海洋文化的时空特点。研究表明，我国沿海省级行政区在命名时并没有倾向于包含海洋元素，而地级行政区命名时，在其命名中往往包含海洋元素，但其所在省份的名称中却不包含海洋元素。将省级层面的情况和地级层面的情况比较可以发现，中国古代的中心在大陆，每个省份的中心也在陆地，沿海地区处于省份边缘。因此，中国是十分典型的内陆国家，大陆文化处于主导地位，海洋文化处于边缘。③

综合来看，无论是基于实证研究的史学思考，还是基于方法论的哲学

---

① 宋正海：《中国传统海洋哲学初探——有机论海洋观》，海天出版社 2019 年版。
② 梁纯生：《海洋的德性》，中国社会科学出版社 2018 年版。
③ 陈晖：《我国海洋文化的时空特征研究——基于地名的由来及其演变过程》，《中国海洋大学学报》（社会科学版）2018 年第 4 期。

反思，抑或是基于计量和模型的量化考察，关于海洋文化概念与内涵的界定、核心要素的基本构成等重要问题，学界的讨论有所突破，出现了可贵的争鸣。且不说这些观点是否科学，这些批评是否准确，多元理解的本身恰恰说明了海洋文化理论研究的日渐深入。

二　海洋强国战略下的探讨与实践

自党的十八大报告提出要"提高海洋资源开发能力，发展海洋经济、保护海洋生态环境，坚决维护国家海洋权益，建设海洋强国"、十九大报告进一步提出"坚持陆海统筹，加快建设海洋强国"以来，如何推动和深化海洋文化研究，为海洋强国战略贡献智慧和力量，成为海洋文化理论研究的热点和重点。除了海洋文化遗产、海洋文化产业等相关领域有不少研究成果面世外，宏观上对海洋文化理论体系建设的呼吁，微观上对区域海洋文化建设实践的探究，以及在海洋生态文明等新领域的开拓，都取得了新进展。

（一）尝试宏观架构

围绕建设海洋强国的现实需求，学术界积极进行尝试，力图能够提供坚实的宏观理论支持。继中国海洋大学海洋文化研究所连续发布《中国海洋文化发展报告》[①] 之后，自 2019 年起，又有自然资源部宣传教育中心、福州大学等编辑的《海洋文化蓝皮书·中国海洋文化发展报告》出版。[②] 这些出版物旨在对当代中国海洋文化发展进行跟踪研究与总结，为中国特色海洋文化理论建设做好基础性工作。这些成果既可作为各级涉海部门与企事业单位推进海洋文化事业提供参考，也可为构建中国特色的海洋文化

[①]　曲金良主编：《中国海洋文化发展报告》（2013 年卷、2014 年卷、2015 年卷），社会科学文献出版社 2014 年版、2015 年版、2016 年版。

[②]　苏文菁、李航主编：《海洋文化蓝皮书·中国海洋文化发展报告》，社会科学文献出版社 2019 年版、2020 年版。

理论体系提供有益启发。

还有研究者提出要建立具有现实功用的"海洋强国战略下的海洋文化体系"，这个体系以中国海洋文化主体为立论对象，以中国立场为立论基点，以中国话语为立论工具，是针对国际海洋竞争发展和国家海洋战略与文化战略发展的时代需求，针对国家和社会各界对中国海洋文化认知、发展的迫切需要而建构起的一个能够体现中国特色、中国范式的体系。该体系包括海洋文化体系理论创新与引领、海洋文化历史传承与发展、海洋文化教育普及与人才培养、海洋文化传播与国际互鉴交融、海洋文化政策与制度保障五个互相支撑的子系统。[①]

（二）推动区域实践

在海洋强国战略的驱动下，沿海地区的海洋文化建设实践更加活跃。不少学者立足各沿海区域的海洋文化发展状况，从现实需要出发展开问题的研究和解决。[②] 特别是在海洋文化遗产、海洋文化资源、海洋民俗、海洋文化产业等方面，成果丰富，这里略举一二。

2016 年 7 月，由国家海洋局协调沿海各省（区、市）海洋行政主管部门，组织专家学者编撰出版了一套"中国海洋文化丛书"。沿海各省市 200余位专家学者参与了这项工作，共分《辽宁卷》《河北卷》《天津卷》《山东卷》《江苏卷》《上海卷》《浙江卷》《福建卷》《广东卷》《广西卷》《海南卷》《香港卷》《澳门卷》和《台湾卷》14 卷，对中国沿海 11 个省（区、市）及港、澳、台地区的海洋文化进行了梳理，展示了我国海洋文

---

① 姜秀敏：《服务海洋强国战略的海洋文化体系构建》，《中国海洋大学学报》（社会科学版）2020 年第 4 期。

② 如：麻三山、余玲：《环北部湾海洋文化的内涵与精神象征——以珠还合浦传说为例》，《钦州学院学报》2016 年第 12 期；石晶晶：《海洋文明与"长三角"社会变迁——上海师范大学学术研讨会观点记述》，《中国海洋报》2018 年 10 月 25 日，第 2 版；戴鞍钢：《江南文化与海洋文化的汇通互动——兼及岭南文化》，《中国社会科学报》2019 年 12 月 10日，第 10 版；杨佳：《视域融合下南海海洋文化共同体的源流与脉动》，《海南大学学报》（人文社会科学版）2020 年第 6 期；李云：《广东海洋文化建构的多元基础》，《五邑大学学报》（社会科学版）2021 年第 2 期；阎根齐：《我国南海海洋文明的起源及特征》，《南海学刊》2021 年第 1 期；等等。

化区域研究成果，以及沿海各地海洋事业发展、海洋军政历史沿革、海洋文学艺术、海洋风俗民情以及沿海名胜风光等内容。①

还有学者在剖析中国沿海独特自然地理和人文地理因素的基础上，从时间纵向序列考察了中国海洋文明地理空间结构的历史嬗变，基于中国沿海各地海洋文明的人文精神和地域架构，同时参考中国地域文化区的形成和演变，以及全国海洋功能区划和海洋经济区划，将中国沿海 11 省市划归为海岱文化圈、吴越文化圈、闽台文化圈和岭南文化圈 4 大海洋文明区域，以期为中国海洋文明的复兴和海洋强国战略提供历史借鉴和框架支撑。②

海洋强国战略推动了海洋强省建设，沿海各省开始积极开展本区域的海洋文化基础理论研究工作，如 2016 年海南大学从上一年的"南海海洋文化研讨会"中精选出 30 多篇论文编辑成册出版，该书分"中国南海发现、命名、经营开发和管辖""南海的保护与开发""古代南海海上丝绸之路""新南海海上丝绸之路建设""南海海洋区域文化""越南海洋文化""海南渔民《更路簿》专题研究"七个部分，反映了南海海洋文化研究的新材料和新观点，既是对以往零散的南海海洋文化研究的回顾，也是深化南海研究的新的理论起点。③

（三）拓展海洋生态文明研究

随着从生态文明的战略高度来认识海洋强国，海洋生态文明建设已经成为我国社会主义生态文明建设整体的重要方面和维度。关于海洋生态文明及其建设的学理性探讨，以及分析国家海洋生态文明政策构建及其实践案例的研究逐渐增多。

学者们开始尝试从生态文明的角度重新理解海洋文化。朱建君提出，海洋文化在人类历史上已经发生过三次版本更新，当前我国的海洋生态文明建设是体现世界海洋文化生态转向趋势的最新成果，内在指向并且需要

---

① 《中国海洋文化》编委会：《中国海洋文化》，海洋出版社 2016 年版。
② 高乐华：《中国海洋文明地理空间结构研究》，《中国海洋大学学报》（社会科学版）2016 年第 5 期。
③ 王崇敏主编：《南海海洋文化研究》，海洋出版社 2016 年版。

我国海洋文化实现整体生态转向的支撑，其中蕴含着海洋文化版本升级的历史性契机，应有意识地加以推进，走向人海和谐相生的升级版海洋文化，与海洋生态文明相容互促。她认为目前亟需解决我国海洋文化话语表达生态转向不够、社会引领力量不足的问题，可以通过各种途径的创新升级，并在各种话语性场域进行有效表达，以促进海洋生态文明建设与海洋文化当代发展，以及我国海洋大国的形象塑造与海洋文化的国际传播。① 中国生态文化协会则组织数十位专家和若干研究团队编写了《中国海洋生态文化》，上下两卷88万字，在生态文化的视阈下论述了中国海洋的基本状况、各海域生态文化、传统的海洋生态文化意识与追求、海洋生态文化信仰、海洋生态文化艺术、传统的海洋生态利用、海上往来等内容，并提出了中国海洋生态文化遭遇的现实挑战，是在海洋强国战略下用生态文明概念对中国海洋历史文化的再解读。②

围绕海洋生态文明的基本范畴，研究者也努力进行探索。朱雄等认为海洋生态文明是指向人海和谐共生与持续发展的新的生态文明，海洋生态文明建设主要包括海洋生态文明意识、海洋生态文明行为和海洋生态文明制度3个方面。③ 鹿红认为海洋生态文明从静态方面看是人类在与海洋和谐发展方面所取得的物质和精神成果，从动态方面看是人与海洋和谐互动、良性运行、持续发展的共生性局面，我国的海洋生态文明建设应当围绕意识、行为、产业、道德和制度5大系统展开。④ 郇庆治指出，海洋生态文明及其建设可以大致概括为与海洋领域相关的关于生态文明及其建设的理论思考和政策实践，而海洋生态文明建设作为一项公共政策，其渐进形成与主要意涵源自我国不断提升的发展海洋经济、应对海洋生态挑战和强化国家海洋安全等方面的现实需要。在大力推进生态文明建设、努力建设美丽中国的全民政治共识与国家战略下，海洋生态文明及其建设已经逐

---

① 朱建君：《海洋文化的生态转向与话语表达》，《太平洋学报》2016年第10期。
② 江泽慧、王宏主编：《中国海洋生态文化》（上下卷），人民出版社2018年版。
③ 朱雄、曲金良：《我国海洋生态文明建设内涵与现状研究》，《山东行政学院学报》2017年第3期。
④ 鹿红：《我国海洋生态文明建设研究》，博士学位论文，大连海事大学，2017年，第29—61页。

渐形成一个较为完整的理论话语体系和政策实践体系。当然，对其完备性以及现实实践成效还不宜做过高估计。① 此外，还有一些学者从区域发展的角度探讨海洋生态文化的意义②，或在习近平生态文明思想的视域下研究海洋生态文明建设与实践进展。③

海洋强国战略下的海洋文化理论研究，现实指向是如何提升民众的海洋意识，如何经略海洋，如何构建 21 世纪海上丝绸之路以及推进构建海洋命运共同体，虽然有些讨论还缺乏细密扎实的考究，观点和结论有待进一步商榷，但这些充满强烈现实关怀的探讨无疑推动了基础理论研究，成为构建中国海洋文化理论体系的重要部分。

三　问题与展望

经过数年发展，中国海洋文化研究在海洋意识、民俗信仰、海上交流、海疆史地、文学艺术、遗产保护等领域均有了较为丰富的积累，基础理论研究方面也取得了可观的成果。但相对于悠久的海洋历史、丰富的区域遗存、多样的文化形态，以及当下兴起的海洋博物馆、海洋观教育基地、海洋文化节庆活动和海洋文化教材等具体领域的建设而言，研究成果还较为分散，议题的探讨多停留在表层，未形成系统的理论体系，且基础理论的指导功能也远远没有发挥出来，甚至出现一些矛盾的现象。学界需

---

① 郇庆治、陈艺文：《海洋生态文明及其建设——以国家级海洋生态文明建设示范区为例》，《南京工业大学学报》（社会科学版）2021 年第 1 期。

② 如：刘勇：《海洋生态文化建设研究——以山东半岛蓝色经济区为例》，中国社会科学出版社 2020 年版；田翠翠：《粤港澳大湾区海洋生态文明建设路径探究》，《资源节约与环保》2021 年第 3 期；刘缵延等：《威海市海洋生态文明建设探索与实践》，《海洋开发与管理》2021 年第 5 期。等等。

③ 方世南：《习近平生态文明思想中的海洋生态文明观研究》，《江苏海洋大学学报》（人文社会科学版）2020 年第 1 期；沈满洪、毛狄：《习近平海洋生态文明建设重要论述及实践研究》，《社会科学辑刊》2020 年第 2 期；杨英姿、李丹丹：《海洋生态文明建设在海南的实践逻辑》，《福建师范大学学报》（哲学社会科学版）2020 年第 3 期；王琪、田莹莹：《习近平海洋生态文明建设重要论述的理论价值及实践逻辑》，《江苏海洋大学学报》（人文社会科学版）2021 年第 3 期。

要直面海洋文化研究和建设实践中的诸多问题和挑战。

研究者们就海洋文化理论研究存在的一些问题进行了分析。有学者根据"中国知网 CNKI"数据库和"Web of Science 核心合集"数据库,对比了中外海洋文化的相关论文,认为国外学术界多侧重海权理论、政治问题和生态问题,国内则呈现文化学、海洋学、教育学、历史学、文学、宗教、政治等多学科分散研究的现状。由于学者的学科基础、视域视角、立场观念、学术方法不同,对海洋文化做出的认知、解释、论说各不相同,重视、呼吁者多,浅尝辄止者多,真正"全身心"投入、集中深入研究的学者力量相对不够,以致对海洋文化和中国海洋文化的认知缺乏共识,对海洋文化强国何以"强"及如何"强"的问题的认知也不够明确。① 有学者以文献计量学作为分析方法,对近 20 年来以海洋文化为主题的相关文献进行了统计,通过数据分析认为,目前我国的海洋文化研究还未受到应有的重视,海洋文化研究的深度、广度、影响力都有待提升,多学科互动和交流还比较缺乏,研究方法也有待拓展。② 还有研究者以东亚各国为例,认为海洋文化研究和大多数文化研究一样,之所以理论纷杂,各抒己见,是因为学者们对其内涵与特点的理解所存在的差异既源于历史上各国对海洋的利用、认知不同,也与近代以来东亚各国面对冲击所导致的文化转向密切相关。③

凡此种种,皆说明当前海洋文化基础理论研究还有较大开拓的空间,还需要更加深入的开掘。如何推进对基础理论的深入研究,构建科学完整的海洋文化理论体系,尚需更多学科力量参与其中,并重点从以下几个方面开展工作。

---

① 姜秀敏:《服务海洋强国战略的海洋文化体系构建》,《中国海洋大学学报》(社会科学版)2020 年第 4 期。

② 赵玲、吴雁萍:《基于文献计量法的中国海洋文化研究 20 年回顾》,《上海海洋大学学报》第 30 卷第 2 期。

③ 朱雄:《东亚海洋文化的生成演变与未来走向——基于历史的考察》,《海交史研究》2020 年第 4 期。

（一）加强实证研究

近年来学界特别关注学术研究的中国话语体系。然而，在浸染西方学术理论体系百余年后，在全球化影响无处不在的今天，如何构建超越"西方中心论"的独特的理论和话语体系，无疑是一个艰巨任务。当前海洋文化理论研究存在的概念堆砌和空泛表达，恰恰是既想摆脱"西方中心论"话语体系、又缺少扎实的本土实证研究的双重失语的表现。

扎实的本土实证研究是建构理论体系的基础，它需要研究者转变视角，让问题和概念不再囿于某个理论外壳、附丽于特定概念或学科，唯此才能真正实现理论创新。当下勃兴的世界史、区域史、海洋史，以及杨国桢所倡导的"以海洋为本位的研究方法"都能为实证研究提供理论和方法上的启发。所谓以海洋为本位，就是回归海洋是一种文明的中心的本质，进行独立考察。它是揭示海洋文明内涵的根本途径，从理论上包括两个层次，即在地理基础上以海洋空间为本位，在研究对象上以海洋社会为本位。① 以此为导引，实证研究便有了方向和根基。

以海洋为本位的实证研究，除了多做具体问题的探讨之外，一个重要的基础工作就是进行广泛、翔实的调查。贺云翱认为虽然中国海洋文化研究取得了不少成果，已经有了较好的基础，但尚无海洋文化资源系统调查的数据库或资料库。因此，未来开展海洋文化研究，首先应大力开展海洋文化资源普查，整理海洋文化遗产、海洋文化地理、海洋人物、海洋文献、海洋地图等资料，为海洋文化研究和海洋文化强国建设奠定学术基础。② 就现状看，海洋文化资源调查还处在起步阶段，这是一项非常必要又巨大的工程，非一朝一夕能完成，不仅需要科学地筹谋规划，也需要学界通力合作。

---

① 杨国桢：《中国海洋文明专题研究》（第一卷），人民出版社 2016 年版。
② 吴楠、王广禄：《系统推进海洋文化研究——访南京大学文化与自然遗产研究所所长贺云翱》，《中国社会科学报》2019 年 1 月 18 日，第 5 版。

（二）推进学科交叉互动

我们虽然强调海洋文化的理论研究不应依附于特定概念或学科，要有自己的框架体系，但人文社会学科面对海洋问题时的确存在交叉和重叠，所以跨学科方法的应用便成为题中之义，且能提供源源不断的研究灵感和理论支撑。

杨国桢认为，海洋人文社会科学的理论方法对推进海洋文明研究的学术观点创新、学科体系创新和科研方法创新具有重要的意义。他总结了海洋史学、海洋地理学、海洋政治学、海洋法学、海洋经济学、海洋社会学、海洋管理学、海洋考古学、海洋文学、海洋人类学等海洋人文社会研究各分支学科取得的成就，指出跨越学科界限的综合性方法对海洋文明研究的必要性，特别强调了"发展研究""区域研究""世界体系研究"和"跨文化研究"等领域对人文海洋研究的启发作用。[①]

曲金良指出，由于中国海洋文化研究长期缺乏相应的学术地位，相关研究也都在传统学科视野下开展。在不少研究领域中，中国海洋文化长期被切割、肢解。未来的研究要整体把握和明确回答海洋文化基本问题。针对当今世界海洋发展形势和我国海洋强国战略，对中国海洋文化做出整体系统的理论研究。中国海洋文化研究的内涵体系十分庞大，必须以历史学、海洋学、文化学为主体进行多学科交叉整合研究，才能整体把握其要领。这需要相关学科研究者共同努力。[②]

海洋文化研究的多学科交叉不仅限于人文社会科学各领域的互动，还需要积极主动吸收自然科学领域的优秀成果和思维营养。由于学科背景、思维方式、表达习惯等种种原因，海洋自然科学领域的诸多成就和理论成果尚未被海洋人文社会学科的研究者所充分注意，即便是在相对活跃的海

---

① 杨国桢：《中国海洋文明专题研究》（第一卷），人民出版社 2016 年版。

② 张杰：《整体把握中国海洋文化研究——访中国海洋大学海洋文化研究所所长曲金良》，《中国社会科学报》2019 年 1 月 18 日，第 6 版。曲金良团队承担的国家社科基金重大项目"中国海洋文化理论体系研究"也正是对海洋文化"整体系统的理论研究"的重要探索。

洋史领域，也未将科学技术史和科学哲学的智慧引入其中，而忽视了当代史学前沿文理融合的大趋势。事实上，海洋自然科学领域的成就可以让海洋文化理论研究如虎添翼，尤其在海洋科学如何推动海洋认知、海洋技术如何改变海洋社会等领域。

（三）积极汲取他国经验

"他山之石，可以攻玉"，别国的海洋文化发展经验以及海洋文化研究的优秀成果，可以为我们的海洋文化研究和海洋强国战略提供理论与方法的借鉴。目前我国在介绍和引进海外海洋文化研究成果方面还比较薄弱。[①]既有成果主要体现在两个方面，一是研究他国相关海洋文化问题，二是翻译一些海外优秀作品。

修斌系统考察了日本海洋战略的历史演变及其与日本国家战略的关系，梳理了近代以来日本海洋战略的基本内涵、理论基础及冷战后的"海洋国家论"，对日本"新的海洋立国"战略的主要目标、战略规划、重点措施、实现途径等进行了论述。[②] 该书是国内关于日本海洋战略研究的首部专著，不仅对于研究海洋战略、经略海洋问题提供重要参考，其周详的历史考察对海洋文化基础理论研究也深具启发意义。

上海海洋大学外国语学院组织翻译、上海译文出版社出版了一套"海洋文化译丛"，包括《海洋：一部文化史》《小说与海洋》《海洋帝国：如何思考亚洲》《变迁中的沿海城镇：景观变化的地方认知》《与海共生：海洋人的民族学》《岛屿：海洋民俗和文化产品》《海洋科学技术的现在与未来》7 部作品，内容涉及海洋文化概念的形成、海洋文明的传播、海洋文学、国际海洋政治、海洋人类学、海洋文化资源开发与保护等重要研究领

---

① 为呼应海洋强国战略，宋毅主编了一套《海洋帝国》系列，介绍了 5 个海洋强国。详见宋毅主编《葡萄牙——开创海权霸主的先河（1415—1583）》《西班牙——海上霸权成就的第一日不落帝国（1492—1598）》《荷兰——海上马车夫的海权兴亡（1568—1814）》《英国——第二日不落帝国的海权盛衰（1588—1940）》《美国——海洋霸权孕育的世界霸主（1775—2015）》，华中科技大学出版社 2018 版。

② 修斌：《日本海洋战略研究》，中国社会科学出版社 2016 年版。

域。这套丛书从若干侧面反映了英、日、韩三个国家的海洋经济发展、农渔文化、涉海民俗风情、海洋旅游文化、海洋文学艺术等方面的历史和现状，有助于了解和借鉴世界主要海洋国家前沿理论和多元方法。①

整体来看，近几年关于他国海洋文化发展和研究经验的介绍还比较少见，翻译作品的质量还有待提高，需要更多学界力量的参与、合作，为引介海外优秀海洋文化研究成果共同努力。

与国家"十三五"建设各项事业稳步发展相呼应，五年来中国海洋文化理论研究也取得了可喜的成绩，与前一阶段相比，无论是概念与内涵的思考，还是具体问题的探讨，在学术研究和争鸣中拓展了深度与广度。唯有坚持创新，勇于开拓，才能不断开创海洋文化理论研究的新局面，这既是深化中国海洋文化研究的需要，也是加快建设海洋强国的学术使命。

---

① ［美］玛格丽特·科恩：《小说与海洋》，陈橙等译，上海译文出版社2018年版；［澳］雷蒙德·詹姆士·格林：《变迁中的沿海城镇：景观变化的地方认知》，杨德民译，上海译文出版社2018年版；［韩］金雄西、姜声炫编著：《海洋科学技术的现在与未来》，韩兆元译，上海译文出版社2018年版；［日］白石隆：《海洋帝国：如何思考亚洲》，齐珮译，上海译文出版社2018年版；［英］约翰·迈克：《海洋：一部文化史》，冯延群等译，上海译文出版社2018年版；［日］秋道智弥：《与海共生：海洋人的民族学》，周艳红译，上海译文出版社2019年版。

中国海洋史研究

李尹　万晋　杨秀英　刘传飞

20 世纪 80 年代以后，特别是近十年来，随着中国"海洋强国"战略的实施以及建设"21 世纪海上丝绸之路"倡议的提出，海洋史愈来愈显著地受到了学术界的关注，成为当前中国学术研究的一大热点。[①] 这一热潮表现在学术交流频繁、研究成果丰硕、研究人才辈出等诸多方面。学界已有文章对不同时期、不同领域的研究成果进行过整理和回顾。[②] 就学术成果而言，海洋史研究成绩斐然。据统计，仅 2018 年出版发表的海洋史相关中文成果便在四百之数，[③] 2016—2020 五年的研究成果总数则在千篇（部）以上。限于篇幅，我们选取部分较有代表性的学者及研究成果，扼

[①] 2018 年，"海洋史研究的拓展"入选由中国人民大学书报资料中心、《学术月刊》杂志社和《光明日报》理论部共同主办评选的"中国十大学术热点"。同年，"海洋史研究的新拓展与新特征"入选由澳门科技大学社会和文化研究所、澳门大学《南国学术》编辑部联合发布的"中国历史学研究十大热点"；2020 年，"'新海洋史'中海洋本位思想的确立及其影响"也入选上述"中国历史学研究十大热点"。

[②] 如：姜旭朝、张继华：《20 世纪以来中国古代海洋贸易史研究述评》，《中国史研究动态》2012 年第 4 期；姜旭朝、张继华：《中国海洋经济历史研究：近三十年学术史回顾与评价》，《中国海洋大学学报》2021 年第 5 期；许光秋：《国外海洋史研究状况》，《海洋史研究》（第 5 辑），社会科学文献出版社 2013 年版；安乐博、余康力：《中国明清海盗研究回顾——以英文论著为中心》，《海洋史研究》第 12 辑，社会科学文献出版社 2018 年版；侯毅、项琦：《中国海疆史研究评述（1998—2018 年）》，《中国边疆史地研究》2019 年第 2 期；李尹：《20 世纪 80 年代以来中国海洋史研究的回顾与思考》，《中国社会经济史研究》2019 年第 3 期；陈贤波：《近 40 年来明代海防史研究的回顾和检讨》，《海交史研究》2020 年第 1 期；张小敏：《中国海洋史研究的发展及趋势》，《史学月刊》2021 年第 6 期；等等。

[③] 杨芹：《2018 年中国海洋史研究综述》，《海洋史研究》（第 13 辑），社会科学文献出版社 2019 年版。

要地对过去五年（2016—2020）的中国海洋史研究状况进回顾评述。

一　学术研究回顾

（一）海洋史理论

人民出版社于 2016 年出版了杨国桢主编的 10 卷本《中国海洋文明专题研究》丛书,① 该丛书收录了杨国桢及其弟子关于海洋文明与海洋中国基础理论阐释及实践研究。丛书重新审视了海洋文明的概念与内涵，提出建立以海洋为本位的思维模式，并以海洋为本位划分中国海洋文明史的历史分期问题。已有文章对此进行过细致评述。② 此外，杨国桢还针对学界及舆论界中关于"一带一路"倡议存在的认识误区，指出该倡议既不是复兴陆权，也不是争夺海权，而是实现海陆平衡发展；倡议既不是恢复明朝的册封体制，也不是中国式的全球化，而是构建人类命运共同体。③

李国强撰文对"海洋史"和"海疆史"的概念进行了探讨，他指出两者存在共性，如都以海洋历史作为研究课题，都以历史学的研究范式作为基本研究路径等，但在研究范畴、对象、目标上也存在显著差异。总之，两者在学术上既相互联系又相互区别，既独立存在又彼此支撑。④ 包茂红认为随着海洋史研究的发展，历史研究的时空范围和主题都得到大幅拓

---

① 10 卷专著分别为第 1 卷《海洋文明论与海洋中国》（杨国桢著）、第 2 卷《16—18 世纪的中国历史海图》（周志明著）、第 3 卷《厦门湾的崛起》（余丰著）、第 4 卷《郑成功与东亚海权竞逐》（王昌著）、第 5 卷《香药贸易与明清中国社会》（涂丹著）、第 6 卷《清代郊商与海洋文化》（史伟著）、第 7 卷《明清海洋灾害与社会应对》（李冰著）、第 8 卷《清代嘉庆年间的海盗与水师》（张雅娟著）、第 9 卷《台湾传统海洋文化与大陆》（陈思著）、第 10 卷《清前期的岛民管理》（王潞著）。

② 苏智良、李玉铭：《从海洋寻找历史：中国海洋文明研究新思维——评〈中国海洋文明专题研究〉》，《中国社会经济史研究》2017 年第 1 期。

③ 杨国桢、王小东：《"一带一路"倡议的认识误区与理论探索》，《太平洋学报》2018 年 1 月。

④ 李国强：《关于海洋史和海疆史学术界定的思考》，《中国边疆史地研究》2016 年第 2 期。

展。内部创新冲动与现实需要的结合，促成了海洋环境史的兴起和发展①。韩国学者河世凤则对数十年间中国海洋史研究整体情况进行了解读，认为20世纪90年代后期以前的海外交通史研究表现出浓重的欧洲情结，而90年代以后的研究则更加注重海岸区域史研究及关注民族主权。②

凯瑟琳·马涅斯、保罗·霍尔姆等多位西方学者就海洋史未来研究议程提出了见解，包括海洋系统的历史性影响、被改变的海洋生态系统、对海洋系统的认知治理与管理、新兴方法论取向、历史分析的范围等内容，并建议建立全球研究网络"海洋史倡议"（OPI）以协助配合研究工作的展开。③ 美国学者因戈·海德布林克就未来海洋史研究的发展方向、方式等表达了自己的看法，认为应将全球史与海洋史结合并充分借鉴其他学科的研究方法和研究内容，在方法上则需效仿自然科学的研究模式，以推动综合性史学研究的开展。④ 赵庆华对日本学者中岛乐章进行了访谈。中岛认为在东亚海域史研究中要突破国别史的研究壁垒，对不同国家和地区间的互相交流予以关注。此外还强调要将东、西洋史料结合起来，从全球史的视野审视海上贸易交流活动。⑤

在海上丝绸之路研究热兴起的背景下，陈支平发表文章就"海丝"的名称、研究内容、研究的全局性、中外比较等问题提出了看法，强调学术研究不能"新瓶装旧酒"，强调了开拓新研究领域、具国际性视野对"海丝"研究健康发展的重要性，⑥ 陈支平的另外一篇文章则特别对明代"海丝"发展模式进行了反思。⑦ 杨国桢、陈辰立同样从理论上探讨了海丝问题，认为以"海上丝绸之路"为视域的研究同样应基于史料整理和理论支

① 包茂红：《从海洋史研究到海洋环境史研究》，《全球史评论》2020年第2辑。
② ［韩］河世凤：《解读中国海洋史研究》，《国家航海》2016年第15辑。
③ ［德］凯瑟琳·马涅斯：《海洋史的未来：迈向全球海洋史研究计划》，《全球史评论》2018年第1辑。
④ ［美］因戈·海德布林克：《海洋史：未来全球史研究的核心学科》，《社会学科战线》2016年第9期。
⑤ 赵庆华：《全球史视野下日本学界的明清东亚海域史研究：中岛乐章先生访谈录》，《海交史研究》2020年第1期。
⑥ 陈支平：《关于"海丝"研究的若干问题》，《文史哲》2016年第6期。
⑦ 陈支平：《明代"海丝丝绸之路"发展模式的历史反思》，《中国史研究》2019年第1期。

持，同时更加注重现实关怀。① 刘景瑜强调了深化海洋史研究对于促进中国与沿线国家互联互通的意义，以及进一步完善史料搜集整理工作、构建中国特色海洋史研究范式、构建区域内海洋史国际学术共同体等的重要性。② 胡德坤、王丹桂则论证了新加坡早期港口之地位变化及其与海上丝绸之路的紧密关联。③

（二）海洋经济史

海洋经济史是海洋史研究的重要领域。朱亚非论述了古代北方海上丝绸之路的兴衰变化。其将"北方海上丝绸之路"界定为自山东沿海经辽东半岛，再沿朝鲜西海岸南下，过对马海峡进入日本九州地区的海路。皇帝热衷于探求海上仙药的秦汉时期，以及东北亚海域对外交流频繁的隋唐时期都是这一海路繁荣的表现，而宋元之后北方海上丝绸之路受到冲击，沿海地区的贸易重心开始向南转移。虽然如此，但北方海上丝绸之路的贸易从未断绝④。赵全鹏从贸易链条和市场需求的角度论证了海洋珍宝在古代社会中的地位⑤。徐桑奕、顾苏宁对六朝时期南京的海外贸易情形以及影响进行了分析⑥。李海英论述了张保皋凭借强大的海上军事实力、清海镇重要的地理位置、安全畅通的海上商路以及技术高超、经验丰富的海员等优势建立起的海上贸易王国，在唐、新罗、日本三国的交往中扮演了重要角色⑦。

---

① 杨国桢、陈辰立：《历史与现实：海洋空间视域下的"海上丝绸之路"》，《广东社会科学》2018 年第 2 期。

② 刘景瑜：《一带一路视野下的海洋史研究》，《中国社会科学报》2020 年 6 月 2 日。

③ 胡德坤、王丹桂：《古代海上丝绸之路与新加坡早期港口的兴衰》，《史林》2020 年第 4 期。

④ 朱亚非：《论古代北方海上丝绸之路兴衰变化》，《山东师范大学学报》2019 年第 6 期。

⑤ 赵全鹏：《中国古代海洋珍宝消费与朝贡贸易关系》，《南海周刊》2018 年 1 期。

⑥ 徐桑奕、顾苏宁：《六朝时期南京的海外贸易及其影响因素探析》，《中华文化论坛》2018 年第 10 期。

⑦ 李海英：《张保皋商团与 9 世纪东亚海上丝绸之路——以〈入唐求法巡礼行记〉为例》，《哈尔滨学院学报》2016 年第 4 期。

　　魏建钢以唐代越窑秘色瓷为例分析唐代海上丝绸之路的开辟原因和条件。如唐朝中后期国力衰微，西域局势动荡，陆上丝绸之路的贸易受阻；越窑秘色瓷的创烧成功，唐代航海技术的进一步发展和海运交通的便利及优势等①。韩春鲜、光晓霞论述了以陶瓷、铜器为代表的扬州对外商贸交流，以及佛教、伊斯兰教等宗教文化交流情况②。在武勇的学术访谈中，李庆新指出南汉国的银本位制度开中国银本位制度之先河，是颇具海洋特性的濒海国家。对于南汉史研究以及对中国沿海古国乃至东南亚古代国家的认知与研究，应要跳出"陆地史观"的以往经验，从"海洋史观"的新角度加以认识③。

　　日本学者山崎觉士对宋代明州进行了都市空间的复原及人口构成的研究，就市舶司及其行政、经明州与高丽和日本的海外交往等问题进行了讨论④。黄纯艳从商品结构、商人和管理政策三个方面阐述了宋代近海贸易的规模及影响，指出宋代近海贸易既形成了一个有着稳定商品结构、商人群体和市场关系的，具有相对独立特点的区域市场，同时也与内地市场和海外市场紧密联系，是沟通联系内地市场与海外市场的桥梁。这也是滨海之民特殊生计方式的体现⑤。陈纳维、潘天波审视了海上丝路贸易与漆器文化生产紧密配合、相互影响产生耦合的过程，提出了海上丝路航线为漆器文化生产提供耦合区间，市舶司的设置及管理提供了聚合的参数标准，港口通商为耦合提供途径，这些都是海洋贸易介入文化生产的重要保障与契机⑥。代谦、高雅婷将土地价格、粮食产量、草市镇、人口和水陆交通

　　① 魏建钢：《唐代"海上丝绸之路"兴起的原因分析——以越窑"秘色瓷"出口为例》，《世界地理研究》2019 年第 5 期。

　　② 韩春鲜、光晓霞：《唐代扬州海上丝绸之路的商贸与文化交流》，《唐都学刊》2019年第 2 期。

　　③ 武勇：《从"海洋史观"新角度认识南汉国》，《中国社会科学报》2018 年 2 月 2日，第 4 版。

　　④ ［日］山崎觉士：《濒海之都：宋代海港都市研究》，汲古书院 2019 年版。

　　⑤ 黄纯艳：《论宋代的近海贸易》，《中国经济史研究》2016 年第 2 期。

　　⑥ 陈纳维、潘天波：《耦合视域：宋代"海上丝路"贸易与漆器文化生产》，《历史教学》2016 年第 8 期。

等作为要素，运用要素禀赋效应理论分析了其变化对于宋朝海外贸易的影响[①]。余军依据文献记载、宋代沉船的瓷器遗物以及在波斯湾、非洲发现的宋代瓷器，考证了宋代海上陶瓷之路的形成发展状况和海外贸易输出情况[②]。纪丽真从政策制度、具体措施等层面论述了金代山东海盐的产业管理以及缉私问题[③]。

吴春明通过分析数十年来环中国海的数百处中外沉船遗址的编年、分期、分布和内涵，揭示了9—15世纪"环中国海"本土海洋经贸圈的繁盛与变迁，以及16—19世纪融入海洋全球化的历史进程[④]。王秀丽论述了宋元时期江南海商的崛起及其对江南社会历史的纵深影响，又分析了明初这一社会群体的衰落，并指出衰落缘于朱明王朝对其的经济褫夺和政治文化压迫[⑤]。2016年，厦门大学出版社出版专著《明清河海盗的生成及其治理研究》；2018年，该出版社又先后出版《耕海耘波：明清官民走向海洋历程》《经济之域：明清陆海经济发展与制约》两部专著，这些著作收录了王日根多年来在海洋社会经济史领域的研究心得。李庆新着重分析了明代粤闽两省的贸易管理制度演变，指出明代中后期的贸易管理，已从前期的侧重政治向侧重经济转变，这种转型重构，与国家政治、经济大局与地方社会变迁联系密切[⑥]。苏惠苹的文章探讨了福建粮食供给问题，认为清前期面对粮食紧张问题，清政府采取了东南沿海省份米谷海运入闽、台米内运、鼓励海外粮食进口等措施来解决[⑦]。李立民对明清时期民间的"海上丝绸之路"的开展进行了论述，指出民间的海上贸易活动并未因阶段性的

---

① 代谦、高雅婷：《刀锋上的商业革命：要素禀赋效应与宋朝的海外贸易》，《经济学（季刊）》2019年第1期。

② 余军：《宋代"海上陶瓷之路"探研》，《宋史研究论丛》2020年第1辑。

③ 纪丽真：《金代山东海盐业的管理及缉私问题研究》，《盐业史研究》2019年第4期。

④ 吴春明：《从沉船考古看海洋全球化在环中国海的兴起》，《故宫博物院院刊》2020年第5期。

⑤ 王秀丽：《元末明初的海商与江南社会》，《南开学报》（哲学社会科学版）2016年第2期。

⑥ 李庆新：《地方主导与制度转型：明中后期海外贸易管理体制演变及其区域特色》，《学术月刊》2016年第1期。

⑦ 苏惠苹：《海洋史视野下的清代前期福建粮食供给问题》，《闽台文化研究》2019年第1期。

海禁政策而中断①。范金民关注了清代潮州商人在江南沿海地区的贸易活动，潮州商人的活动在沿海贸易乃至对外贸易中发挥了重要作用②。陈静利用《福建沿海航务档案》，分析了清代船只的买卖制度。指出清代船只买卖的严苛，缘于清代的海禁政策③。王振忠依据藏于日本的程稼堂文书等资料，论述了长崎中国海商首领程稼堂的境遇，揭示了19世纪中后期的长崎贸易与徽州海商衰落间的关系④。美国学者范岱克的《广州贸易：中国沿海的生活与事业（1700—1845）》于2018年翻译为中文并由社会科学文献出版社出版，该著基于前人利用较少的中国和欧洲档案资料，对鸦片战争前一个半世纪里广州口岸的中外互动、体制运作等进行了细致研究，对关于广州贸易的传统观点进行了反思。

（三）海洋经略

历史时期人们对海洋的筹划治理同样得到海洋史学人的关注。刘笑阳梳理了古代中国海洋认知与经略的发展脉络，认为其表现为具有周期性的螺旋式上升态势。海洋需求决定海洋经略的地位，海洋能力决定海洋经略的效果。海洋经略可能实现海洋强国的塑造，却无法阻止海洋强国的衰落⑤。张帆对古代中国海洋战略的特点进行了概括总结⑥。孙方一否认了农耕文化使中国忽略海洋和海权的观点，从海洋主权意识、海洋经济管理意识、海洋治安管理意识三方面说明秦汉时期的海洋管理虽简单粗放，尚处于萌芽阶段，但为后世海洋探索提供了宝贵经验⑦。赵鲁杰等分别讨论了秦汉两朝的海洋经略政策。前者多以集中、分治以及人口迁徙来巩固其统

---

① 李立民：《明清时期的民间"海上丝路"》，《历史档案》2020年第2期。

② 范金民：《清代潮州商人江南沿海贸易活动述要》，《历史教学》2016年第8期。

③ 陈静：《清嘉庆朝福建沿海船只买卖制度窥探》，《中国社会经济史研究》2017年第4期。

④ 王振忠：《19世纪中后期的长崎贸易与徽州海商之衰落》，《学术月刊》2017年第3期。

⑤ 刘笑阳：《古代中国经略海洋的历史逻辑》，《亚太安全与海洋研究》2016年第6期。

⑥ 张帆：《中国古代海洋文明与海洋战略概述》，《珠江论丛》2017年第2期。

⑦ 孙方一：《论秦汉时期海洋管理》，《南海学刊》2017年第3期。

治，并以探索外海来划定海域疆界；后者在沿海重要地区重点经略，对于外海则多以保护海运为主①。王承文的专著《唐代环南海开发与地域社会变迁研究》是涉及断代史、边疆史、民族史、区域史、海洋史、交通史等众多领域，深入探讨唐中央对岭南和南中国海的开拓经略，揭示唐代岭南区域社会变迁及其影响的专题性研究成果②。黄纯艳的专著收录了其对宋代东亚秩序和海上丝绸之路相关问题的探讨。包括宋代贸易体系、官方海洋知识的生成路径、海洋认知和观念的变化、福建和浙东沿海地区海洋性地域特征的形成、海上丝绸之路发展的新要素和新格局等问题③。

马光讨论了元代中国沿海的倭患问题及其产生的原因，认为倭患与海禁并无必然联系。对于倭患产生的原因，不仅要思考政治形势、海洋政策等，还应关注到更深层次的气候与环境因素④。马光的另一文章则重点论证了明初中日间的"倭寇外交"，明初复杂曲折的中日关系是理解古代东亚国际秩序多样性和动态性的范本，使人们认识到朝贡礼仪只是表面虚像，而国防安全才是影响外交最深层次的实质内容⑤。薛理禹关注了明中期倭乱背景下保甲制度在福建沿海地区推行及演变，指出沿海地区保甲法带有较强的应时性与反复性，具有实效短、实施不稳定、规程多变等特征⑥。陈博翼也有多篇（部）成果发表，如专著《限隔山海》从全球、国家与地方等层面入手，探讨了闽、粤、台及周边海域地区在近代早期的联动与变化⑦；论文《明代南直隶的海防格局和部署》则探讨了明代南直隶的海防格局及部署调整问题，指出随着嘉靖以后倭寇对海防挑战的开始，明朝的防御重心和主要防御力量从卫所系统转向营兵系统，较为合理的海

---

① 赵鲁杰、丁涛、喻江：《秦汉王朝经略海洋考论》，《军事历史》2018年第4期。
② 王承文：《唐代环南海开发与地域社会变迁研究》，中华书局2018年版。
③ 黄纯艳：《宋代东亚秩序与海上丝路研究》，中国社会科学出版社2018年版。
④ 马光：《开海贸易、自然灾害与气候变迁：元代中国沿海的倭患及其原因新探》，《清华大学学报》（哲学社会科学版）2018年第5期。
⑤ 马光：《面子与里子：明洪武时期中日"倭寇外交"考论》，《文史哲》2019年第5期。
⑥ 薛理禹：《明代中期福建沿海地域保甲制度的演变》，《福建论坛》（人文社会科学版）2020年第6期。
⑦ 陈博翼：《限隔山海：16—17世纪南海东北隅海陆秩序》，江西高校出版社2019年版。

防部署在应对挑战中渐次形成①。

万明以中国、琉球官私文书为基础文献，从明朝海洋政策视角出发，论证了钓鱼岛自古属于中国固有领土而非"无主地"。且钓鱼岛列屿的历史印证了中国从传统到近代的国家建构过程②。巡海副使、备倭都司、备倭把总是明代省级海防官员或机构，宋烜考证其设置时间为正统及以后而非洪武年间，其设置的背景正是正统初期倭寇入犯造成沿海形势危急③。韩毅、潘洪岩关注了明代海禁。他们利用博弈论分析方法，通过建立模型，分析了海禁政策变迁过程中，利益主体是如何从最初的对立，经过博弈和妥协，最终达到多边认同的④。在 2016 年发生所谓"南海仲裁案"的背景下，《史学月刊》于该年第 12 期推出了一组笔谈，从海洋史和国际史交叉的视野，讨论了南海合作问题，试图从南海地区海洋史和国际史中找到一些清晰而具启示的南海合作案例。于向东、周桂银、钱皓、王琛等学者就该问题发表了自己的观点看法。

王日根、陶仁义的两篇文章探讨了淮安海商的相关问题。首篇论述了明朝中后期漕粮河运不畅受阻背景下淮安海商对海上运输的探索和经营⑤；次篇指出在明末时期由淮安籍水兵转化而来的海商，确保了毛文龙集团的粮饷供给⑥。陈尚胜回顾了隆庆开海的过程，指出这次变革虽有局限性，但对东南沿海地区的经济社会发展产生了积极作用，极大地释放了商民活力⑦。朱勤滨的文章专门论证了清代前期出海帆船包括桅杆、载重、梁头等规制以及适用的变化过程，认为海防与民生是清廷管控船只的两大制约

---

① 陈博翼：《明代南直隶的海防格局和部署》，《学术研究》2018 年第 4 期。

② 万明：《明代历史叙事中的中琉关系与钓鱼岛》，《历史研究》2016 年第 3 期。

③ 宋烜：《明代浙江巡海副使、备倭都司、备倭把总设置考》，《中国史研究》2016 年第 4 期。

④ 韩毅、潘洪岩：《明代海禁政策变迁中的博弈：从双边分歧到多边促成》，《山东师范大学学报》（人文社会科学版），2018 年第 6 期。

⑤ 王日根、陶仁义：《明中后期淮安海商的逆境寻机》，《厦门大学学报》（哲学社会科学版），2018 年第 1 期。

⑥ 王日根、陶仁义：《从"盐徒惯海"到"营谋运粮"：明末淮安水兵与东江集团关系探析》，《学术研究》2018 年第 4 期。

⑦ 陈尚胜：《隆庆开海：明朝海外贸易政策的重大变革》，《人民论坛》2018 年第 30 期。

因素，并指出不宜将清代帆船衰落的主要原因归结为尺寸制约上①。郑宁关注了清初浙江迁海的善后问题。指出迁海后本应以安抚迁民保全民生为善后工作的目标，但在朝廷干预下地方官府仍专注于赋税催征，由此酿成了民生灾难②。屈广燕的文章通过梳理朝鲜官方史料，探讨了清代康熙解除海禁后朝鲜西海域救助中国海难船情况③。蔡勤禹的文章以浙江台风灾害为例关注了新中国成立初期海洋灾害与政府应对的相关问题④。

（四）海洋环境史

近五年国内外在海洋环境史领域也出现了一些前沿的研究成果。张宏宇以美国捕鲸业为切入点，立足海洋环境立体性、公共性和全球性的特点，梳理了国内外海洋环境史的研究现状和不足，以及中国海洋环境史研究的发展方向，认为海洋环境史研究重视跨学科研究方法，体现了全球史观⑤。王辉等阐述了人类社会不同时代经济形态演变对海洋海岛生态环境的影响，研究了美国海峡群岛的生态环境破坏、修复和环境保护，尤其是知识经济时代在国家公园管理局管理下的生态修复和环境保护⑥。吴倩华重新解读了布罗代尔地中海名著中所蕴含的环境问题意识⑦。

一些研究关注了历史上海洋资源开发模式、海洋物种和生态系统的状态及其与社会经济发展的关系，强调人类的经济活动，尤其是工具技术等生产力和生产方式的变化对海洋环境的重要影响与相互作用。例如，赖惠如、林信成、李其霖、陈美圣运用田野调查法等探讨和还原了台湾北海岸

---

① 朱勤滨：《清代前期出海帆船规制的变化与适用》，《史学月刊》2018 年第 6 期。

② 郑宁：《催科为重：清初浙江迁海的善后作为》，《史学月刊》2018 年第 2 期。

③ 屈广燕：《朝鲜西海域清朝海难船情况初探（1684—1881）》，《清史研究》，2018 年第 2 期。

④ 蔡勤禹：《合作化时期的台风灾害与应对：以浙江象山 1956 年八一台灾为例》，《中国高校社会科学》2019 年第 2 期。

⑤ 张宏宇：《世界经济体系下美国捕鲸业的兴衰》，《世界历史》2019 年第 4 期。

⑥ 王辉等：《经济形态演变对海洋海岛生态环境的影响：以美国海峡群岛为例》，《地理科学》2016 年第 4 期。

⑦ 吴倩华：《布罗代尔"总体史观"中的环境问题意识：重读〈菲利普二世时代的地中海和地中海世界〉》，《长治学院学报》2010 年第 4 期。

地区移民筑沪捕鱼的生活样貌①。刘诗古以江西鄱阳湖区为研究对象，观察清代内陆水域渔业捕捞秩序的建立及演变过程②。徐晓望考察了明代东海渔业的发展状况③。这些成果都关注到海洋渔业资源的开发管理及对人类经济社会的影响。有些成果对海洋环境史研究状况及方法进行了思考④。李玉尚探讨了清代中期督巡鱼汛制度的实施情况，文章指出督巡鱼汛有保护大黄鱼渔业、巡查海域、管控渔民等目的⑤。

海洋环境史也成为世界环境史国际学术研讨会的研究议题之一。2017年，东亚环境史协会的一个讨论主题即为"东亚与世界：跨越陆地、海洋和天空的文化接触与生态关联"，会议将海洋纳入讨论主题，表明了东亚环境史学界对海洋环境的关注，以及国内对海洋环境史重视程度的提升。除了海洋环境的变迁史，还兼顾了海洋环境与经济、政治、文化的关系史，这同传统环境史最初涉及的研究内容一脉相承。对此，学者也有不同看法："海洋环境史可以从海洋环境保护与污染、海洋资源开发、海洋战略三个领域入手，既可以具体到某种海洋生物的微观研究，又可以宏观到全球气候变化的研究；既可以着眼于某个海湾环境，又可以放大到全球海洋生态系统。"这三个领域更贴近当下对海洋环境的关注，历史的关照稍显不足⑥。张宏宇、颜蕾的文章系统地对海洋环境史相关理论方法进行了剖析。他们认为，海洋环境史的研究内容包括探讨人类活动与海洋环境相互影响的历史，重点关注人类开发海洋资源的过程及影响，海洋环境变化对人类社会产生的反作用，以及人类对海洋环境认识的变化⑦。美国学者林肯·佩恩的巨著《海洋与文明》中译本于2017年由天津人民出版社出

① 赖惠如、林信成、李其霖、陈美圣：《沪里沪外：台湾北海岸地区的石沪发展与变迁》，《淡江史学》第30期。
② 刘诗古：《清代内陆水域渔业捕捞秩序的建立及其演变：以江西鄱阳湖区为中心》，《近代史研究》2018年第3期。
③ 徐晓望：《明代的东海渔业》，《福建论坛》（人文社会科学版）2018年第5期。
④ 张宏宇、颜蕾：《海洋环境史研究的发展与展望》，《史学理论研究》2018年第4期；郑薇薇：《古代日记在历史台风研究中的利用方法探析》，《中国历史地理论丛》2018年第3期。
⑤ 李玉尚：《清代黄鱼汛护渔初探》，《国家航海》2020年第2期。
⑥ 范毅：《海洋伦理与海洋环境史研究初探》，《保定学院学报》2016年第5期。
⑦ 张宏宇、颜蕾：《海洋环境史研究的发展与展望》，《史学理论研究》2018年第4期。

版，该著从海洋的视角讲述世界历史，揭示不同文明和人群如何通过海洋进行交流与互动，以及交换和传播商品、物产与文化。作者在史料方面有独到见解。他认为，写海洋史除了依靠史料，还要依靠文学。在那些没有历史记载的地区，文学确实为历史提供了一扇极具价值的窗口。

（五）海洋观念

赵志刚等围绕海洋安全意识，论述了与之相关的中国特有的海洋体系，即中国古代海洋安全意识是在大陆文明发展具有绝对优势、海洋文明并不落后的背景下萌发的。统治者在扩大和巩固陆地疆域的同时，能够将沿海区域纳入国家整体版图加以筹措，并且发展海上力量，逐步建立沿海防务体系，为国家发展创造了重要条件①。

李强华通过中西海洋观的对比，提出先秦海洋观缺乏"人海对立"的认知向度、存在浓厚的直观色彩和物我不分的认知模式、缺乏精准的科学基础有牵强附会之嫌②。曲柄睿指出海洋隐逸在以齐地为代表的滨海地域盛行，实际上是当地舒缓阔达的政治风格与风俗文化的一种反映。秦汉时期统治者对海洋隐逸保持压制的态度，此风气延续至西晋仍未改变，最终在内陆传统的冲击和国家权力的深入双重作用下，渐渐消解于无形③。王子今论述了《论衡》对于古代海洋文化研究的意义以及王充的海洋情结，指出对于"海内""四海之内""海外""裨海""瀛海"的提及体现了王充对于更广阔的"天下"的认识，其以"海"喻事，以"海"辩理，皆来源于航行实践所获的心得，关于"涛""潮"起因、与"月"有关的论点和对"司南"的记录与关注，皆是其"科学精神"的体现④。

① 赵志刚、林一宏、滕春霞：《中国古代海洋安全意识管窥》，《军事历史》2019 年第 3 期。
② 李强华：《中国传统认知取向视阈下的先秦海洋观探析》，《广东海洋大学学报》2016 年第 5 期。
③ 曲柄睿：《进山还是入海：战国秦汉海洋隐逸的历史记载》，《浙江学刊》2016 年第 5 期。
④ 王子今：《〈论衡〉的海洋论议与王充的海洋情结》，《武汉大学学报》（哲学社会科学版）2019 年第 5 期。

陈国灿、鲁玉洁就社会环境变化、海洋意识影响、传统报恩意识和佛教观念等因素对两浙地区海神崇拜的影响进行了讨论①。张宏利阐释了两宋时期官方内敛型与民间开放型两种海洋观之间的对立统一，其共同促成了官民共举经营海洋事业的局面和"中国帆船时代"的到来②。黄纯艳对宋元时期的海洋空间认识转变进行了深入探讨。随着宋元时期海上实践的迅速发展和海洋知识的不断增长，"九州—四海"的天下观念逐渐动摇，人们对海洋地理空间的认知逐渐由抽象模糊的"四海"转变为由若干航路和固定方位的国家、岛屿，且开始使用"洋"对海域进行区域性划分及命名，使海洋变得更加空间化、具体化。宋元时期积累的海洋知识和实践经验为明清进行大规模航海活动打下了坚实基础，成为中国古代海洋地理空间认识史上的重要转折时期③。陈衍德以新加坡天福宫和长崎福济寺为个案，分析了妈祖信仰在东亚海域的传播特点，以及华人移民在传播中华传统文化中的作用④。刘平的文章论述了清朝的海洋观，以及在其海洋观指导下制定的海洋政策与社会经济发展的关系。并认为海盗的活跃使得清政府不敢放开手脚进行海外贸易乃至全面开放之策⑤。马平平、顾明栋通过对清代小说资料的梳理，发现"海洋"在中国古代特别是清代部分文学作品中有深刻体现，认为在西方殖民扩展的背景下，清代小说的海洋书写呈现出海洋意识自觉性、海洋活动身行性和海洋意象象征性的鲜明特点⑥。

二 评述与展望

通过上述回顾可以看到，"十三五"期间学术界在中国海洋史领域取

---

① 陈国灿、鲁玉洁：《略论宋代东南沿海的海神崇拜现象：以两浙地区为中心》，《江苏社会科学》2017 年第 7 期。

② 张宏利：《"帆船时代"两种海洋观的并存》，《中国社会科学报》2017 年 9 月 4 日。

③ 黄纯艳：《宋元海洋知识中的"海"与"洋"》，《学术月刊》2020 年第 3 期。

④ 陈衍德：《妈祖信仰在东亚传播的特点——以新加坡天福宫和长崎福济寺为个案的研究》，《东南亚研究》2016 年第 5 期。

⑤ 刘平：《清朝海洋观、海盗与海上贸易》，《社会科学辑刊》2016 年第 6 期。

⑥ 马平平、顾明栋：《清代小说中的海洋书写》，《安徽大学学报》（哲学社会科学版）2020 年第 5 期。

得了可观的成绩,并体现了以下几方面的特点。

第一,研究主题丰富。从研究领域来看,既有传统领域议题,也有新领域议题;既有重大议题的宏观考察,也有专题研究的微观探析。具体来说,"海上丝绸之路""海洋政策""海洋社会经济史""海疆海权"等主题仍为当今热门话题,"海洋环境生态"、"海图研究"等主题近些年的热度显著上升。主题丰富也体现在研究时段的延长。过往海洋史的研究时段,以明清时期最为集中。而盘点近来的研究成果,除了明清时期,宋元、隋唐乃至秦汉时期等均成为海洋史学者关注的研究时段,各个时段均出现不少有质量的研究成果。

第二,理论方法多元。前辈学者倡导以"科际整合"或"跨学科"方法进行海洋史研究,近年的研究成果已经体现出这一趋势。除了历史学的研究,考古学、地理学、经济学、法学、国际政治等诸多学科均表现出对海洋历史的关注,一些成果已展现出跨学科的研究范式。此外,随着全球史、区域史研究的蓬勃发展,近年的海洋史研究也体现出打破地区界限及传统观念束缚,纳入前述研究框架的取向。

第三,研究资料扩展。史料是历史学研究的基础。海洋史研究的资料散见于藏于海内外的各类中外文档案、典籍、志书、笔记等文献以及民间文献中。近些年的研究成果,一方面体现出对现存史料进行的不同视野下多重角度的深入解读,另一方面也可以看到学界在新资料搜集、整理及利用方面所取得的成绩。

尽管近五年海洋史研究成果颇显丰硕,但正如杨国桢教授所指出的:"中国海洋史学还处在发展的初级阶段","基础研究和专题研究很不充分"[①]。我们知道,历史研究绝非朝夕之功,而是需要经年累月的长期积累。学界同仁应继续"板凳坐得十年冷",在上述包括研究主题、理论方法、研究资料等各个方面持续深入推进。着眼未来我们认为:首先,既有研究成果仍集中于传统海洋史研究,区域史、全球史视野下的研究虽已得到重视,但成果仍相对较少。从研究区域来看,既有研究关注中国沿海区

---

① 朱勤滨:《海洋史学与"一带一路"——访杨国桢教授》,《中国史研究动态》2017年第3期。

域多，其他海洋区域偏少；而就中国来看，南方海域较强，北方海域偏弱。补强薄弱应是后续研究的重点。其次，在尊重学术发展规律的基础上，切实借鉴其他学科的理论和方法，推动海洋史的科际整合和交叉研究。最后，持续推进各类中外官方史料和民间文献的搜集和整理，加强资料库建设。还要注意的是，在获取资料相对容易的今天，我们需要对资料进行相较以往更加细致深入地甄别、比较和解读。

习近平总书记多次指出，"历史研究是一切社会科学的基础"①。海洋史研究致力于总结人类海洋发展历史经验，揭示海洋发展历史的规律，把握海洋发展历史趋势，加快构建中国特色海洋史学科体系、学术体系和话语体系。海洋史研究在自身学科体系发展之外，也能够为其他涉海学科理论研究提供有益支持。总之，海洋史研究因时代发展需要而兴起，因应国家需求、时代发展是中国海洋史研究的题中应有之义。随着国家的发展进步，海洋史已然迎来发展的黄金时代，在学界同仁的共同努力下，中国海洋史研究未来可期。

---

① 《习近平致第二十二届国际历史科学大会的贺信》，中华人民共和国中央人民政府网，2015年8月23日，http：//www.gov.cn/xinwen/2015-08/23/content_ 2918446. htm ；《习近平致中国社会科学院中国历史研究院成立的贺信》，中华人民共和国中央人民政府网，2019年1月3日，http：//www.gov.cn/xinwen/2019-01/03/content_ 5354515. htm

中国海洋文化遗产保护

朱建君　高楠

自 2016 年以来的五年间，我国的海洋文化遗产保护事业取得了明显进展，主要体现在四个主要方面：海洋文化遗产保护机制有了新的探索，规划立法、联合行动增多，学术研究助力文化遗产保护；海洋物质文化遗产保护快速推进，文化遗产整体性保护和活化利用意识增强，在多年来积极推进海上丝绸之路遗产申报世界文化遗产的背景下，泉州在 2021 年 7 月申遗成功，"泉州：宋元中国的世界海洋商贸中心"项目成功列入世界文化遗产名录；海洋非物质文化遗产保护在文旅融合背景下被注入活态传承新动力，非遗项目往往成为文旅融合发展中的亮点，展示展演场景多元，而且"送王船"申报人类非物质文化遗产成功；海洋文化遗产特展主题明确，佳作迭出，体现出越来越专业化、精细化的展示能力，促进了海洋文化遗产在更广范围的传播。整体而言，近五年我国的海洋文化遗产保护呈现出稳中前进、重点突破的态势。不过我国海洋文化遗产保护仍面临着保护范围需要加大、整体保护有待完善的问题。

我国拥有丰富的海洋文化遗产，进入 21 世纪"海洋世纪"后，海洋文化遗产及其保护越来越受到政府和社会各界的重视。自 2016 年"十三五"规划实施以来，随着"21 世纪海上丝绸之路"建设在全球范围逐步展开，随着我国"海洋强国"战略持续深入实施，也随着传统文化和文化遗产在国家和社会生活中越来越受到重视，我国的海洋文化遗产保护事业较之以前取得了明显进展。本报告从海洋文化遗产保护机制探索、海洋物质文化遗产保护、海洋非物质文化遗产保护、海洋文化遗产特展等四个主要方面进行报告、分析，并对近五年我国海洋文化遗产保护进展呈现出的特点做出思考。

一　海洋文化遗产保护机制新探索

海洋文化遗产是我国文化遗产的重要组成部分，其保护内在于我国的文化遗产保护体制之中。就当前国家机构的管理职能而言，物质文化遗产的保护归口于国家文物局，非物质文化遗产的保护归口于文化和旅游部（机构改革前是文化部）非物质文化遗产司。由于海洋文化遗产涉及领域多，分布环境复杂，客观上也需要探索具体的保护机制，为保护海洋文化遗产提供更切实的专门保障。2016 年以来，海洋文化遗产保护中出现的规划和立法保护、联合行动等，可谓海洋文化遗产保护机制方面的新探索。前者包括中央部门和地方多层次的规划和立法保护，后者包括国家文物局牵头指导的海上丝绸之路遗产保护和申遗城市联盟、水下文化遗产保护基地的增设，以及跨部门多领域的联合行动等。另外，学术研究的加强对于我国海洋文化遗产的保护也起着至关重要的支持作用。

（一）规划和立法保护

在《国家文物事业发展"十三五"规划》中，水下文化遗产保护和海上丝绸之路文化遗产保护被明确列为重点。规划提出：加强水下文化遗产保护，开展西沙群岛、南沙群岛及沿海重点海域水下文化遗产调查和水下考古发掘保护项目，划定一批水下文化遗产保护区；推进南海Ⅰ号、丹东1 号等考古发掘和保护展示项目，实施海上丝绸之路文物保护工程；提升水下文化遗产保护装备水平，建成国家水下文化遗产保护南海基地。《大遗址保护"十三五"专项规划》中列出的慈溪上林湖越窑遗址、丽水大窑龙泉窑遗址、屈斗宫德化窑遗址、合浦汉墓群等，其实也是海上丝绸之路相关遗产。而着力提高非物质文化遗产保护传承水平是文化部于 2017 年初发布的《文化部"十三五"时期文化发展改革规划》所确定的十大战略任务之一，海洋非物质文化遗产保护传承水平的提高自然包括在内。

2016 年，国家海洋局曾会同教育部、文化部、国家新闻出版广电总局、国家文物局联合印发了《提升海洋强国软实力——全民海洋意识宣传教育和文化建设"十三五"规划》，提出了海洋文化建设发展目标，其中明确规定，要使"海洋文化遗产得到有效保护，海上丝绸之路相关文化遗产整体保护、利用、展示水平切实提高，中国海洋特色文化的世界影响显著提升"。这一规划提出的措施包括：开展海洋文化遗产普查和保护；实施海洋文化遗产保护工程，对涉海的考古遗存、水下遗址、历史古迹、民居村落等进行系统的调查与保护，积极推动代表性的海洋文化遗址申报世界文化遗产；开展海上丝绸之路、明清海防设施和沿海岛屿海洋文化遗产考古调查，加强港口史、造船史、航运史和海洋水利工程史等的研究；做好涉海重大建设工程中的海洋文物、水下遗址的保护工作，严格项目审批、核准和备案制度；保护重要的海洋节庆和海洋民俗，推进涉海非物质文化遗产的保护与传承，并推动保护手段与方式创新；充分利用数字化技术、虚拟现实技术、移动与互联网技术等现代信息技术的发展，创新海洋文化遗产的保护、传承、利用、发展的新模式。2018 年国家海洋局合并到自然资源部，不过相关海洋文化遗产的具体保护工作并没有中断。

在不少沿海省市的"十三五"规划实施中，海洋文化遗产更是得到了特别重视。例如，"山东海疆历史文化廊道"建设就是山东省"十三五"规划的建设项目，意在整合山东沿海和近海的海上丝绸之路文化遗产、沿海海防设施、沿海近现代建筑、近海水下文化遗产、黄河三角洲地区盐业遗产、日照沿海龙山文化遗址群等历史文化遗产，做好保护与展示。2016年起相关部门陆续开始了遗产探查、保护工程。

在立法保护方面，《中华人民共和国水下文物保护管理条例》的修订是这一时期直接影响到海洋水下文化遗产保护管理的重要事项。我国的《中华人民共和国水下文物保护管理条例》颁布于 1989 年。2016 年前后，面对水下文物保护的新形势和新要求，特别是海域沉船发现所带来的文物保护挑战，国家文物局加快推进了《中华人民共和国水下文物保护条例》的修订工作，形成了修订草案（征求意见稿），在 2018 年 2 月向社会公开征求意见无重大分歧后，经全面审核，于 2019 年 3 月 19 日颁布了《中华人民共和国水下文物保护管理条例》修订草案（送审稿）。修订草案（送审稿）共十七条，在大致保留原有章节内容的基础上，对水下文物保护职责划分、文物保护单位制度、发现报告制度与现场看管措施、基本建设工程中的水下考古、出水文物登记入藏等内容和程序等内容进行了补充，进一步明确水下文物保护职责，增强地方政府保护文物的责任，加大对违反条例的法律惩罚和加强对水下考古文物的利用；同时又根据《中华人民共和国文物保护法》《中华人民共和国行政许可法》、联合国教科文组织的《保护水下文化遗产公约》等法律规定，并结合水下文物特点，增加水下文物保护的禁止条款和文物保护单位保护范围内的限制措施，明确规定禁止商业性打捞，并规定了水下文物考古发掘、涉外水下文物考古调查发掘两项行政许可的主体、程序、办理期限等内容。①

专家学者普遍认为，《中华人民共和国水下文物保护管理条例》修订草案（送审稿）的出台，对于当前和未来水下文物保护工作的开展和海洋文化遗产的管理与保护都具有积极意义，并认为修订草案的精神和内容与《保护水下文化遗产公约》更加接近。② 但也有学者认为修订草案（送审稿）仍需进一步完善，提出了诸如在立法目的中增加"传承中华优秀传统文化"、在第六条之后增加"一切单位和个人都应当遵守文物保护法律法规"等建议，并建议加大对违法行为的起罚金额，以震慑违法行为的发生。③

地方政府在立法保护海洋文化遗产方面也相继推出了保护管理条例、办法。2016年1月福建省人民政府出台《"古泉州（刺桐）史迹遗址"文化遗产保护管理办法》，2016年10月南京市人民政府出台《南京市海上丝绸之路史迹保护办法》，2016年11月宁波市人民政府出台《宁波市海上丝绸之路史迹保护办法》，2016年12月泉州市第十五届人民代表大会常务委员会通过《泉州市海上丝绸之路史迹保护条例》，2017年2月福州市人民

① 张丽青：《〈中华人民共和国水下文物保护管理条例修订草案〉（送审稿）起草说明》，中华人民共和国司法部官网（中国政府法制信息网）2019年3月19日，http://www.moj.gov.cn/news/content/2019-03/19/zlk_230968.html。
② 黄伟、南雁冰：《中国加入〈保护水下文化遗产公约〉的方案探究——以〈条例〉修订草案和〈公约〉的比较与结合为视角》，《边界与海洋研究》2019年第2期。
③ 李袁婕：《关于〈中华人民共和国水下文物保护管理条例修订草案（送审稿）〉的修改建议》，载《中国文物报》2019年4月2日。

政府公布《"海上丝绸之路·福州史迹"文化遗产保护管理办法》，2019年2月江门市人民政府出台《江门市海上丝绸之路史迹保护条例》，林林总总。这些条例和办法依据《中华人民共和国文物保护法》和各省文物保护管理条例等法律条例，结合各地特点，规定了省、市行政区域范围内海上丝绸之路史迹的规划和管理、保护措施、经费保障、管理人职责、禁止行为、陈列展示、违反处罚等方面内容，规范和加强了对海上丝绸之路史迹的保护与管理，进一步完善了保护制度，有利于提高保护管理水平，为海上丝绸之路史迹申遗工作的推进提供重要保障。

水下文化遗产也得到了地方立法保障。"南海Ⅰ号"是目前我国海域出水的沉船中最为重要的发现，自2007年整体打捞后即在广东省海上丝绸之路博物馆进行保护发掘。2018年12月25日，广东省阳江市人民政府七届二十九次常务会议又审议通过了《阳江市"南海Ⅰ号"古沉船及遗址保护规定》，自2019年3月1日起施行。该规定包括总则、规划、保护、利用、法律责任、附则六章三十三条内容，确定了古沉船及遗址的保护范围，明确了保护和管理机构的职责及文物管理、遗址开发利用的制度，同时对违反规定的行为作出相应的处罚。该规定的出台，为"南海Ⅰ号"古沉船及遗址的保护和利用提供了法律依据。

（二）联合行动

首先体现为国家文物局指导下的海上丝绸之路遗产保护和申遗城市联盟机制。海上丝绸之路是我国海洋文化遗产的重要组成部分，海上丝绸之路遗产的保护和申遗工作是我国近些年来积极推进的重大文化工程，在实施过程中，国家文物局指导和协调海丝遗产丰富的有关城市联合行动。这些城市不仅大都设立了申遗办公室，牵头本市的海洋丝绸之路保护和申遗工作，而且还逐步形成了城市联盟，以加强保护和协调申遗行动。

泉州、福州、漳州、广州、北海、宁波、南京、扬州、蓬莱九座城市，早在2014年就签署过"海丝"城市联合申遗的《泉州共识》。2016年5月，国家文物局正式确定由泉州牵头，联合广州、宁波、南京等城市全力推进联合申遗。5月20日，在泉州召开的海上丝绸之路联合申遗城市联席工作会议上，泉州、广州、宁波、南京四城市联合签署了《海上丝绸之路保护与申遗中国城市联盟章程》和《中国海上丝绸之路保护与申遗城市联盟关于保护海上丝绸之路遗产的联合协定》，正式成立了中国海丝申遗城市联盟。根据章程和协定，各联盟城市以 2018 年申遗为目标，结合各自的特点和实际情况充分调动各方面的积极性和创造性，按申遗时间节点要求，全力以赴做好"海丝"遗产点的本体保护、环境整治、展示阐释、监测、遗产研究等各项工作，同时按照国家文物局的部署，配合海丝牵头城市泉州完成统一的规划、保护、文本提交和国内外协调等工作。① 这次会议开启了海上丝绸之路相关城市的遗产保护和申遗联盟行动。2016 年 8 月 29 日，由国家文物局组织的海上丝绸之路申遗工作会议在中国文化遗产研究院召开，会上莆田、漳州、江门、阳江、丽水五个城市加入海丝保护和申遗城市联盟，并与泉州、广州、宁波、上海四个申遗城市共同签订《关于保护海上丝绸之路遗产的联合协定》，全面议定了首批申遗潜力点在本体保护、环境整治、展示利用、管理协调等方面的工作计划，并提出了完成申遗基础性工作任务的时间节点。②

2018 年 4 月 3 日，在广州市召开的海上丝绸之路保护和联合申报世界文化遗产城市联盟第一次联席会议上，广州、宁波、南京、漳州、莆田、江门、丽水、阳江、扬州、福州、蓬莱、北海、黄骅、汕头、三亚、湛江、潮州、南通、连云港、苏州、淄博、东营、威海和上海 24 个城市代表又共同签署了《海上丝绸之路保护和联合申报世界文化遗产城市联盟章程》，成立了海上丝绸之路保护和联合申报世界文化遗产城市联盟。会上，广州、宁波、南京、福州等城市就海丝申遗进展情况进行探讨，各省文物部门代表还介绍了本地区海上丝绸之路史迹的保护工作情况和下一步工作计划，表示将继续推进海上丝绸之路申报世界文化遗产工作。③ 联盟的成

---

① 黄国勇：《中国海丝申遗城市联盟成立》，载《中国文化报》，2016 年 5 月 25 日，第 1 版。

② 《海上丝绸之路申遗工作会议在我院召开》，中国文化遗产研究院官网，2016 年 9 月 1 日，http：//www.cach.org.cn/tabid/76/InfoID/1939/frtid/78/Default.aspx。

③ 参见《海上丝绸之路保护和联合申遗城市联盟第一次联席会议在广州召开》，广州市文化广电旅游局（广州市文物局）官网，2018 年 4 月 4 日，http：//wglj.gz.gov.cn/gzdt/zwxx/content/post_ 3220063.html。

立为继续推动海丝保护和申遗工作提供了重要的机制基础。

接着在 2019 年 5 月 13 日至 16 日，由中国文化遗产研究院、广州海丝联合申遗办和南京市人民政府三方共同主办的"2019 海上丝绸之路保护和联合申报世界文化遗产城市联盟联席会议暨海丝文化遗产培训班"在南京召开。会上，长沙、澳门两市正式加入海上丝绸之路保护和联合申报世界文化遗产城市联盟，联盟成员城市随之扩大到 26 个。这次会议共有 150 多人参会，包括广东、福建、江苏、上海、浙江、山东、广西、海南、河北 9 省（直辖市、自治区）文物行政部门领导，各市政府分管领导，各海丝申遗城市联盟成员文物行政部门负责人，海丝文化遗产管理研究机构负责人及史迹点管理单位相关工作人员和媒体工作人员。[①] 会议审议公布了《海上丝绸之路保护和联合申报世界文化遗产三年行动计划（2019—2021）》，就保护规划、史迹点的保护管理、史迹保护、历史研究、建立网络虚拟博物馆等作出规定，推动海上丝绸之路联合申遗。[②] 该三年行动计划的提出，进一步明确了未来的工作目标和任务。

可以说，海上丝绸之路遗产保护和申遗联盟构建了一种跨区域的联合行动机制，使得城市联盟的多处遗址被确立为申遗遗产点，海丝遗产在全国范围内得到了更好和更全面的保护。各城市积极推进海丝申遗的交流与合作，也有力推动了海丝保护和申遗工作的逐步开展与落实，并促进了泉州海丝史迹的保护整理和申遗。

近几年，为了加强海洋水下文化遗产的保护及央地合作，国家文物局还增设了具有统筹功能的水下文化遗产保护基地。早在 2012 年 6 月，国家文物局就成立了水下文化遗产保护中心，成为开展我国水下文化遗产保护和研究工作的重要机构，推动了"小白礁Ⅰ号""南澳Ⅰ号""南海Ⅰ号"沉船考古取得重要进展，并从 2014 年起在北海、宁波、福建等南方海域设立了基地。2018 年，北海基地得以在青岛市即墨区设立，其主要职能是

---

① 参见《2019 年海上丝绸之路保护和联合申遗城市联盟联席会议暨海丝文化遗产培训班在宁隆重举行》，广州市文化广电旅游局官网，2019 年 5 月 14 日，http://wglj.gz.gov.cn/gzdt/zwxx/content/post_ 7186266. html。

② 参见朱凯《搭建海丝城市国际合作平台，明年确定新的海丝史迹点名单 海丝申遗划定时间表路线图》，载《南京日报》2019 年 5 月 14 日，第 A12 版。

"统筹黄渤海海域水下文化遗产保护工作"，主要功能是"文物保护、科学研究、教育训练"。① 北海基地的成立对于黄渤海海域水下文化遗产的调查、发掘、保护、研究等工作具有重要促进作用，"致远舰"和"经远舰"沉舰中的出水文物已经在该基地开展修复工作。2019 年 12 月，国家文物局水下文化遗产保护中心又批复设立了水下文化遗产保护宁波基地北仑工作站，进一步完善了宁波市水下文化遗产保护机构和我国水下文化遗产保护体系。② 已成立的水下文化遗产保护基地或工作站对各地海洋文化遗产的保护、研究与管理工作的开展具有重要意义。

此外，各地出现的跨部门、多领域联合行动机制也非常值得关注。2015 年，山东省文物局、山东省海洋与渔业厅在烟台市养马岛中心码头签署了合作框架协议，成立了文化遗产保护联合执法办公室，启动联合执法专项行动，建立了文化遗产保护联合工作机制。针对山东管辖海域内文物分布集中海域，定期开展巡航和日常巡查，对盗捞和破坏水下文物的违法犯罪活动，加大打击和惩治力度，还协定将积极开展涉海基本建设工程中的水下文化遗产保护工作，建立联合执法信息沟通和共享机制。这又进一步促进了山东沿海各地的跨部门联合行动，例如，2016 年 4 月 18 日，日照市文化广电新闻出版局联合市海洋与渔业局共同开启了"日照市管辖海域内文化遗产保护联合执法专项行动"，并签署了《关于合作开展水下文化遗产保护工作的框架协议》，聘任了水下文化遗产保护志愿者。这样就把政府部门之间、政府部门和社会力量之间保护海洋文化遗产的努力更有效地联结了起来。

（三）学术研究助力

近五年，我国不少大学和学术机构的专家学者积极加强海洋文化遗产

---

① 国家文物局考古研究中心：《国家文物局水下文化遗产保护中心北海基地 2019 年工作总结交流会召开》，国家文物局考古研究中心官网，2019 年 12 月 24 日，http：//www.uch-china.com/art/2019/12/24/art_ 1705_ 36227. html。

② 林旻、陈青：《央、地合作！国家水下文化遗产保护宁波基地北仑站挂牌》，中国宁波网官网，2020 年 4 月 20 日，http：//news. cnnb. com. cn/system/2020/04/20/030145855. shtml。

及其保护的研究，为海洋文化遗产的保护提供了强大助力和学术支撑。2016 年以来，研究成果丰硕，研讨会不断，据笔者不完全统计，近五年来仅举办的规模和影响较大的海洋文化遗产学术研讨会就有近 30 次，主题多样、内容丰富，涵盖了历史文化遗产研究、保护建设方法等诸多方面，反映了学界最新的研究成果和专业观点，也得到了文化遗产保护管理部门的重视，不少成果已被应用到文化遗产保护实践之中，为我国的海洋文化遗产保护、海洋强国建设和"21 世纪海上丝绸之路"的建设提供了学术支持。

专门聚焦海上丝绸之路文化遗产的重要学术研讨会就有不下十几场，包括海北遗址发现十周年暨中国早期海上丝绸之路起源学术研讨会、海上丝绸之路国际学术研讨会、大运河与海上丝绸之路国际学术研讨会、佛教文化与 21 世纪海上丝绸之路国际学术研讨会、海上丝绸之路：研究·保护·合作国际学术研讨会、海上丝绸之路文化遗产立法保护研讨会、考古发现与海上丝绸之路国际学术研讨会、第四届中马"一带一路：海上丝绸之路"国际学术研讨会、海帆寻踪：文化遗产视野下的海上丝绸之路学术研讨会、海丝寻踪——华侨华人与海洋文化学术研讨会、唐宋时期的海上丝绸之路国际学术研讨会、中华海洋文明与"海上丝绸之路"沿线国家文化遗产学术研讨会等。这些学术研讨会深化了对海上丝绸之路探讨和交流，对于加强海洋文化遗产的发掘、梳理与保护工作，推动国际海上丝绸之路文化遗产的保护与交流合作起着不可或缺的作用。

新发现的文化遗产点常常引起专家学者们的研究兴趣，而专家学者们的深入研究又有助于遗产保护管理方更好地进行保护。最近几年，文化遗产点专题研讨会数量也不少，如井头山、河姆渡与海洋文明专题研讨会、京津冀鲁四省（市）海盐历史文化暨文物保护学术研讨会、中国港口之海洋经济与古迹保存间的平衡国际学术研讨会、"南海Ⅰ号"发现与研究国际学术研讨会等。

另一方面，2016 年以来召开的海洋强国与海洋文化遗产学术研讨会、国家文化安全与海洋文化遗产学术研讨会、海洋文化遗产保护与利用学术研讨会等几场重要学术会议，综合探讨海洋文化遗产及其保护的研讨会，体现了学界近年来促进海洋文化遗产认知、推进海洋文化遗产全面、系统保护的努力。2019 年，中国海洋大学曲金良教授的《中国海洋文化遗产保护研究》一书出版①，该书系统阐释了中国海洋文化遗产及其保护的基本理念、理论构建、主要内容、保护路径等，并就海洋文化遗产保护的跨国合作提出了对策思考，是这方面研究的开拓性和代表性成果。

二　海洋物质文化遗产保护进展

"十三五"期间，我国海洋物质文化遗产保护取得了重要进展，一是大型不可移动文化遗产有新发现，保护方式有新发展，包括本体、周围环境和文化生态在内的整体保护获得更多重视；二是涉海可移动文物在新建或已建的博物馆里得到了更好的保护；三是海上丝绸之路代表性城市泉州申遗取得突破，申报的世界文化遗产项目"泉州：宋元中国的世界海洋商贸中心"在 2021 年 7 月终获成功。

（一）不可移动文化遗产的保护

2016 年以来沿海各地还不断探查发现出新的海洋文化遗址，或在原发现遗址中又有了新的发现，举其要者有 11 处，按发现时间先后顺序分别是辽宁省明清海防遗址、上海市青龙镇遗址考古新发现、辽宁省庄河海域甲午战舰遗址、浙江宁波大榭史前制盐遗址、汕头市澄海樟林古港古码头遗址、金银岛和珊瑚岛沉船遗址、定远舰沉舰遗址、经远舰沉舰遗址、浙江余姚井头山遗址、宁波市镇海区应家遗址、胶州湾一战沉舰遗址等，还有自 2013 年以来持续进行的广东"南海 I 号"南宋沉船水下考古发掘。以上 11 处遗址中，6 处为海岸遗址，5 处为水下遗址，它们是我国近几年来蓬勃发展的此类考古发现的典型代表，而绝非全部。例如，山东青岛琅琊台考古取得了重要的阶段性进展，对于了解先秦秦汉时期海洋历史的发展具有重要价值。此外，诸如舟山衢山岛海洋历史文化遗产调查和发掘也都

---

① 曲金良：《中国海洋文化遗产保护研究》，福建教育出版社 2019 年版。

有重要发现，遗存种类和内容十分丰富，为了解岛屿地区的海洋文化遗产提供了基本认知，为进一步挖掘和研究我国的海洋历史文化提供了难得的实物史料。新发现遗址的考古过程和具体发现详见本卷中海洋考古发展分报告，此处从略。

这里特别需要指出的是，上海市青龙镇遗址最新考古成果说明了上海在唐宋时期就是繁荣的外贸港口，入选为 2016 年全国十大考古新发现之一；辽宁省庄河海域甲午战舰遗址水下考古调查发现了"经远"舰，入选为 2018 年十大考古新发现之一；广东"南海Ⅰ号"南宋沉船水下考古发掘项目入选为 2019 年十大考古新发现之一；浙江余姚井头山遗址入选为 2020 年十大考古新发现之一，都曾引起很大轰动。

大型不可移动文化遗产，越来越受到重视，被列为各级文物保护单位。考察 2019 年公布的第八批全国重点文物保护单位名单，可以看到明显属于海洋物质文化遗产的共有 11 处，分别为上海青龙镇遗址、福建平潭壳丘头遗址群、华亭海塘奉贤段、钱塘江海塘海盐敕海庙段和海宁段、金银岛沉船遗址、珊瑚岛沉船遗址、椒江戚继光祠、泉港土坑村古建筑群、江厦潮汐试验电站、青岛朝连岛灯塔、潮海关旧址。这 11 处全国重点文物保护单位，其中上海青龙镇遗址、泉港土坑村古建筑群、潮海关旧址等 3 处是海外贸易相关遗产；福建平潭壳丘头遗址群这 1 处是曾向南太平洋移民的南岛语族相关遗产；华亭海塘奉贤段、钱塘江海塘海盐敕海庙段和海宁段这两处是海塘工程遗产；金银岛沉船遗址、珊瑚岛沉船遗址这两处是沉船遗产，椒江戚继光祠这 1 处是抗倭相关遗产；青岛朝连岛灯塔这 1 处是交通设施遗产；江厦潮汐试验电站这 1 处是海洋资源利用有关遗产，覆盖面较广。

这些大型不可移动文化遗产不仅文物本体得到了保护，文化遗产整体保护和活化利用的理念也逐渐得到贯彻。这在慈溪上林湖越窑遗址和合浦汉墓群的保护上得到了较好体现。上林湖越窑遗址位于浙江省宁波慈溪市，生产的越窑青瓷是我国古代瓷器外销的大宗产品之一，遗址完整地体现了越窑从创制、发展、繁盛到衰落的历史轨迹，在海外贸易史上占有重要地位。慈溪市为推动海上丝绸之路·上林湖越窑遗址保护和申遗，出台了《上林湖越窑遗址保护整治方案》《上林湖越窑遗址展示馆建设工程设计方案》和《上林湖（荷花芯、后司岙）越窑遗址抢救性保护工程设计方案》，推动上林湖越窑遗址的保护管理和展示工作。为改善上林湖的周边环境和全面保护上林湖越窑遗址，该市在 2017 年 3 月前拆除了包括占 239.92 平方米的违法建筑 44 处，总拆除面积 2613.7 平方米，迁移坟墓 7000 余座。① 慈溪市还按照不改变窑址原状、少干预的保护原则，本着"与周边环境和谐，与历史事实统一"的保护棚设计宗旨，为上林湖荷花芯和后司岙两处遗址搭建保护棚，同时建设越窑遗址博物馆和在荷花芯窑址处建设游步道。② 慈溪市还对上林湖遗址开展实地勘测的病害调查工作，为遗址保护提供科学依据。③ 此外，上林湖越窑遗址的保护管理工作重视遗址巡查和监测工作，工作人员每天对重点窑址以及沿湖一带其他各窑址进行巡查和监测，每周对保护范围和建设控制地带内有无破坏、污染遗址原有格局和环境景观、历史风貌的行为，以及有无受自然损坏的现象或存在自然损坏的隐患开展监测工作，"巡查记录登记造册，监测数据则通过手机 app 实时上传监测平台"。④ 通过不到一年的全方位努力，上林湖越窑遗址保护取得了显著成绩。

合浦汉墓群位于北海市合浦县，总面积六十多平方公里，至今已出土文物万余件，包括陶器、银器、玉器、青铜器等器具以及水晶、玛瑙、琥珀、琉璃等大量的舶来品，反映了当时合浦对外贸易的盛况，印证了《汉书》中合浦是西汉海上丝绸之路始发港的文字记载，是西汉时期海上丝绸之路贸易往来的重要证据。合浦县早在 2014 年就委托北京国文信文物保护有限公司组织编制了《合浦汉墓群总体保护规划》，该保护规划经多次修改与完善后，于 2016 年 10 月 18 日经国家文物局审批，2017 年 8 月由广西

---

① 崔小明：《拆除违法建筑 44 处 迁移坟墓 7000 余座 上林湖越窑遗址保护工作力度空前》，载《宁波日报》2017 年 3 月 10 日，第 A9 版。

② 《上林湖越窑遗址保护工作正式开启》，上林湖越窑遗址官网，2017 年 1 月 3 日，http：//www. yueyao. com/news/dynamic1011-1671. html。

③ 《上林湖遗址病害调查工作稳步开展》，上林湖越窑遗址官网，2017 年 3 月 14 日，http：//www. yueyao. com/news/dynamic1011-1683. html。

④ 《慈溪市积极开展上林湖越窑遗址巡查和监测工作》，上林湖越窑遗址官网，2017 年 3 月 14 日，http：//www. yueyao. com/news/dynamic1011-1681. html。

壮族自治区人民政府批准实施。① 为切实做好合浦汉墓群的保护和管理工作，北海市第十五届人民代表大会常务委员会第十三次会议还于 2018 年 4 月 13 日通过《北海市合浦汉墓群保护条例》。该条例共包括总则、保护范围和建设控制地带、保护和管理、展示和利用、法律责任、附则六章三十五条内容，明确了市、县、镇、村四级保护管理职责，针对不同的保护范围制定不同的禁止性规定和处罚规定，并要求在保存遗址真实性和完整性的基础上积极推动合浦汉墓群及其研究成果的展示与宣传工作，传承文物的历史文化价值。北海市还把合浦汉墓群放在汉代海上丝绸之路文化遗产中思考其整体保护问题，2017 年 5 月 3 日成立了"合浦县申报海上丝绸之路世界文化遗产中心"，该中心随后下设了合浦县汉墓群及汉城遗址保护研究院②和合浦县海上丝绸之路研究院③两个机构。海上丝绸之路世界文化遗产中心主要负责文化遗产申遗方面的工作，合浦县汉墓群及汉城遗址保护研究院负责汉墓群及汉城遗址保护与管理等方面的工作，合浦县海上丝绸之路研究院则负责海上丝绸之路政策法规的落实与工作规划的开展。三个机构职责分明，形成保护合力，为合浦汉墓群及关联遗产的保护和管理构建了良好的基础，也有利于北海海上丝绸之路遗产的社会传播。

（二）博物馆保护

博物馆是收藏、保护、展示文物的重要机构，近些年来我国积极推动博物馆建设，2016 年以来，新建成开放的博物馆中有一批是具有海洋文化特色的博物馆，如中国国家海洋博物馆、中国（海南）南海博物馆、福建省世茂海上丝绸之路博物馆、中国海坛海防博物馆、中国人民解放军海军博物馆等。这些博物馆的建成开放使得更多的涉海可移动文物得到博物馆的保护，使得我国悠久而丰富的海洋文化遗产得到更充分的展现，并推动

---

① 姚浩燕：《第二届中国考古学大会在成都举行《合浦汉墓群保护总体规划》项目获殊荣》，合浦县人民政府官网，2018 年 11 月 13 日，http://www.hepu.gov.cn/ywdt_ 95978/hpyw/201811/t20181114_ 1830611.html。

② 2019 年 12 月更名为合浦县汉墓群及汉城遗址保护管理委员会。

③ 2020 年 4 月更名为合浦县海上丝绸之路研究所。

了遗产的活化。

新建博物馆中，中国国家海洋博物馆位于天津市滨海新区，由自然资源部与天津市人民政府共建共管，是我国唯一的国家级综合性海洋博物馆。博物馆占地面积 15 公顷，建筑面积 8 万平方米，展览展示面积 2.3 万平方米，2019 年 5 月 1 日起建成试运行。该馆收藏有大量海洋动植物标本、船舶模型、舰艇实物、瓷器等各种文物，陈列展览主题围绕"海洋与人类"展开，分"海洋人文""海洋自然""海洋生态"三大版块，设有六大展区 15 个展厅，全面展示了我国的海洋自然历史和人文历史。在常设展览中，"中华海洋文明第一篇章"展现了自旧石器时代晚期至明代郑和下西洋以来的海洋文化遗产，主要包括贝丘遗址、海上丝绸之路航线、瓷器和航船等重要内容；"中华海洋文明第二篇章"包括"禁海与开海""郑成功与台湾""保守与被动开放""觉醒与探索"四个方面，展现了自明代海禁至近代以来我国海洋事业探索发展道路的历史过程，主要展示明代战船模型、福建舆图的复制品、广彩瓷器、北洋水师的战舰模型及残骸等珍贵文物。① 可见，该馆对于综合了解我国的海洋自然和文化遗产具有极其重要的意义。

中国（海南）南海博物馆位于海南省琼海市潭门镇，2018 年 4 月 26 日正式对外开放。馆中藏有各类珍贵藏品 7 万多件，包括外销文物、南海生物标本、海南历史文物等，设有文物保护和修复中心、出水文物保护修复实验室等重要设施。博物馆有五个常设展览，全方位、多角度展示南海经略历史、华光礁Ⅰ号沉船船体和文物、中国水下考古发展历程及在南海海域的主要水下考古成果、南海渔民的生产生活经验，以及南海的自然生态等。② 该馆在保护和展示南海海域的海洋文化遗产方面具有重要作用。

---

① 参见《海博概况》，国家海洋博物馆官网，http：//www.hymuseum.org.cn/intro？state＝intro。

② 参见《中国（海南）南海博物馆简介》，中国（海南）南海博物馆官网，2021 年 3 月 7 日，http：//www.nanhaimuseum.org/n1/2021/0307/c411892-32044869.html；《南海自然生态陈列》，中国（海南）南海博物馆官网，2018 年 4 月 23 日，http：//www.nanhaimuseum.org/n1/2018/0417/c418244-29931076.html。

福建省世茂海上丝绸之路博物馆建于福建省泉州市石狮，2021年1月20日正式开馆。该馆占地11482平方米，建筑面积30718平方米，设有九厅一院，包括两个故宫专题展厅、世茂珍藏展厅、海上丝绸之路展厅、丝路山水地图数字展厅、特别展厅、多功能报告厅、两个贵宾厅以及紫禁书院（泉州分院）。海上丝绸之路展厅设有"船行看潮生——海上丝绸之路历史文化展"，该展分为"发现海丝""大洋之路""以港为眼""海丝新生"四个单元，通过"沉浸式的展厅设计、故事性的参观引导、交互式的教育活动"的方式展示泉州丰富的海上丝绸之路史迹遗存，再现泉州港的前世与今生，说明泉州在海上丝绸之路发展历程中的重要地位。① 该馆的建立，有利于泉州海丝史迹的保护、展示和利用，有利于展示海上丝绸之路上的文明交流互鉴，本身也是继承与弘扬泉州海丝文化的重要见证，促进了海丝文化传播和交流。

中国海坛海防博物馆位于福建省福州市平潭县海坛古城，在原衙署基础上改造而成，2018年7月20日正式开馆，是我国首家以中国古代海防与水师文化为主题的民办博物馆。该馆收藏的文物包括战船和古炮等海防器械与水师用品等，旨在保护平潭海防文化遗存，全面展示平潭海防历史文化。馆内设有中心展览区、场景展览区和休闲服务区三大区域。中心展区设有"历史沿革""海防辑要""戍台守疆""将才辈出"四个单元，详细介绍了明清时期平潭的海防水师文化历史。在馆内展陈区域的前厅部分，展示平潭籍海防水师人物画展，大堂展示区内则展现历任总兵处理军机要务的"虎节堂"面貌。② 该馆对于展现和保护该地区的海防水师遗产具有特别的意义。

中国人民解放军海军博物馆位于山东省青岛市，2021年6月26日举行了盛大的开馆仪式。该馆陆上面积约9.4万平方米、海上面积约14.1万

---

① 参见《福建省世茂海上丝绸之路博物馆简介》，福建省世茂海上丝绸之路博物馆官网，http://gghsg.org.cn/#museumIntroduce；《海上丝绸之路展厅："船行看潮生——海上丝绸之路历史文化展"》，福建省世茂海上丝绸之路博物馆官网，http://gghsg.org.cn/#/exhibitionDetail？id=100000011。

② 参见《中国海坛海防博物馆简介》，平潭文明网官网，2018年9月8日，http://fjptq.wenming.cn/zt/wzbwgdn/bwg_qgg/201809/t20180908_5430405.shtml。

平方米，分室内、海上和陆上三大展区，建有人民海军历史基本陈列馆、主展馆广场、海军英雄广场、陆上装备展区和海上装备展区等，收藏有新中国的功勋舰艇和大量装备。"该馆以习近平强军思想为指导，以人民海军发展沿革为主轴，以海军历史上著名战役和战斗、重要事件、重大发展成就、武器装备和英模人物为重点，通过4000余件文物、1200余幅图片"以及众多雕塑、浮雕、场景、油画、视频等，展现人民海军建设发展所取得的历史性成就。① 海军博物馆的开馆，极大促进了人民海军遗产的保护和展示，是弘扬我国军事文化的典型。

在新建和原有博物馆里，涉海可移动文物普遍得到了良好保护，发挥出了其遗产价值。"南海Ⅰ号"沉船及其出水文物在专门为它们建造的广东海上丝绸之路博物馆里得到的精心呵护就是一个典型例子。当年"南海Ⅰ号"在沉船遗址发掘过程中，船体就经过了喷淋、保湿、防霉、防虫、脱盐脱硫、填充加固等处理，部分出水文物也进行了清洗、脱盐、扫描、测绘等工作，船体和文物的完整性在最大程度上得到了保护，入驻广东海上丝绸之路博物馆后，在适宜的温度和环境中进行保护、发掘，沉船保护发掘的现场和发掘出来的文物还同时在博物馆面向社会公众进行展示。2016年1月9日，"南海Ⅰ号"保护发掘项目成果在广东海上丝绸之路博物馆发布，成果令人赞叹。② 到2019年，水下沉船遗物的清理已取得重大成果，出水文物已达18万件。③ 为了更好保护船只和文物，2017年4月5日，中国文化遗产研究院文物保护修复所出水文物研究部牵头组织"南海Ⅰ号"船体喷淋系统智能化远程控制升级改造及"南海Ⅰ号"出水瓷器文物保护修复工作。此次升级改造工作实现了可以定时、定量无方位死角完成船体保湿、防霉及化学加固等工作，提高了船体保护的效率；在瓷器修复中，工作人员采用加热循环水等科学方法开展工作，修复了共计150件

---

① 参见《海军博物馆开馆仪式活动在青岛举行》，《青岛日报》，2021年6月27日，第1版。

② 贾昌明：《"南海Ⅰ号"保护发掘阶段性成果公布确定船体结构、出土文物14000余件套》，国家文物局官网，2016年1月11日。网址：http：//www.ncha.gov.cn/art/2016/1/11/art_722_127689.html。

③ 徐秀丽：《"考古中国"新进展工作会发布两项重要考古成果》，国家文物局官网，2019年8月6日。网址：http：//www.ncha.gov.cn/art/2019/8/6/art_722_156301.html。

陶瓷器。[1] 这为后续"南海Ⅰ号"及其他沉船和出水文物的修复和保护工作提供了经验和借鉴。

(三) 泉州申遗成功

泉州，古称刺桐，是宋元时期对外贸易和海外交往的重要港口城市，拥有丰富的海丝文化遗产。在诸多的海上丝绸之路重要的港口城市之中，泉州因其遗留的诸多海丝文化遗产与遗迹，极具代表性，也是今天"21世纪海上丝绸之路"的先行区。泉州早在2001年就率先启动了申报世界文化遗产活动，其后进行了大量的文化遗产保护和申遗准备工作，泉州市民也一直积极地支持、参与老城保护和泉州文化传承。泉州申遗之路中间经历了波折，终在2021年的7月份获得成功。

2016年，泉州被国家文物局确立为海丝联合申遗的牵头城市，并按2018年世界文化遗产项目组织申报。2017年，申遗策略调整，我国正式推荐了泉州的"古泉州（刺桐）史迹"项目申报作为中国的2018年世界文化遗产项目，申报世界文化遗产。[2] 列入"古泉州（刺桐）史迹"的遗产点共有16个，分别是泉州万寿塔、六胜塔、石湖码头、江口码头、九日山祈风石刻、真武庙、天后宫、磁灶窑址、泉州府文庙、老君岩造像、开元寺、伊斯兰教圣墓、清净寺、草庵摩尼光佛造像、德济门遗址、洛阳桥。遗憾的是，此次申遗并未成功，在第42届世界遗产大会上，世界遗产委员会对"古泉州（刺桐）史迹"的审议结果是补报。

在总结2018年泉州申遗经验的基础上，泉州很快调整了申遗方案，更换了申遗团队，改由中国建筑设计研究院傅晶团队负责申遗文本，并加强了相关遗址发掘和全面保护，中国社科院考古研究所、北京大学考古文博学院、福建博物院到泉州助力考古发掘、遗产保护。2020年，申遗项目正

---

① 中国文化遗产研究院：《我院完成"南海Ⅰ号"船体喷淋系统智能化远程控制升级改造及150件出水陶瓷器的保护修复工作》，中国文化遗产研究院官网，2017年5月16日。网址：http://www.cach.org.cn/tabid/76/InfoID/2022/frtid/78/Default.aspx。

② 许雅玲：《昨日正式报送联合国教科文组织——"古泉州（刺桐）史迹"申报2018年世界文化遗产》，《泉州晚报》2017年1月27日，第1版。

式更名为"泉州：宋元中国的世界海洋商贸中心"，在原有遗产点的基础上增加 6 个遗产点，分别是：市舶司遗址、南外宗正司遗址、德化窑址、安溪青阳下草埔冶铁遗址、安平桥、顺济桥遗址，增加的申遗点直接与海洋商贸有关，涉及海洋商贸的管理体制、贸易商品的生产和交通运输。项目的调整，深化了泉州作为宋元时期海洋商贸中心和多元文明共存城市的历史价值和现实意义，使泉州的历史地位更加突出，形象更加鲜明。而且 22 个遗产点的保护现状和保护能力颇佳，其中 18 个已是国家重点文物保护单位，4 个已是省级文物保护单位。2020 年，中国将"泉州：宋元中国的世界海洋商贸中心"提交给世界遗产大会。不过由于受到 2020 年新冠肺炎疫情突然爆发的影响，2020 年的世界遗产大会推迟到 2021 年合并举行，泉州申遗项目也随之推迟到 2021 年审议。

2021 年 7 月 16—31 日第 44 届世界遗产大会在福建省福州市召开，申遗项目线上审议，结果"泉州：宋元中国的世界海洋商贸中心"项目于 7 月 25 日顺利通过了审议，成功列入世界遗产名录。世界遗产大会决议认为："泉州：宋元中国的世界海洋商贸中心"反映了特定历史时期独特而杰出的港口城市空间结构，所包含的 22 个遗产点涵盖了社会结构、行政制度、交通、生产和商贸诸多重要文化元素，共同促成泉州在公元 10—14 世纪逐渐崛起并蓬勃发展，成为东亚和东南亚贸易网络的海上枢纽，对东亚和东南亚经济文化发展做出了巨大贡献。

泉州项目申遗成功是在国家文物局指导下方方面面努力的结果，是福建省、泉州市政府和人民多年来持之以恒、不断扎实推进文化遗产保护的一大成果，也是近几年来我国海洋文化遗产保护得到快速发展的一个显著证明。

三　海洋非物质文化遗产保护进展

"十三五"期间，我国海洋非物质文化遗产保护也取得了可喜进展，主要表现在两个方面：一是海洋非物质文化遗产在社会生活中得到更多重视，许多项目列入了各级非物质文化遗产代表作名录，并且伴随着文旅部成立后文化与旅游融合发展的趋势，海洋非物质文化遗产的保护传承也出现了新景象，在社会文化生活中呈现出更多活力，每每成为文旅融合发展中的亮点；二是"送王船"项目申报人类非物质文化遗产成功，促进了海洋民俗类文化遗产的保护传承。

（一）非遗项目保护传承

2016 年前，有不少海洋非物质文化遗产已经被列入各级非遗代表作名录进行保护，2016 年后伴随着"非遗热""国潮风"和文旅融合发展的浪潮，非物质文化遗产成为各地文旅发展中备受重视和挖掘的资源，研究遗产内涵、进行活态保护、活态传承的特点更为明显。南海航道更路经的保护传承就十分具有代表性。

南海航道更路经是帆船时代南海渔民在南海海域出海航行的指南，是我国历代渔民在南海诸岛生产活动的经验总结和智慧结晶，早在 2008 年就成功入选第二批国家级非物质文化遗产代表性项目名录，其保护单位是海南文昌、琼海两市文化馆。南海航道更路经的手抄本流传形式就是南海《更路簿》，2016 年以来，对南海《更路簿》的发掘、整理、保护工作得到了学术界和社会多方的助力支持。

2016 年年初，海南大学法学院启动《南海〈更路簿〉抢救性发掘、整理和研究》项目，项目组成员通过田野调查，采访了数十位《更路簿》传承人及研究者，广泛收集和采集现存于世的《更路簿》。[①] 在所取得的阶段性学术成果中，有对《更路簿》时代和文化特征的考证，[②] 也有对海南渔民的风帆船航海技术的挖掘。[③] 2016 年 9 月 8 日，海南大学又正式成立了更路簿研究中心，主要任务是"深入开展《更路簿》调查，征集、抢

①　陈蔚林：《〈更路簿〉：浮出历史的深海》，载《海南日报》2016 年 5 月 23 日，第 16 版。

②　夏代云：《南海渔民〈更路簿〉的时代考证和文化特征》，《中南民族大学学报》（人文社会科学版）2016 年第 5 期。

③　夏代云、何宇阳：《海南渔民的风帆船航海技术——地方性知识视角下科技史案例研究》，《自然辩证法研究》2016 年第 9 期。

救、保护、保管《更路簿》版本，为国家南海战略提供服务，为证明南海自古属于中华民族的神圣领土提供更多更有说服力的证据"。① 2017 年，阎根齐教授的"南海《更路簿》抢救性征集、整理与综合研究"立项为国家社科基金重大项目，现已取得系列成果。到目前为止，以南海"更路簿"研究为主题已召开了多届"更路簿"与海洋文化学术研讨会，研讨内容包括《更路簿》、海洋文化、南海的自然、地理、地名、气象、历史、造船、航海技术，海上丝绸之路和法律、政治、经济、文化问题等，深化了关于南海海洋文化和南海《更路簿》的认知。

此外，在 2016 年 3 月的全国"两会"上，高之国教授作为全国人大代表曾提出将《更路簿》纳入国家重大专项课题的建议，得到全国人大代表、省委书记罗保铭的支持。参与报道会议的海南日报报业集团积极响应，出资 100 万元作为发起单位，建立了南海《更路簿》保护基金，以促进《更路簿》的发掘、保护、研究和传承。其设立的百万保护基金，内容涉及多个领域和方面，包括对《更路簿》开展抢救性发掘和研究、采集样本、运用现代科技进行数字多媒体化收录保护、对现有文化遗存汇集成专著出版发行、对《更路簿》现存传承人给予保护性资金帮助、开设专家课堂传播《更路簿》文化等。②

在各界重视下，目前不仅《更路簿》抢救性发掘保护已卓有成效，更路经传承方面也初步改变了后继乏人的状况。琼海市组织的"南海航道更路经"海上传习活动截至 2021 年已进行了四期，由代表性传承人传习《更路簿》的使用方法、观星象判别方向和天气等传统航海技艺，探访南海海岛，在实践中进行教授传承。

除了像南海航道更路经等原有非遗项目得到了强化保护，近五年也又有不少海洋非物质文化遗产新进入了各级非遗代表性项目名录。2021 年 5 月 24 日，国务院批准公布了第五批国家级非物质文化遗产代表性项目名录共计 185 项，扩展项目名录共计 140 项，从海洋非物质文化遗产角度观察

---

① 陈蔚林、陈卓斌：《更路簿研究中心在海南大学成立 为国家南海战略提供服务》，《海南日报》2016 年 9 月 8 日，第 A3 版。

② 杜颖：《响应全国人大代表呼声，为抢救濒临消逝的南海文化遗存 海南日报出资 100 万建南海〈更路簿〉保护基金》，《南国都市报》，2016 年 3 月 7 日，第 4 版。

这一国家级非遗名录，发现其中的祭祀兄弟公出海仪式、嵊泗渔歌、疍歌、北海贝雕技艺是属于海洋非物质文化遗产。相关资料显示出，它们的保护传承各有特点。

祭祀兄弟公出海仪式是海南海洋文化的重要组成部分。该仪式中的"兄弟公"是当地渔民祈求出海平安和丰收的海洋神灵，每到出海时节，渔民们都会准备鱼、肉、香、饭团等祭祀用品，到兄弟庙里祈求出海平安。为加强对祭祀兄弟公出海仪式的研究，2020 年 11 月，琼海市旅游和文化广电体育局和琼海市文化馆、琼海市非物质文化遗产保护中心、海南热带海洋学院召开了海南兄弟公海洋文化与海洋非遗保护研讨会，就"海南兄弟公信仰与海洋文化研究"和"海南海洋非物质文化遗产保护研究"两个主题进行分会场研讨，与会的非遗传承人、各高校非遗研究学者、各市县非遗文化保护工作人员深入挖掘了海南兄弟公海洋文化的精神内涵及社会意义，也为海洋非遗保护工作进行了出谋划策。[1] 为加强对祭祀兄弟公出海仪式的保护传承，潭门把这一仪式作为该地区举办赶海节的重要节庆活动，促进其在渔民生产生活中的传承。而"该仪式的举行和传承是对海南渔民在南海从事生产活动的重要见证，它不仅弘扬了渔民勤劳勇敢的品质，也寄托了渔民对于出海捕鱼人船安全、大丰收的美好愿景。"[2]

同时列入第五批国家非物质文化遗产代表性项目名录的疍歌，是海南三亚疍家人在生产生活中日常唱的歌，也称为疍家渔歌或咸水歌，历史上一直深受疍家人的喜爱。"从演唱的曲调上，疍歌分为叹家姐调、木鱼诗调、白啰调、咕噜妹调 4 个曲调，从咸水歌的题材内容可以分为情歌、劳动歌、仪式（婚、丧、祭祀）歌、生活歌、时政歌等。"[3] 疍歌没有固定歌谱，全凭口口传唱和即兴演唱，可谓疍家人在海上生活经验和所见所想

---

① 《为海洋非遗保护工作出谋划策 海南兄弟公海洋文化与海洋非遗保护研讨会召开》，琼海市人民政府官网，2020 年 11 月 30 日，http://qionghai.hainan.gov.cn/rdzt/qhtx/1770/202011/t20201130_ 2894272.html。

② 《我市"祭祀兄弟公出海仪式"入选第五批国家级非遗名录》，琼海市人民政府官网，2021 年 6 月 10 日，http://qionghai.hainan.gov.cn/rdzt/qhtx/1821/202106/t20210610_ 2992730.html。

③ 王晓斌：《三亚疍歌入选国家级非物质文化遗产代表性项目名录》，中国新闻网，2021 年 6 月 10 日，http://www.chinanews.com.cn/cul/2021/06-10/9496987.shtml。

的真实反映。新中国成立后疍家人逐渐上岸，生活条件逐步改善，年轻人很多从事其他职业，不再打鱼，在这一过程中会唱和愿意唱疍歌的年轻人一度锐减。2009 年，疍歌被列入海南省非物质文化遗产代表性项目名录，加强了抢救性保护，积极在青少年中培养传唱者，并增强了展演展示，疍歌传唱后继乏人的状况得到一定程度的改善。

北海贝雕技艺则是广西北海市传统的工艺品制作技艺，有着悠久的发展历史，是北海海洋文化的重要代表，2010 年被列入广西非物质文化遗产，2016 年以来，北海市贝雕技艺的保护传承则特别重视在生产经营中发展。2020 年，据北海市二轻联社调查，北海从事贝壳雕刻的企业有北海市银海区墨人雕刻工作室、北海市银海区利成世工艺创意工作室、北海市银海区秉舜玉雕工作室、广西合浦日升贝艺有限责任公司、合浦县耕贝楼工作室等 5 家，生产经营情况总体呈现向好趋势。① 北海墨人贝雕工作室还成立了北海墨人贝雕艺术馆，该馆馆藏多年来获省、国家级工艺美术作品奖项的贝雕作品、贝雕工艺产品，旨在向外展示和宣传工作室制作的贝雕工艺品，让更多人了解和认识贝雕技艺。② 为培养贝雕技艺人才，传承发展贝雕技艺非物质文化遗产，北海市二轻联社还抓好"师带徒"活动开展，出台了《贝雕技艺实训方案》，送学员到工艺企业进行贝雕实训活动，开创了委托培训的"师带徒"新模式。③ 北海贝雕技艺正在持续的产品生产、工艺发展中得到保护传承。

五年来，海洋非物质文化遗产展示展演的场景已经多元化，笔者观察发现有五种类型。一是非遗传承人和保护者在人群中积极展演，展示教习，推进传承。二是在节庆活动或文化活动中出现了越来越多非遗项目的

① 参见北海市二轻联社：《北海贝雕技艺传承与发展的调研报告》，广西壮族自治区二轻城镇集体工业联合社官网，2020 年 4 月 21 日，http：//eqls. gxzf. gov. cn/gyms/t5110798. shtml。

② 参见北海市二轻联社：《北海墨人贝雕艺术馆》，北海市人民政府官网，2020 年 12 月 6 日，http：//xxgk. beihai. gov. cn/bhseqls/tszl_ 85818/qyfc_ 85819/201801/t20180112_ 1660460. html。

③ 参见北海市二轻联社：《北海市二轻联社关于 2020 年度工作总结及 2021 年工作计划的报告》，北海市人民政府官网，2021 年 1 月 20 日，http：//xxgk. beihai. gov. cn/bhseqls/qtzyxxgk_ 85821/jxzszl_ 88942/202012/t20201221_ 2350873. html。

身影，它们构成了活动中的亮色。例如，在舟山中国海洋文化节上，不仅有祭海仪式展演，还有舟山渔民号子、传统木船制造技艺、渔用绳索结等各种非遗项目云集助力。三是非遗项目在非遗馆得到集中展示，或在区域文化展示场所及展示活动中得到重点展示。四是一些非遗项目建立起了自己的展示场馆或传习基地，诸如上文提到的北海贝雕艺术馆。五是不少非遗项目选择在线上进行展示展演，得到数字化传播。2020 年后云端的非遗展示展演迅速增多。

（二）"送王船"项目申遗成功

"送王船"是广泛流传于我国闽南、台湾地区南部沿海社区和马来西亚沿海地区消灾祈福的民俗活动，它根植于这些地区居民共同的民间信仰——"代天巡狩王爷"，而"王爷信仰"的核心便是"送王船"仪式。在这一民俗信仰中，"王爷"存在于天上，受上天旨意巡视人间，起消灾避难、保佑平安的作用。沿海地区的居民长期出海远航作业，从事渔业或远洋贸易等，海况变幻不定，常常有人遭遇不测，这些地区的沿海居民因此通过定期举办"送王船"仪式，告慰逝去的人，驱邪避灾、以祈求海上作业平安，顺利归来。"送王船"，在闽南一般每三四年举办一次，包括迎王、造王船、竖灯篙、普度、送王船等仪式，在马六甲则一般在农历闰年旱季举行，历时数日或数月。

梳理媒体公开资料显示，2005 年"厦门送王船"被列入福建省第一批非物质文化遗产项目名录；2011 年由厦门市申报的"闽台送王船"进入国家级非遗代表性项目名录；自 2013 年开始，厦门市非物质文化遗产保护中心、闽南文化研究会等机构就开始探索"送王船"共同保护与合作申遗的路径；2015 年开始跟马来西亚非遗名册"王船大游行"的传习单位勇全殿接洽联合申报事宜；2016 年，厦门市人民政府和马来西亚马六甲州政府开始携手推动中马"送王船"申报人类非物质文化遗产代表作工作。

在合作申遗过程中，双方逐渐将项目定名为"关于人与海洋可持续发展的仪式和相关实践"。2020 年 12 月 17 日，经在线上召开的联合国教科文组织保护非物质文化遗产政府间委员会第 15 届常会评审，由中国与马来西亚联合提名的"送王船——有关人与海洋可持续联系的仪式及相关实践"项目（"送王船仪式"），被成功列入联合国教科文组织人类非物质文化遗产代表作名录，成为中马两国人民共同的文化遗产。①

"送王船"不仅是厦门市的第一个人类非物质文化遗产项目，也是我国第一个与"海丝"沿线国家联合申报成功的人类非物质文化遗产项目。"送王船"项目申遗的成功，对于突显福建省作为"21世纪海上丝绸之路"的重要战略地位，推动闽南地区海洋文化遗产的传承与保护，及加强我国与海丝沿线国家的友好往来与合作都具有重要意义。申遗的成功也将进一步促进"送王船"的多方保护。2020年12月21—23日，申遗成功数日后，中国社会科学院世界宗教研究所、中国宗教学会、中国宗教学会宗教人类学专业委员会、泉州市非物质文化遗产保护中心、泉州富美宫董事会即举办了送王船仪式与海洋文化遗产保护专题学术研讨会，就"王爷信俗的跨境传播""王爷信俗的功能与特征""王爷信俗的田野研究"及"泉州富美宫的王爷信俗传承"展开深入研讨，还探讨了王爷信俗及相关仪式对于海上丝绸之路的历史和现实意义。②"送王船"申遗成功和此次研讨会的召开，增加了"送王船"项目的世界影响力。

四　海洋文化遗产特展

2016年以来，各种文化遗产相关机构除了积极发展别有特色的常规展览，还举办或多机构联合举办了许多场海洋文化遗产类特展，涉及海洋物质与非物质文化遗产的多个方面。在笔者看来，这些特展主题明确，异彩纷呈，恰如海洋文化遗产保护领域里的颗颗明珠，因此特别对全国有代表性的海洋文化遗产类特展作了梳理。虽然2020年后新型冠状病毒性肺炎疫

---

① 参见郭睿《展示闽南文化魅力 加强非遗保护发展 中马送王船申遗成功暨闽南海洋历史文化论坛在厦开幕》，《厦门日报》，2020年12月23日，第A1版。

② 孙龙：《"送王船仪式与海洋文化遗产保护"专题学术研讨会在泉州顺利召开》，中国社会科学网官网，2020年12月22日，http：//sky.cssn.cn/zx/xshshj/xsnew/202012/t20201222_5235639.shtml。

情影响了博物馆开放和展览举办，但 2016 年以来代表性海洋文化遗产类特展的总数仍有不少于 51 个之多（见下表 1）。

表 1　　代表性海洋文化遗产类特展一览表（2016 年 1 月—2021 年 1 月）

序号	展览时间	展览主题	展览地点
1	2016. 1. 13—3. 30 2019. 6. 7—8. 7 2019. 11. 2— 2020. 1. 5	芙蓉出水——清代康雍时期外销青花瓷精品展	武汉博物馆 厦门市博物馆 新昌博物馆
2	2016. 1. 22	海上瓷路——粤港澳文物大展	湖北省博物馆
3	2016. 10. 1—10. 15 2017. 3. 24 2018. 7. 10 2019. 4. 10	漳州海丝贸易番银特展	漳州市博物馆 西安半坡博物馆 新疆昌吉回族自治州 甘肃省阿克塞县哈萨克民族博物馆
4	2016. 10. 27	跨越海洋——中国海上丝绸之路	香港历史博物馆
5	2016. 5. 17—8. 17	扬帆起航——中外古代海船图片展	南越王宫博物馆
6	2016. 6. 10	唤醒沉睡的水下记忆——回眸中国水下文化遗产保护 30 年	北京大学
7	2016. 6. 29—7. 3	见证祖宗海 南海更路薄图片展	海南省博物馆
8	2016. 8. 5—10. 7 2017. 7. 20—10. 10	牵星过洋——万历时代的海贸传奇	青岛市博物馆 中国港口博物馆
9	2017. 12. 20	长风破浪——中斯海上丝路历史文化	斯里兰卡科伦坡国家博物馆
10	2017. 12. 19— 2018. 2. 25	白银时代：中国白银出口的起源与贸易	香港海事博物馆
11	2017. 3. 9—5. 30 2020. 9. 5—11. 5	千年古港：上海青龙镇遗址考古展	上海博物馆 大连博物馆
12	2017. 4. 28—10. 8	南海枭雄：张保仔、海盗和港口城市	香港海事博物馆
13	2017. 5. 9—7. 8	紫禁城与海上丝绸之路展	故宫博物院
14	2017. 5. 18—11. 30	南越国—南汉国宫署遗址与海上丝绸之路	南越王宫博物馆
15	2017. 5. 31—9. 10	寻找致远舰——2015 年度全国十大考古新发现	北京大学

序号	展览时间	展览主题	展览地点
16	2017.6.8—9.10 2017.9.28—2018.1.29	东西汇流——13至17世纪的海上丝绸之路	德国汉堡 意大利罗马威尼斯宫国立博物馆
17	2017.9.12—12.12 2017.12.27—2018.3.18 2018.5.18—8.17 2018.7.25—9.20	海帆流彩万里风——十八、十九世纪中国外销艺术品展	中国航海博物馆 龙海市博物馆 广州博物馆 宁波中国港口博物馆
18	2017.9.28—12.28 2018.5.8—8.7	CHINA与世界——海上丝绸之路沉船与贸易瓷器大展	南京市博物馆 中国航海博物馆
19	2018.11.9	宁波海上丝绸之路贸易与货币展	宁波金融史馆
20	2018.12.21—2019.3.20	风好正扬帆——中国古代航海科技展	中国航海博物馆
21	2018.12.3—2019.3.31	东风西韵——紫禁城与海上丝绸之路	葡萄牙里斯本
22	2018.4.18—7.31	深蓝瑰宝——南海Ⅰ号水下考古文物大展	澳门博物馆
23	2018.4.27—8.26	亚洲内海——13至14世纪亚洲东部的陶瓷贸易	广东省博物馆
24	2018.8.14—11.11	13—18世纪东方与西方的海上丝绸之路	香港海事博物馆
25	2019.1.1	浩瀚遗珍·海上丝绸之路与东亚建筑史迹	保国寺古建筑博物馆
26	2019.11.6	风正帆悬过直沽——海上丝绸之路京畿终点的历史见证	天津市文化遗产保护中心
27	2019.11.15—2020.2.16 2019.7.16—10.20	天下龙泉——龙泉青瓷与全球化	浙江省博物馆 故宫博物院
28	2019.11.10—2020.2.23	长江文明物语——长江文明与海上丝绸之路	张家港博物馆
29	2019.12.17—2020.2.16	沧海之虹：唐招提寺鉴真文物与东山魁夷隔扇画展	上海博物馆
30	2019.12.31—2020.3.31	长三角航海非物质文化遗产大展	中国航海博物馆
31	2019.3.29—6.10	海丝之路·南海Ⅰ号龙泉青瓷归源展	龙泉青瓷博物馆

续表

序号	展览时间	展览主题	展览地点
32	2019. 4. 11 2019. 7. 18—8. 13	东风西渐——清代外销艺术品展	温州市瓯海博物馆 绍兴博物馆
33	2019. 5. 18—8. 25 2020. 8. 8— 2020. 10. 15	大海道——"南海Ⅰ号"沉船与南宋海贸	广东省博物馆 内蒙古博物院
34	2019. 6. 14—8. 25	器成走天下：'碗礁一号'沉船出水文物大展	中国航海博物馆
35	2019. 9. 20—11. 30	东南枢纽·海丝核心：福建海上丝绸之路文物精品展	中国航海博物馆
36	2019. 9. 27— 2020. 3. 31	南海人文历史——庆祝中华人民共和国成立70周年特展	中国航海博物馆
37	2020. 1. 11—4. 13	星槎万里——紫禁城与海上丝绸之路文物展	澳门艺术博物馆
38	2020. 10. 28— 2021. 5. 28	大海就在那：中国古代航海文物大展	中国航海博物馆
39	2020. 11. 6—12. 20	千年黄泗浦——张家港黄泗浦遗址考古成果展	张家港博物馆
40	2020. 12. 22	海南稽古 南海钩沉——海南考古七十年	海南省博物馆
41	2020. 12. 10— 2021. 3. 28	白银芳华——从外销银器看晚清民初社会和商贸变迁	中国港口博物馆
42	2020. 12. 31— 2021. 4. 5	物映东西：18—19世纪海上丝绸之路上的中国制造	辽宁省博物馆
43	2020. 5. 18	丝路·港城——宁波"海丝"的影像文本	中国港口博物馆
44	2020. 6. 30—10. 11	竞妍：清代中日伊万里瓷器特展	成都博物馆
45	2020. 7. 5—10. 25	《靖海神机：中国航海火器文物展》	中国航海博物馆
46	2020. 8. 7—11. 8	惊艳"中国风"：17—18世纪的中国外销瓷	广东省博物馆
47	2020. 8. 15—10. 15 2021. 3. 31—6. 6	涨海推舟 千帆竞渡：南海水下文化遗产大展	莫高窟敦煌石窟文物保护研究陈列中心 青岛市博物馆
48	2020. 8. 15—9. 15	乘风破浪——泉州海洋考古文物展	东莞市袁崇焕纪念园
49	2020. 9. 4—12. 4	浮槎万里——中国古代陶瓷海上贸易	中国国家博物馆

序号	展览时间	展览主题	展览地点
50	2020.9.29	龙行万里——海上丝绸之路上的龙泉青瓷	中国（海南）南海博物馆
51	2020.9.15—2021.1.10	宝历风物：黑石号沉船出水珍品展	上海博物馆

注：此一览表系笔者根据各有关机构展览公告信息汇总整理而成。

代表性特展数量之多，反映出近些年来海洋文化遗产类展览所受到的重视和欢迎程度。这些特展的主题纷繁多样，进一步分析则可以将 51 个特展主题归纳为四个大的方面：海上丝绸之路和海外贸易、海底沉船文物和沿海区域考古、中国古代船舶和航海技术、中国沿海区域人文历史和非物质文化遗产。其中展示海上丝绸之路和海外贸易有关主题的有 32 个，展示海底沉船文物和沿海区域考古发现有关主题的有 11 个，展示中国古代船舶和航海技术有关主题的有 5 个，展示中国沿海区域人文历史和非物质文化遗产有关主题的有 3 个（见图 1：代表性海洋文化遗产类特展主题分布（2016/01—2021/01））。主题分布比例显示出海上丝绸之路和海洋考古发现是这一时期博物馆特展的两大热点。

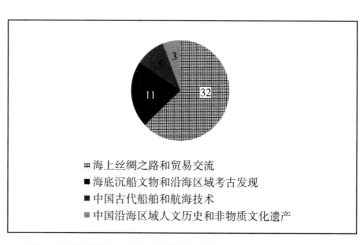

图 1　代表性海洋文化遗产类特展主题分布（2016/01—2021/01）

注：此图系笔者就表 1 归纳、分析、统计、制作而成。

这些特展的形式也比较多样、精细，专业性较强，取得了明显的展览效果。例如，故宫博物院于2017年推出了"紫禁城与海上丝绸之路"展览，随后2018年走出国门，与葡萄牙阿茹达国家宫合作，在国家主席习近平对葡萄牙进行国事访问前夕，在里斯本推出了"东风西韵——紫禁城与海上丝绸之路"展览，受到葡萄牙民众的欢迎。2020年，故宫博物院又与澳门特区艺术博物馆合作，在澳门推出了"星槎万里——紫禁城与海上丝绸之路文物展"，展品中加入了澳门艺术博物馆珍藏的海上丝绸之路相关文物，丰富了展览内容。三展相继，异地同声，交相辉映，大大拓展和深化了"紫禁城与海上丝绸之路"展对受众的影响。海洋文化遗产类特展以特殊的方式，从更多角度、以更多形式向社会公众展示了我国海洋文化遗产的丰富内容、珍贵价值、文化内涵及保护现状，不仅有利于增加人们对我国海洋文化遗产和海洋历史的了解，还有利于唤起社会公众的保护意识，激发人们承担起使命与担当，共同推进"海洋强国"和"21世纪海上丝绸之路"建设。

五 结语

"十三五"规划实施以来，我国的海洋文化遗产保护事业在以前的基础上进一步发展，呈现出新气象，重要进展明显。一是海洋文化遗产保护机制有了新的探索，规划立法、联合行动、学术研究助力文化遗产保护。二是海洋物质文化遗产保护快速推进，文化遗产整体性保护和活化利用意识增强，在多年来积极推进海上丝绸之路遗产申报世界文化遗产的背景下，泉州在2021年7月申遗成功，"泉州：宋元中国的世界海洋商贸中心"项目成功列入世界文化遗产名录。三是海洋非物质文化遗产保护传承随着文旅融合发展而更焕发出活态传承新动力，非遗项目往往成为文旅融合中的亮点，展示展演的场景多元，而且"送王船"申报人类非物质文化遗产成功。四是海洋文化遗产特展主题明确，佳作迭出，体现出越来越专业化、精细化的展示能力，促进了海洋文化遗产在更广范围的传播。

整体而言，近五年我国海洋文化遗产保护呈现出稳中前进、重点突破的态势。不过，我国海岸线绵长，海域广阔，历史馈赠的海洋文化遗产数量庞大，而新型经济和生活的快速发展意味着需要保护的海洋文化遗产数量也非常多，因此未来还应进一步增强海洋文化遗产保护意识，动员各种社会力量，进一步拓展保护范围，使得目前在文物保护单位和非遗名录之外的优秀海洋文化遗产能够得到有针对性的有效保护，完善整体保护途径，让承继而来的海洋文化遗产整体能够实现可持续发展，继续涵育今人和后人。

中国海洋考古发展报告

陈杰　　胡岩涛

一　水下考古工作

2016—2020 年的"十三五"期间，是中国水下考古大发展的五年，取得了一批令世人瞩目的成果。为摸清中国近海文化遗产的资源家底，国家文物局水下遗产保护中心在地方相关单位的配合下，进行了大量卓有成效的海洋考古调查，其中对山东庙岛群岛、胶州湾，浙江象山，福建福州、平潭、厦门、漳州、泉州，广东珠江口，海南沿海及西沙等地的调查取得了丰硕成果。另一项重要工作是对北洋水师沉舰进行了调查，初步确定了"致远舰""定远舰""经远舰"的沉没位置，并打捞出了一批文物。以下逐年回顾这期间的主要水下考古工作。

（一）2016 年度

1. 福州海域水下考古调查

6—7 月，国家水下中心联合福建博物院等单位实施福州海域水下考古调查，发现和确认 5 处水下文物遗存，包括福清东箭屿南宋沉船、福清东壁岛元代沉船、平潭高屿南宋沉船等，复查平潭分流尾屿五代沉船等 3 处遗址。

2. 海南沿海水下考古调查

7—9 月，国家水下中心联合海南博物馆开展海南沿海水下考古调查，完成了万宁大洲岛、石梅湾，陵水县双帆石和土福湾等海域的物探调查工作，复查并测绘了大洲岛近现代沉船遗址，同时确认了石梅湾清代沉船地点。

3. 厦门、漳州海域及泉州湾水下考古调查

8—9 月，国家水下中心联合福建博物院实施厦门、漳州、泉州湾海域水下考古调查，确认了漳州圣杯屿海域沉船及遗物分布范围，并提取 58 件宋元时期瓷器标本。在泉州湾新发现和确认 2 处清代和近现代沉船遗址，复查了深沪湾明末清初沉船遗址、湄州湾大竹岛清代沉船遗址。

4. 对甲午沉舰"致远舰"的水下考古重点调查

国家文物局水下遗产保护中心、辽宁省文物考古研究所联合对"致远舰"遗址进行了第三次水下考古重点调查，发现了沉船舭龙骨及"陈金揆"望远镜等文物，探明沉船埋藏深度和残损情况。

（二）2017 年度

1. 辽宁绥中水下考古调查

8 月，国家文物局水下文化遗产保护中心与辽宁省文物考古研究所开展"辽宁绥中水下考古调查"项目，发现水下遗存 5 处，重点调查确认了"二河口一号"沉船遗址。这是继绥中三道岗沉船和姜女石水下考古项目之后，在绥中海域开展的第三次水下考古工作。

2. 山东庙岛海域水下考古调查

8—9 月，国家文物局水下文化遗产保护中心与山东省水下考古中心合作开展"2017 庙岛群岛海域水下文物资源调查"项目，发现沉船疑点 10 余处，确认清代沉船一处，采集到船体桅杆一段和部分文物。与此同时，考古队还针对庙岛海岛文化遗产开展系统的田野调查工作。

3. 广东珠江口海域水下考古调查

9—10 月，国家文物局水下文化遗产保护中心与广东省文物考古研究所开展"广东珠江口海域水下考古调查"项目，先后在川岛海域、海陵岛

海域、南澳海域和珠江口水域开展物探调查，利用多波束、侧扫声呐、浅地层、磁力仪等设备开展水下考古探测工作，发现一批疑似文物点，并回访"南海Ⅰ号""南澳Ⅰ号"遗址现场。调查中使用的合成孔径声呐是水下考古领域首次尝试采用这一技术。通过对南澳Ⅰ号沉船的回访，可发现为南澳Ⅰ号进行原址保护设计安放的金属保护框很好的保护沉船遗址，避免了沉船遗址被盗捞或渔民拖网作业造成的人为损坏，而附近未安放保护框的南澳Ⅱ号沉船保护状况不容乐观，需要尽快采取保护措施。

4. 威海刘公岛海域沉舰物探

10—12 月，国家文物局水下文化遗产保护中心、山东省水下考古中心、威海市博物馆共同完成了威海刘公岛海域全方位的物探扫测和文献档案资料收集整理工作，共计发现不同时期的水下文物点 16 处，并确认了北洋水师旗舰——定远舰沉没的遗址点。

（三）2018 年度

1. 西沙水下考古调查工作

3—4 月开展西沙水下考古调查工作，项目主要包括金银岛一号沉船遗址水下考古重点调查、华光礁潟湖内水下文化遗存探测、华光礁已发现水下文化遗存复查。调查确认了金银岛一号沉船遗址的保存现状、分布范围、遗物种类、数量及文化内涵等，提取了一批有代表性的瓷器标本及海水、微生物、船材等样本，为金银岛一号沉船遗址的保护提供了翔实的第一手资料和可靠的依据。

华光礁潟湖内水下文化遗存探测使用了多波束测深系统、侧扫声呐系统、浅地层剖面系统、DGPS 系统等设备，共计扫测面积 16 平方千米，获取了华光礁潟湖内水深、海底地貌、底质模型与图像等基础数据，发现水下疑点多处。

华光礁已发现水下文化遗存复查工作共完成 8 处水下文化遗存的复查，本次复查水下搜索面积扩大，对水下遗址、遗物点面积的计算更加精确，水下遗存遗物的散落区与密集分布区更加明了，对水下遗址或遗物点的认识也更加清晰，并针对每一处遗存的保存现状提出了分类保护建议。

2. "2018 年南海海域深海考古调查"项目

4月，水下中心与中国科学院深海科学与工程研究所合作，联合海南省博物馆以西沙群岛北礁海域的深海区域作为实验海域。本次深海考古调查借助载人深潜器"深海勇士"号，将工作海域最深拓展至水下1003米，并成功采集到文物标本6件，积累了一大批基础数据与影像资料。此次考古实践将成为探讨中国深海考古未来发展的重要基础。

3. 宁波象山渔山列岛海域水下文化遗产资源考古调查项目启动

4—7月，国家文物局水下文化遗产保护中心和宁波市文物考古研究所联合开展了宁波象山渔山列岛海域水下文化遗产资源考古调查项目，项目主要是对北渔山岛海域及周边线索海域的水下文化遗产开展调查，并对渔山列岛下辖的13岛41礁开展田野考古调查，调查对象不仅包括淹没于海底的水下文化遗产，还包括与海底的水下文化遗产有着天然联系的位于岛礁之上、埋藏于地下的各类海洋文化遗产。

4. 辽宁大连庄河海域发现甲午海战沉舰——经远舰

为了推进甲午沉舰系列调查与研究，7—9月，国家文物局水下文化遗产保护中心、辽宁省文物考古研究所、大连市文物考古研究所联合组队，对推测为经远舰的铁质沉船残骸展开专项调查工作，清理出完整的木质鎏金"经远"舰名牌以及木质舰体肋骨、甲板构件、铜质灯箱、舷窗、炮弹壳、弹头、铜木合构衣帽挂等物，确认是甲午海战北洋海军沉舰——"经远舰"。这是继"致远舰"之后，我国水下考古工作获得的又一重大成果。经远舰水下考古调查项目荣获"2018 全国十大考古新发现"。

（四）2019 年度

1. 宁波象山渔山列岛海域水下文化遗产资源考古调查（I期）

国家文物局水下文化遗产保护中心和宁波市文物考古研究所于4月至7月间开展并实施了宁波象山渔山列岛海域水下文化遗产资源考古调查（I期）项目。经物探发现和潜水探摸确认水下文化遗存41处，大体上分为沉船和非沉船两类，其中沉船10处、非沉船31处，初步摸清了渔山列岛水下文化遗产资源考古调查（I期）项目工作海域内文化遗产的资源家底，为全面掌握渔山列岛海域水下文化遗产实际状况，科学制定渔山列岛海域水下文化遗产保护政策和中长期规划奠定了坚实的基础。

9月本年度的渔山列岛海域水下文化遗产资源考古调查，使用无人机完成了渔山列岛所有岛礁的航空摄影，对重要岛礁及岛礁上的遗迹进行了三维建模。并委托公司开发了宁波象山渔山列岛海域文化遗产数字化管理系统，通过将三维建模信息录入系统，实现渔山列岛调查区域的水陆文物资源时空关系的可视化展示。

2. 定远舰沉船遗址确定

6—9月，由国家文物局水下文化遗产保护中心、山东省水下考古研究中心牵头，联合中国甲午战争博物院、威海市博物馆，调集国内水下考古专业人员及物探技术人员共同开展了威海湾甲午沉舰遗址第一期水下考古调查工作。以抽沙揭露方式对沉舰展开专项调查，基本确定"威海湾一号"沉舰为清北洋海军旗舰——定远舰。

3. 海南省陵水县海岸线考古调查项目

10—11月，由国家文物局水下文化遗产保护中心、中国（海南）南海博物馆及社会科学院考古研究所联合组成调查队，开展陵水黎族自治县海岸线考古调查项目。2019年12月至2020年1月，实施了海南省三亚市海岸线考古调查项目。新发现港坡河南岸明清遗址、水口宋代遗址、港演村旧县坡宋代遗址、桐海灶仔明清遗址、黎安镇黎丰村瓮棺墓群、后岭村瓷器窖藏6处。通过调查，对于陵水、三亚的海岸线遗址分布有了一定的认识。

4. 北部湾海域水下考古调查

10—12月，国家文物局水下文化遗产保护中心联合广西文物保护与考古研究所，在北海及合浦附近海域进行了水下考古调查，通过物探扫测、潜水调查，并尝试进行了水下沉积物钻探等方式，取得了一些阶段性成果，初步了解了该海域水下文化遗存分布情况，以及海底底质特征与海岸线变化状况，为进一步探讨北部湾海上丝绸之路的发展奠定了基础。

5. 南海Ⅰ号船货提取工作完成

至2019年12月31日，考古队按照计划完成了沉船舱内船货全部约10万件文物的提取工作，基本完成了文物的清洗工作，脱盐工作正有次序的稳步进行。并开始大规模清理外围回填土和淤积海泥，同步实施船体配套保护支护工作。本年度提取的文物数量达 25000 件。

（五）2020 年度

1. 山东威海定远舰遗址第二期水下考古调查工作

8 月 10 日，"2020·山东威海定远舰遗址第二期水下考古调查工作"在刘公岛定远舰遗址考古工作平台"丰旺 10"平驳船上举行开工仪式。定远舰遗址水下考古队在广州打捞局的协助下，成功将一块定远舰铁甲起吊出水，经过测绘记录，铁甲于 9 月 18 日被安全送往刘公岛上，存放在专门修建的文保室脱盐池内进行保护处理。据《中国驻德大臣李与德国旦丁伯雷度之伏尔铿厂两总办订定铁舰合同》记载：定远舰铁甲为康邦铁甲，即钢面熟铁甲的复合装甲。这次打捞的铁甲为一整块，长 2.832 米、宽 2.6 米、厚 305 毫米，重 18.7 吨，是定远铁甲舰身份的关键证据，也是本年度定远舰遗址水下考古调查工作的重要收获。

2. 青岛胶州湾海域考古调查工作

8 月 5 日—9 月 23 日，国家文物局水下文化遗产保护中心、山东省水下考古研究中心、青岛市文物保护考古研究所联合组织实施了青岛胶州湾外围海域水下考古调查工作。此次调查工作 50 余天，主要采取物理探测与潜水探摸相结合的方式对前期掌握的水下遗存线索进行调查。共物理探测面积 50 平方公里，总探测距离达 566 公里。在胶州湾内、竹岔岛周边、大公岛南部海域共发现水下疑点 23 处，潜水核查了其中 14 处疑点。在胶州湾内发现水下文化遗存疑点 3 处，在大公岛南部海域确认 1 处"一战"时期沉舰遗址，采集文物一百余件，取得了重要收获。

3. 福建平潭海域水下考古调查

8—9 月，国家文物局水下文化遗产保护中心联合福建博物院组成考古队对平潭海坛海峡 5 号、6 号海域开展为期两个多月的水下考古调查工作。为全面摸清海坛海峡水下文化遗产家底，制订保护规划，提供更翔实完备的材料。

二 中国海洋文物保护工作

(一) 文物保护方案的编制

2017 年,国家文物局水下文化遗产保护中心编制完成文物保护修复方案 6 份,包括《平潭出水瓷器保护修复方案》《致远舰出水文物保护修复方案》《西沙水下考古出水石质文物保护修复方案》《舟山地区馆藏铁质文物保护方案》《国家海洋博物馆馆藏独木舟等文物保护修复方案》。

当年年底,国家文物局水下文化遗产保护中心受海南省文化广电出版体育厅委托,启动"珊瑚岛一号沉船遗址保护与展示利用方案"编制工作,整理完成"国内外水下文化遗址保护利用资料汇编"。该方案编制工作旨在为珊瑚岛一号沉船遗址的保护与展示利用寻求可行性方案,探索中国水下文化遗址保护与展示利用新模式。

同年,为贯彻落实国家文物局在海口召开的"南海和水下考古工作会"精神,水下中心组织起草了《南海水下文化遗产保护规划(2018—2035)》。该规划总体目标是基本摸清南海岸线、岛礁和近海、浅海等重点海域水下文化遗产资源家底,初步掌握中远海海域和深海海域水下文化遗产分布状况及其埋藏规律;有效加强南海水下文化遗产分类保护和科学管理等。

2019 年,在文物保护修复方案编制和项目实施方面,先后编制或推进了《甘泉岛遗址保护规划与环境整治工程方案》《小白礁 I 号清代沉船保护修复方案(II 期)》,实施《致远舰、经远舰出水文物保护修复》《舟山地区馆藏铁质文物保护修复》项目。

(二) 基地和中心建设

1. 国家文物局水下文化遗产保护中心北海基地正式启用

2018 年 11 月 6 日,国家文物局水下文化遗产保护中心北海基地揭牌仪式在青岛市即墨区蓝色硅谷隆重举行。揭牌仪式由国家文物局水下文化遗产保护中心副主任宋建忠主持。北海基地是集水下考古调查、勘探、发掘、保护、研究于一体，统筹黄渤海海域，面向全国的国家级水下文化遗产保护基地。北海基地的正式启用，将对黄渤海海域的水下文化遗产保护工作起到积极的引领与推动作用。

2. 国家文物局水下文化遗产保护中心南海基地项目正式开工

2018 年 11 月 27 日，国家文物局水下文化遗产保护中心南海基地项目开工仪式在海南省琼海市举行。南海水下考古项目总建筑面积三万一千多平方米，总投资约 2.5 亿元。作为一座专业性、功能性齐全的建筑群，建设项目包括水下遗产科研楼、船体保护修复车间、综合管理楼、水下考古训练楼以及相关配套设施等。

11 月 30 日，经中央编办批复同意，国家文物局考古研究中心在原国家文物局水下文化遗产保护中心基础上组建成立，主要承担分析监测技术、空间及微观测量技术、新材料技术和数字化技术等技术考古科研，考古标准技术规范研究，组织水下考古、边疆考古、科技考古、中外合作考古等工作，属公益一类事业单位。

三　海洋考古学术会议与培训工作

（一）学术会议

1. 海上丝绸之路国际学术研讨会

2016 年 6 月 6 日，由国家文物局主办，福建省文化厅和泉州市政府承办的"海上丝绸之路国际学术研讨会"召开，来自联合国教科文组织世界遗产中心等国际组织及日本、希腊等丝绸之路沿线十余个国家的代表出席了会议。

2. 出水与饱水文物保护专题研讨会

2017 年 4 月 13 日，由国家文物局水下文化遗产保护中心举办的"2017 年出水与饱水文物保护专题研讨会"在京召开，二十余家文博单位、高校和研究机构的四十余名专家、学者出席了会议。本次会议是国内首次以出水和饱水文物保护为主题召开的研讨会。17 位专家学者分别作了学术报告，介绍了泉州湾海船、天津张湾沉船、华光礁Ⅰ号、小白礁Ⅰ号、蓬莱古船、广州清代木船、菏泽古船、茅山独木舟等出水或饱水木船的保护工作，以及饱水丝绸文物提取与保护、大型棺木保护、激光清洗技术、瓷器腐蚀机理、微生物技术运用等多方面的丰富内容。

3. 南海水下文化遗产保护现状研讨会

2017 年 7 月 21 日，国家水下中心与厦门大学南海研究院在厦门大学联合召开"南海水下文化遗产保护现状研讨会"。

4. 第 5 届中韩水下考古学术研讨会

2017 年 11 月 15 日，"第 5 届中韩水下考古学术研讨会"在国家水下中心举行。会议着重探讨了未来双方在水下考古项目、文物保护项目上的合作，并就技术、人员、科研交流方面交换了看法。

5. 第一届水下考古探测技术会议

2017 年 11 月 23 日，在中山大学召开了第一届水下考古探测技术会议。来自中船重工 715 研究所、浙江大学文化遗产研究院物探考古研究室等 19 家科研院所，29 位专家学者围绕"水下考古探测技术"这一主题进行热烈的学术讨论和广泛交流。

6. "南海Ⅰ号"发现与研究国际学术研讨会

2017 年 11 月 25 日，"'南海Ⅰ号'发现与研究国际学术研讨会"在广东阳江召开，来自中国、美国、希腊、日本、韩国、伊朗、新加坡等国的学者 80 余人参加了会议。

7. 第三届海上丝绸之路文化遗产保护国际论坛

2017 年 12 月，"第三届海上丝绸之路文化遗产保护国际论坛"在海南琼海博鳌召开，来自马来西亚、瑞典、新加坡等国的学者和国内学者百余人参加了会议。

8. （第一届）水下文化遗产保护法律论坛

2018 年 4 月 28 日，国家文物局水下遗产保护中心在北京举办了（第一届）水下文化遗产保护法律论坛，本论坛旨在搭建文物与海洋、政策与法律界的沟通与合作平台。本次研讨会分别从国际法、海洋法、海商法、国际经济法、文化遗产法等角度展开，涉及沉没国家船舶、水下文化遗产概念与管辖权、文物追索、南海历史性权利、南海区域合作、水下文化遗产保护利用规划、海洋功能区划、物探技术等方面。

9. 第二届"水下考古·宁波论坛"

2018 年 10 月 16—18 日，由国家文物局水下文化遗产保护中心、宁波市文化广电新闻出版局等主办的第二届"水下考古·宁波论坛"在宁波成功举办。国家文物局、浙江省文物局领导及来自国内外各地的专家代表 80 余人与会。13 位专家学者在会上作专题报告，展示最新考古成果、分享最新发展趋势、交流最新技术进展。是为本年度我国最具影响力的水下考古学术活动之一。

10. 全国水下文化遗产保护工作会议

2019 年 2 月 25 日，由国家文物局主办，国家文物局水下文化遗产保护中心承办的 2019 年全国水下文化遗产保护工作会议在青岛召开，来自全国各相关单位的代表参加了此次会议。会前，国家文物局水下文化遗产保护中心与山东大学合作协议签字暨揭牌仪式在国家文物局水下文化遗产保护中心北海基地举行。

11. 第九届海峡两岸文化遗产保护论坛

2019 年 7 月 12—18 日在台湾召开，宋建忠、孙键、邓启江、周春水、张治国出席，并在论坛上作了学术报告。

12. 中国考古学会水下考古专业委员会成立大会暨水下考古青年学术论坛

2019 年 10 月 19—20 日，由国家文物局水下文化遗产保护中心、宁波市文化广电旅游局、北仑区人民政府主办，国家水下文化遗产保护宁波基地、宁波市文物考古研究所、宁波中国港口博物馆承办的"中国考古学会水下考古专业委员会成立大会暨水下考古青年学术论坛"在宁波举行。中国考古学会水下考古专业委员会的成立，是中国水下考古学逐步发展壮大的一个标志性事件，是中国水下考古事业的新启航、再出发。青年论坛的召开，对水下考古青年学者是一次重要的锻炼。

13. 2019 海洋史研究青年学者论坛

2019 年 11 月 9—10 日，"大航海时代珠江口湾区与太平洋—印度洋海域交流"国际学术研讨会暨"2019 海洋史研究青年学者论坛"在广东省中山市召开。本次研讨由中国海外交通史研究会、国家文物局水下文化遗产保护中心、广东省社会科学院广东海洋史研究中心联合主办。来自美国、德国、奥地利、法国、日本、澳大利亚以及中国的学者百余人参加会议。北京大学历史系李伯重教授、清华大学国学院刘迎胜教授、孙键研究员、广州大学特聘教授安乐博四位学者作了主题演讲。会议议题都是国际学术界关注的热门话题和前沿领域,与海上丝绸之路史、"一带一路"倡议紧密关联,极具学术意义和现实意义。

14. 海上丝绸之路国际学术研讨会

2019 年 11 月 6—7 日,应澳门特区政府邀请,国家文物局水下文化遗产保护中心水下考古所所长姜波赴澳门参加由国家文物局和澳门特区社会文化司共同主办的"海上丝绸之路国际学术研讨会",并发表"水下考古与海上丝绸之路"主题演讲。会议期间,还考察世界遗产地——澳门历史城区、大坑遗址、东望洋炮台等。

15. 第七届中韩水下考古学术研讨会

12 月 11 日,国家文物局水下文化遗产保护中心在青岛市组织召开了第七届中韩水下考古学术研讨会。来自水下中心、韩国海洋文化财研究所、中国文化遗产研究院、山东省水下考古研究中心等单位的 30 余名代表参加了此次会议。

(二)培训

1. 国家文物局 2016 年度海洋出水陶瓷文物脱盐技术培训班

2016 年 6 月,中国文化遗产研究院举办了"国家文物局 2016 年度海洋出水陶瓷文物脱盐技术培训班"在广东海丝馆圆满结束。本次培训为期 30 天,来自全国各级博物馆及相关文保单位的 16 名出水文物保护修复技术专业人员参加,通过理论结合实践教学,针对饱含在海洋出水文物中的盐分脱除处理技术展开,系统地掌握了海洋出水陶瓷文物保护中的清洗脱盐技术,同时也促进了我国出水文物保护技术的传播、研究和发展。

2. "水下考古潜水技能强化班"培训

2016年11月国家水下中心组织开展"2016水下考古潜水技能强化班"，来自国家水下中心、福建省博物院、山东省水下考古研究中心、福建省文物工作队等单位的11人参加了培训。

3. 全国水下考古GIS培训班

2017年2月，国家水下中心举办"全国水下考古GIS培训班"，全国20余名水下考古专业人员参加了培训。

4. 首届"一带一路"沿线国家水下考古专业人员培训班

2017年9—10月，国家水下中心在广东阳江举办了"首届'一带一路'沿线国家水下考古专业人员培训班"（第八届），15名国内学员以及柬埔寨、泰国、伊朗、沙特等国家的6名外籍学员参加了培训，经过前期潜水、理论培训与后期学习，全体学员均完成培训并获结业证书。

5. 2018年度出水文物现场保护培训班

2018年5月13日—6月13日，受国家文物局委托，由中国文化遗产研究院举办2018年度出水文物现场保护培训班。培训班共有来自全国12个省（市）、自治区、计划单列市的16名学员参加学习，培训班邀请了17名国内专家学者进行授课，现场实习主要根据"南海Ⅰ号"沉船出水的铜质文物、瓷器、木材和铁器，分别进行现场保护处理。一方面帮助学员了解水下考古及文物保护研究的前沿进展，构建了出水文物现场保护与分析研究的思路；另一方面，也让学员初步掌握海洋出水陶瓷、金属及木材的现场保护实际操作技术，提升了学员开展海洋出水文物现场保护方案的编制及实施能力。

6. 2019年度出水金属文物保护培训班

2019年10月31日，由国家文物局主办的"2019年度出水金属文物保护培训班"在广东海上丝绸之路博物馆顺利结业。本次培训班共招收全国来自13个省、自治区、直辖市、计划单列市文博系统文物保护修护专业技术人员共计16名学员，本次培训班历时20天，邀请了包括郭宏、孙键在内的10位行业内专家为学员授课、指导，累计完成理论教学52课时、实操练习80课时。

7. "一带一路与海洋文化"讲座

2020 年 9 月 6 日上午，国家文物局水下文化遗产保护中心联合山东省水下考古研究中心联合主办、中国甲午战争博物院和威海市博物馆协办的"一带一路与海洋文化"讲座在威海文旅集团会议室举行，来自国家文物局水下文化遗产保护中心和青岛理工大学的三位主讲嘉宾围绕水下考古发展的主题，分别从海丝研究、"一带一路"建设和水下考古成功个案的角度给大家带来三场精彩的讲座。讲座由省水下考古研究中心主任刘延常主持，威海市文化和旅游局、中国甲午战争博物院相关领导参加。

四　中国海洋考古的国际合作与交流

（一）国家文物局组织赴境外参加国际学术会议和学术活动

2016 年 4 月 28 日，国家文物局水下文化遗产保护中心主任柴晓明率团赴马赛参加"法国水下考古研究中心成立 50 周年"系列学术活动。

2016 年 9 月 18—10 月 8 日，国家文物局水下文化遗产保护中心派专业人员参加了法国水下考古中心组织的法国东南部地中海沿岸水下考古遗址调查与评估工作。

2016 年 10 月 25 日，国家文物局水下文化遗产保护中心派孙键等赴韩国参加"纪念新安沉船发掘 40 周年国际学术会议"。

2016 年 12 月 13—17 日，国家文物局水下文化遗产保护中心副主任宋建忠等赴印度尼西亚进行了访问交流，双方就水下考古、水下文化遗产保护、古代海上丝绸之路等进行了交流与研讨，并就双方未来合作的可能性交换了意见。

2017 年 7 月，国家文物局水下文化遗产保护中心副主任宋建忠等赴英国、希腊进行了访问交流，并与英国国家海事博物馆签署双方框架性合作协议，就在希腊开展水下考古合作进行了初步探讨。

2018 年 9 月，国家文物局水下文化遗产保护中心辛光灿博士赴越南参加"第 21 届印度太平洋史前考古大会"。在会上，辛光灿做专题学术报告

《十四世纪新加坡——南洋海上陶瓷贸易案例研究》，并对越南北部、中部相关陆地、港口遗址进行了考察。

2018 年 11 月 20—23 日，国家文物局水下文化遗产保护中心王大民等一行四人赴韩国参加了第六届"中韩论坛"学术研讨会并进行访问交流，先后考察了韩国国立海洋文化财研究所、"努力安号"考古船、西海文化遗产泰安基地和仁川博物馆等单位。在会议上，水下中心参会人员发表了"近两年中国水下文化遗产保护的新进展"等报告。

2019 年 4 月，国家文物局水下文化遗产保护中心孙键、辛光灿赴新加坡，参加"'莱佛士之前的新加坡：考古与海洋，公元前 400 年—公元 1600 年'国际学术研讨会"。

2019 年 5 月，国家文物局水下文化遗产保护中心张治国赴英国参加"第 14 届国际博物馆协会藏品与保护专委会组织的饱水有机文物保护会议"，并做"小白礁 I 号沉船木质文物脱水定型保护研究"的学术报告。会后还参观了玛丽罗斯沉船博物馆。

2019 年 6 月，国家文物局水下文化遗产保护中心王大民赴法国，参加"联合国教科文组织保护水下文化遗产公约第 7 届缔约国大会"、"第 10 届科学技术咨询理事会及水下文化遗产保护国际会议"。

（二）中沙塞林港遗址考古合作

中国与沙特进行的塞林港遗址考古合作是这五年重要的工作，取得了重大成果，是中国考古走出去的重要实践和合作典范。

2016 年 1 月 19 日，中沙签署《中华人民共和国国家文物局与沙特阿拉伯王国旅游和民族遗产总机构关于促进文化遗产领域交流与合作的谅解备忘录》。2016 年 5 月，国家文物局派出考察队伍，对沙特阿拉伯塞林港遗址进行前期考察，将该遗址确定为中沙合作考古发掘的工作地点。

12 月 21 日沙特阿拉伯旅游和民族遗产总机构副主任哈班到访国家水下中心，双方签署了《中华人民共和国国家文物局与沙特阿拉伯王国旅游和民族遗产总机构塞林港联合考古发掘合作协议》，双方将开展为期五年的陆上及水下考古发掘工作。

2018 年 3 月 26 日—4 月 13 日，中沙联合考古队对位于沙特阿拉伯王国红海之滨的塞林港遗址（Al Serrian）开展为期 20 天的考古调查与发掘工作。本次组建的"中沙联合考古队"队员共计 11 人，其中中方队员 5 人，领队为国家文物局水下文化遗产保护中心水下考古所所长姜波博士；沙方考古队员 6 人，包括 2017 年我国为沙方培训的第一位专业水下考古队员。此次中沙联合考古队通过拉网式调查与重点遗迹解剖，究明了遗址的功能分区与埋藏状况；采用无人机航拍完成了遗址地表信息的收集、测绘与 3D 重建，发现、确认了多处建筑遗址和两处墓地。塞林港遗址出土的中国瓷器残片，是红海地区港口遗址考古中首次发现，为海上丝绸之路学术研究提供了十分珍贵的考古实物资料。

12 月 29 日，由中国国家文物局水下文化遗产保护中心和沙特国家考古中心组织的中沙联合考古队，沙特塞林港遗址开启第二季度的考古发掘工作，本次发掘工作持续一个月。发现成片大型建筑基址，以及排列有序的珊瑚石墓群；通过遥感影像与水下考古确认了塞林港遗址的古海湾与古航道；利用无人机航拍，发现并确认了被流沙掩盖的古代季节性河流，又通过水下考古确认古海湾确有季节性河流注入而形成的海相堆积。

（三）其他合作与交流

2017 年 12 月 7 日，《中国国家文物局水下文化遗产保护中心与英国国家海事博物馆合作协议书》在英国伦敦兰卡斯特宫签署。中国国务院副总理刘延东、英国卫生大臣亨特共同出席签字仪式，这是中英水下考古合作第一次被纳入中英高级别文化交流平台。

2018 年 12 月 11 日上午，为进一步推动水下考古与海上丝绸之路学术研究与国际合作交流，应土耳其文化和旅游部文化遗产和博物馆司（以下简称"土耳其文旅部文物司"）邀请并经国家文物局批准，2018 年 12 月 10 日—14 日，国家文物局水下文化遗产保护中心宋建忠、孟原召、赵哲昊三人赴土耳其访问，就开展水下考古发掘与合作研究进行交流，并达成初步意向。中土双方均表达了开展水下考古学术交流与合作考古的初步意向。土耳其文旅部文物司欢迎中国水下考古队赴土耳其合作开展水下考古项目。

2019 年 4 月，王大民、张治国赴意大利、希腊、克罗地亚与相关水下考古机构进行交流访问，推进中希水下考古合作双边协议，并就中希港口合作开展水下考古和双方水下文物展览相关事宜进行洽谈。

2019 年 11 月，宋建忠、孟原召、辛光灿赴马来西亚、新加坡、印度尼西亚进行东南亚海上丝绸之路沉船与海外贸易港口遗址调研，国家文物局水下文化遗产保护中心宋建忠副主任与马六甲州负责文化遗产保护的旅游部长 Asmaliana BintiAshari、马六甲州博物馆馆长 Drs Mohd Nasruddin Bin Rahman 进行了会谈，初步确定了双方筹备建立合作考古研究的机制。宋建忠副主任还应邀在 2019 郑和国际研讨会上做了题为《中国水下考古与"南海Ⅰ号"沉船》的学术演讲。

五　中国海洋考古学术研究

（一）中国海洋考古调查、发掘报告

2016—2020 年这五年中出版的水下考古发掘报告主要有：《福建沿海水下考古调查报告》（1989—2010）（文物出版社 2017 年版）、《南海Ⅰ号沉船考古报告之一——1989—2004 年调查》（文物出版社 2017 年版）、《南海Ⅰ号沉船考古报告之二——2014—2015 年发掘》（文物出版社 2018 年版）等数部。

在各种学术报刊发表的调查、发掘简报和报告主要有：《珊瑚岛一号沉船遗址 2015 年水下考古发掘简报》（《水下考古》第一辑，上海古籍出版社 2017 年版）、《海坛海峡九梁Ⅰ号沉船调查新收获》（《水下考古》第一辑，上海古籍出版社 2017 年版）、《2018 年南海海域深海考古调查与思考》（《中国文物报》，2018 年 8 月 10 日）、《辽宁大连庄河海域发现甲午海战沉舰——经远舰》（《中国文物报》2018 年 9 月 28 日）、《西沙群岛水下考古出新成果》，（《中国文物报》2018 年 5 月 25 日）、孙键《"南海Ⅰ号"宋代沉船考古述要》（《国家航海》2019 年 1 期）、《金银岛一号沉船遗址 2018 年水下考古调查简报》（《水下考古》第二辑，上海古籍出版社

2020年版)、《2015年西沙甘泉岛海岛考古调查》（《水下考古》第二辑，上海古籍出版社2020年版）、《广西防城港沿海近年考古调查新发现》（《水下考古》第二辑，上海古籍出版社2020年版）、《日照地区明清海防遗址的考古调查与研究》（《水下考古》第二辑，上海古籍出版社2020年版）、王泽冰等《山东威海定远舰的发现与论证》（《自然与文化遗产研究》2020年第7期）等，介绍了五年来主要的田野考古工作概况、发现和主要成果。

（二）学术理论研究

在海洋考古学术理论研究方面，主要体现在对海洋考古的重要性、海洋文化遗产及其价值等方面。代表性的成果如下。

宋建忠在《历史、考古与水下考古——由致远舰发现谈起》（《水下考古》2018年）中阐述了历史、考古、水下考古的概念及三者之间的关系，并从致远舰的水下考古调查与发现延伸到对甲午海战、北洋舰队以及对这场战争背景的认识分析，进而指出对于沉船的考古发现与研究不能仅停留在遗存表面的认识上，应该透过其背后的历史背景揭示其蕴含的社会复杂现象，将认识上升到更加宏大高远的目标中。

贺云翔在《大众考古》2018年第11期卷首语发文《大力发展"海洋考古"是海洋时代的必然要求》，他指出：21世纪的海洋时代，海洋考古科研必不可少。伴随着"海洋强国"建设的步伐，中国的"海洋考古"事业还会得到新的发展，也会为人类海洋科学研究、海洋文化交流与国际海洋和平发展事业做出自己独特的贡献。

曲金良的著作《中国海洋文化遗产保护研究》（福建教育出版社2019年版）是一部是系统性探讨我国海洋文化遗产保护的力作。该书着眼于中国海洋文化遗产的整体概念和整体事业，对中国海洋文化遗产的存在、认知、保护的现状进行了分析。作者在书中全面阐述了我国海洋文化遗产及其保护的基本理念与理论构建、我国海洋文化遗产的历史生成与地理格局等，并对我国的造船与航海技术遗产、我国的海防文化遗产及其保护、万里海塘及其保护、我国的海洋文化线路遗产等问题展开深入研究。作者指出，海洋艺术文化遗产、海洋历史文化遗产等概念，还都仅仅是海洋文化遗产的某一个层面、某一个亚类，而海洋文化遗产才是一个需要从整体上认知、整体上重视、整体上研究、整体上保护和利用海洋文化的一个大"类"。该著作展现出学者对我国海洋文化遗产保护使命感与责任感，为开展海洋文化遗产保护提供了学术支持。

麻三山的著作《海洋文明复兴导源》（中国社会科学出版社 2019 年版）是一部对环北部湾海洋文化遗产抢救、挖掘与创意产业廊道构建的综合性专著。作者从环北部湾海洋文化遗产的特殊性、深层内涵与艺术价值入手，对环北部湾文化遗产的濒危状况、变化趋势及其原因进行分析，并对海洋文化遗产的艺术创意模式展开探索。最后作者以北部湾海洋文化遗产为切入点，尝试勾勒海洋文明复兴的蓝色图腾艺术廊道。全书视野宏大，观点新颖，应用性强，是一部探讨海洋文化遗产的佳作。

李庆新的《略谈南海海洋文化遗产及其当下价值》（《南海学刊》2017年第 3 期）指出：南越国及汉代番禺都会文化遗存、暹罗湾扶南国俄厄海港文化遗存、南海北部西沙群岛甘泉岛居住遗址都见证了南海早期海港城市、濒海国家发展和西沙群岛开发的历史。南海及周边海域发现了黑石号沉船、印坦沉船、南海 I 号沉船、华光礁 I 号沉船、金瓯沉船等重要海洋考古遗址，出水大批极有价值的沉船遗物，对研究"海上丝绸之路"发展历史，了解涉海人群的社会生活具有重要意义。海南民众创造的兄弟公信仰是具有跨国色彩的海洋信仰，在中国乃至东南亚海洋信仰中占有一席地位，《更路簿》所蕴含的航海知识也是近世东亚海洋文明的重要组成部分。作为中华海洋文明结晶与文化遗存，对南海海洋文化遗产应善加保护与利用，为发展现代海洋生态文明，建设"一带一路"大局服务。

丁见祥在《大海寻踪：深海考古的发生与发展》（《中国文化遗产》2019 年第 5 期）中指出：深海考古以 1964 年专门为考古设计建造的首款载人潜器——阿瑟拉号的出现为发生标志，至今已经历了起源与初步发展（1964—1979）、快速发展（1980—1999）、深化调整（2000 年至今）三个阶段。世界范围内，深海考古的发生原因与发展路径虽不尽相同，但在资源调查、考古发掘、方法探索等方面都已取得巨大进展。随着深海技术及周边技术门类的不断进步，日益精细化、规范化的深海考古将会对水下遗存的探索发挥越来越重要的作用。

孟原召的《40 年来中国古外销陶瓷的发现与研究综述》(《海交史研究》2019 年第 4 期)认为:四十年来,国内外考古工作蓬勃开展,陶瓷窑址、水下沉船、海外遗址中发现了一大批外销陶瓷实物遗存,成为十分重要的学术研究资料。随着研究视野的不断拓展、新技术方法的应用,中国古外销陶瓷研究进入了一个持续快速的发展阶段,在广度和深度上均取得了一系列学术成果。

(三)海上丝绸之路考古研究

1. 海上丝绸之路综合研究

栗建安《海上丝绸之路的中国水下考古概述》(《文物保护与考古科学》2019 年第 4 期)介绍了中国近年来重要的水下考古发掘项目概况和收获,这些水下考古工作都取得了许多重要的学术成果,对海上丝绸之路及其相关问题研究都有重要参考价值和意义。

姜波《海上丝绸之路:环境、人文传统与贸易网络》(《南方文物》2017 年第 2 期)指出海上丝绸之路是风帆贸易的海上交通线路,讨论了海上丝绸之路形成的自然因素和人文因素,论述了海上丝绸之路的文化遗产与历史价值。

孟原召《关于海上丝绸之路的几个问题》(《考古学研究》第十辑,科学出版社 2019 年版)探讨了"海上丝绸之路"概念的缘起与发展,指出贸易和经济往来是海上丝绸之路发展的基础,也是商品经济和市场需求发展的结果。作者以瓷器为切入点,认为从海外贸易的变迁来看,海外贸易政策和政治局势至为关键,在一定程度上决定了海上丝绸之路的发展程度与兴衰变化,也决定了开展海上贸易的商人群体的变化。在海上丝绸之路经贸往来的过程中,往往伴随着双向的、多样化的文化交流和相互影响。海上丝绸之路连接起来的是一个世界贸易体系。海上丝绸之路具有明显的阶段性特点,其区域、族群、货物、航线等均是随时代而变动的。同时,这条海上贸易通道的发展离不开贸易网络及周边腹地经济发展的支撑。

吴春明在《从沉船考古看海洋全球化在环中国海的兴起》（《故宫博物院院刊》2020 年 5 期）中认为：东亚和东南亚之间的"环中国海"，是一个以中国古代船家为主体的、由"四洋"航路连接起来的相对独立的海洋贸易圈。16 世纪欧洲洋船东渐，环中国海船家接驳环球航路，建立起东、西方经济与文化融合的海洋全球化体系。作者指出，迄今为止环中国海内外先后调查、发掘的三百多处古代沉船，分属于 9—15 世纪的中国及相邻各国的商船沉址，及 16—19 世纪的环球航路体系中的东、西方各国沉船。古代沉船的时空分布与内涵变化，再现了环中国海"四洋"本土海洋贸易体系的繁盛与变迁，以及全球化背景下环球航路的发展轨迹、东西方海洋经济与文化的融合进程。

论文集《汉代海上丝绸之路考古与汉文化》（科学出版社 2019 年版）收录了多篇与古代海上丝绸之路相关的文章，其中熊照明的《汉代海上丝绸之路在我国的辐射与延伸》、李志俭的《汉代合浦海上丝绸之路考古与研究》、廖元恬等的《北海（合浦）汉代海上丝绸之路研究回顾与展望》等梳理了以合浦为中心的汉代海上丝绸之路的源起、发现、研究与回望，王伟昭《浅谈汉代"合浦关"》、廉世明《浅析合浦汉代海上丝绸之路物证》、李青会等《海上丝绸之路沿线出土古代珠饰的研究概述》、肖明华《汉代南方丝绸之路出境地区的青铜文化》、富霞《北海地区所见"汉代"铜鼓》则从实证研究的角度讨论了汉代海上丝绸之路的各个层面，在一定程度上为我国当前"一路一带"倡议提供了学术和历史支撑。

2. 海洋考古与航海贸易研究

魏峻在《13—14 世纪亚洲东部的海洋陶瓷贸易》（《文博学刊》2018 年第 2 期）中指出：陶瓷是古代中国的重要发明和外贸商品，也是 9—19 世纪海上丝绸之路上最重要的货物之一。13—14 世纪，中国的陶瓷外销迎来了又一个繁荣阶段，中国东南地区的青瓷、青白瓷和黑釉、绿釉陶瓷器等品类逐渐形成专供外销的生产体系，并通过庆元、泉州、广州等港口大量销售到亚洲东部、东南部、南部、西部和非洲东部等地。20 世纪以来，发现于东亚海域的众多沉船出水了大量这一时期陶瓷贸易物品，为进一步探究宋元时期港口的盛衰，海洋航线的变迁以及陶瓷贸易模式的转变等提供了重要的实物证据。

姜波的《茶、茶文化景观与海上茶叶贸易》（《自然与文化遗产研究》2020 年第 5 期）指出：明、清时期茶园经济兴起，海洋贸易磅礴发展，茶叶开始大规模输出。考古所见器物演变，正是古人的饮茶风格从"煮羹"到"食茶"再到"饮茶"的实证。茶叶不仅影响了人类的生活方式，还促进了种植园经济的推广，加速了造船与航运业的发展，推动东西方文明之间的交流。

杨芹《海洋考古反映明清外销瓷盛况》（《中国社会科学报》2016 年10 月 17 日）认为，16—18 世纪，中国外销瓷在材质、形制、图案、风格、质量等方面的多样化，反映出海外消费者对瓷器的不同需求，也反映出中国制瓷业对世界市场的应对。南海沉船出水的大批瓷器，充分显示出中国陶瓷业从生产、运输到销售，都与全球化早期的国际市场联系在一起。

Hossein Tofighian、Farhang Khademi Nadooshan《波斯湾古代海上贸易：萨珊鱼雷型安佛拉罐的证据》（《水下考古》第二辑，上海古籍出版社2020 年版）指出，在波斯湾和阿曼海沿岸发掘的帕提亚及萨珊时期的陶片，可以作为这一地区海上商贸往来的证据。作者通过对伊朗海岸发现的鱼雷型陶罐进行研究，并试图展现这些发现及其与邻近地区的关系。

John·N. Miksi 和辛光灿在《新加坡对中国陶瓷贸易研究的贡献》（《水下考古》第二辑，上海古籍出版社 2020 年版）中指出，东南亚水域保存下来的最古老的中国船只年代可以追溯到 14 世纪晚期或 15 世纪早期。作为一个典型的港口遗址，新加坡 20 年来的考古学工作发掘出大宗中国器物，尤其是中国陶瓷器，利用这些材料可以深入探讨古代中国和东南亚的贸易形式。

陈烨轩的《黑石号上的"宫廷瓷器"——中古沉船背后的政治经济史》（北京大学学报（哲学社会科学版）2020 年第 1 期）从公元 9 世纪沉没的西亚货船"黑石号"上载有的两件被怀疑来自唐代宫廷的瓷器入手，认为这两件瓷器的出现，和中唐时期屡见记载的宫廷交易有关，背后体现唐廷和诸藩镇间的角力。从德宗到宣宗统治期长达七十余年的所谓"钱重货轻"现象，引发唐廷和士大夫群体间广泛的讨论。从士大夫讨论"钱重货轻"的文本，到宪宗的决策，可以看出唐廷收回诸藩非传统经济权力的努力。作为东南地区的中心城市，在经济重心南移的大背景下，扬州是唐廷和诸藩争夺经济资源的重要场域，也成为唐廷重点建设的地区，作为唐后期中国最大的商业都会之一，扬州出现来自宫廷的瓷器，具有其合理性。

王丽敏在《海洋考古视域下环南中国海国家的海贸互动——以中国为中心》（《中州大学学报》2020 年 3 期）认为：南中国海域是中国乃至世界海洋考古的重心。中国海洋考古的未来发展需要实现实践和理论的良性互动、海洋考古学和其他学科的有效整合。加强中国和国际社会对海洋文化遗产的保护、发掘和利用，为进一步研究海上丝绸之路、探索海洋文明、解读海洋历史开辟广阔空间。

杨天源《中国东南沿海及东南亚地区沉船中的明清贸易瓷器》（《博物院》2021 年 2 期）通过收集中国东南沿海及东南亚地区 42 处明清时期沉船瓷器资料，依据瓷器组合，结合沉船年代，将贸易瓷器分为七期（约 1368—1911 年）。作者认为，通过分期结果可以看出明清时期，江西、福建、广东、浙江等省参与瓷器贸易活动的窑场，在空间分布上动态的阶段性特点及变动。

3. 沉船与海上丝绸之路研究

《博物院》杂志 2018 第 2 期推出了"沉船与海上丝绸之路"专题组稿，发表了一系列有关海上丝绸之路的研究，如宋建忠《那些凝固的时间胶囊——沉船承载着的人类历史》、孟原召《华光礁一号沉船与宋代南海贸易》、杨睿《南海Ⅰ号南宋沉船若干问题考辨》《绥中三道岗沉船与元代海上贸易》《南澳Ⅰ号：位置、内涵与时代》《珊瑚岛一号沉船遗址》等，从各个角度探讨了沉船与海上丝绸之路的相关问题，推动了水下考古与海上丝绸之路研究的进一步深入。

其中孟原召在《华光礁一号沉船与宋代南海贸易》中指出，结合中国沿海及东南亚海域发现的沉船及其出水遗物来看，宋代特别是南宋时期的海外贸易有了新的发展，其船货类别有了一定的变化，这也反映了其贸易港口、商品来源等方面的变迁。海外贸易的发展也带动了南方沿海及邻近内地区域经济的发展，尤其是华南沿海地区宋代以来制瓷手工业的兴盛和外向型生产特征。同时，这些船货遗存在东南亚、南亚、西亚、非洲东海岸等地区均有发现，尤以外销瓷为典型代表，这正是宋元时期海上丝绸之路繁荣发展的历史见证。

辛光灿《9—10 世纪东南亚海洋贸易研究——以"黑石号"沉船和"井里汶"沉船为例》，（《自然与文化遗产研究》2019 年 10 期）通过对这两艘沉船内容的简单介绍和异同比较，探讨了唐五代时期中国与海外进行的繁荣海上贸易活动。船货中大量的中国瓷器揭示了当时外销瓷生产数量和质量的盛况，受到商业利益驱使的阿拉伯人和东南亚人应为环印度洋—太平洋区际贸易的主导力量。

邓启江、曾瑾的《珊瑚岛一号沉船遗址相关问题研究》（《水下考古》第一辑，上海古籍出版社 2017 年版）指出珊瑚岛一号沉船遗址是一处以石质文物和瓷片为主要堆积的清代遗存，石质文物包括建筑构件、生活用具和石像三类，多为福建闽南地区生产，瓷器以青花碗、盘为主，窑口为福建闽南地区的德化、华安、安溪、南靖等地窑址，珊瑚岛一号沉船遗址的石质文物和瓷器的使用人群为东南亚地区的华人移民。

路昊《中国境内宋代沉船的发现与研究》（《水下考古》第一辑，上海古籍出版社 2017 年版）通过回顾此前中国境内宋代沉船的相关发现与研究，从学术史层面指明研究热点的转变并厘清学术发展的脉络。

丁见祥《"南澳Ⅰ号"：位置、内涵与时代》（《博物院》2018 年第 2 期）根据现有材料主要考察了沉船环境、沉船事件的时代背景，并从船体、船载文物、人的角度对沉船内涵进行了初步分析。作者认为"南澳Ⅰ号"及其蕴含的大量信息，对于更好地理解隆庆开海后晚明海外贸易新格局的形成与发展具有重要意义。

六　水下文化遗产研究

（一）出水文物研究

王光尧在《福斯塔特遗址与黑石号沉船的瓷器——海外考古调查札记（三）》（《南方文物》2020 年 4 期）中认为：福斯塔特遗址和黑石号沉船

都是海外集中出土（水）中国瓷器最多的考古遗存之一。作者对福斯塔特出土的"官"字款定窑白瓷残片，和黑石号沉船出水的"盈"字款绿釉碗、"进奉"款绿彩盘进行比较思考，并得出自己的见解。

项坤鹏《"黑石号"沉船中"盈"、"进奉"款瓷器来源途径考——从唐代宫廷用瓷的几个问题谈起》（《考古与文物》2016年6期）认为"盈"字款绿釉碗以及"进奉"款白釉绿彩盘是由官方窑场或者官方组织民间窑场生产来进奉宫廷的。它们在出现于"黑石号"沉船上之前，可能先行抵达扬州，主要有两种可能性：其一是被进奉入宫廷之后，因宫廷赏赐、贸易，甚至内库被劫掠等诸多原因散落至坊间，再流落至扬州；其二是并没有进入宫廷，而是作为供奉的剩余品被售卖、集散于扬州。这两件瓷器从宫廷或者产地散落至扬州之后，再从扬州被运送至室利佛逝，然后被网罗至"黑石号"上。

姜波《"致远""经远"与"定远"：北洋水师沉舰的水下考古发现与收获》（《自然与文化遗产研究》2019年4期）指出，水下考古新发现的北洋水师"致远""经远"和"定远"3艘沉舰，与此前东亚海域调查或打捞的"济远""靖远""广丙""高升"等沉舰，为北洋海军史、甲午海战史和世界海军舰艇史的研究提供了重要的实物资料。水下考古的新资料有助于从技术层面上丰富乃至修正甲午海战诸多细节，如作战参谋系统、战场后勤保障系统成为决定海战胜负的重要因素，而舰艇机动性、速射炮和新型炮弹也在一定程度上左右了战场走势。与此同时，北洋水师沉舰水下考古也为中国水下文化遗产保护事业提出了新课题，即如何在联合国教科文水下公约的理念与框架下保护这些珍贵遗产。

杨天源《从清康熙时期景德镇外销瓷看中欧外销瓷贸易——以碗礁Ⅰ号沉船出水瓷器为例》（《福建文博》2020年3期）指出，碗礁Ⅰ号沉船遗址出水瓷器具有清康熙时期景德镇生产的典型特点。随着康熙开禁和欧洲人参与瓷器贸易程度的加深，中国瓷器贸易达到了一个顶峰。中欧瓷器贸易的发展，新的瓷器品种被创造出来。同时，中欧瓷器贸易展现出"对接式"贸易的特点，呈现出"两个开始转变"的趋势。欧洲人逐步控制了外销瓷贸易的主导权。

（二）海洋文化遗产的展示、保护与研究

曲金良《"海上文化线路遗产"的国际合作保护及其对策思考》（《中国海洋大学学报》2020 年第 6 期）指出，"海上文化线路遗产"是"文化线路遗产"的一个"海上类型"。中国作为世界海洋大国、海洋文化大国，其"海上文化线路遗产"是一个巨量的"文化线路遗产"存在。而"海上文化线路遗产"的基本特性是国际性的、国际化的，一头在中国，一头在海外，这也就决定了对"海上文化线路遗产"的保护，也必须是国际性的、国际化的。因此，中国的海洋文化线路遗产研究与保护，应该而且必须既要"从我做起"，又要加强与环中国海——印度洋周边国家合作，共同对中外海洋文化线路遗产进行整体保护和利用。

魏峻《中国水下文化遗产的博物馆展示》（《中国博物馆》2020 年第 3 期）指出，2009 年白鹤梁水下遗址博物馆和广东海上丝绸之路博物馆相继建成开放，标志着我国水下文化遗产的展示利用迈上新台阶。在取得成绩的同时，我国博物馆在水下文化遗产展览展示方面也存在着理念模糊、主题分散和手段单一等方面的问题。在回顾中国博物馆水下文化遗产展示历程，分析典型展示案例和借鉴国外相关保护展示实践的基础上，提出未来应加强博物馆展示与原址展示、数字化展示、公共空间展示的结合，以便更好发挥水下文化遗产在文化服务、知识学习、提升生活品质和树立文化自信方面的积极作用。

魏峻在《水下文化遗产保护与管理的中国实践》（《中国文化遗产》2020 年第 6 期）中指出，三十多年来，中国的水下文化遗产保护和管理在学习国际上对于水下文化遗产保护管理的通行做法和先进技术的同时，也不断总结经验和探索创新，逐渐摸索出一套与具体国情及我国水下文化遗产区域性特征相适应的保护模式和管理方法。基于实践经验和问题导向，加大基础工作力度、继续创新保护管理方法、提高公众的文物保护意识等应该成为推进我国未来水下文化遗产保护管理水平的关键所在。

尹锋超《近现代沉船（舰）水下考古的价值认知与思考》（《自然与文化遗产研究》2020 年第 5 期）从考古、文物和文化遗产的角度阐释近现

代沉船（舰）是水下考古的重要研究对象，对近现代沉船（舰）的共性进行分析总结，提出在考古学科范畴指导下，从历史、区域和专题角度及科学有效使用物理探测、定位、扫描等仪器设备开展近现代沉船（舰）水下考古工作的建议，并阐释了近现代沉船（舰）水下考古工作对中国水下考古和水下文化遗产的意义以及对考古学科发展与研究价值的认知，旨在为相关领域的保护和研究提供参考。

王昊《水下文化遗产原址保护研究概述》（《文物保护与考古科学》2019 年第 5 期）通过概述水下埋藏环境对文物产生的影响，并对国外文物保护工作者在沉船、水下文物点、古代聚落遗址等类型水下文化遗产原址保护的成果进行研究，尝试为中国水下文化遗产保护相关工作的开展提供一定的借鉴。

曹凤等所著《海洋文化遗产文物保护规划编制方法初探——以〈甘泉岛遗址保护规划〉为例》（《自然与文化遗产研究》2020 年第 6 期）结合"甘泉岛遗址保护规划"项目编制工作，参照全国重点文物保护单位保护规划的编制要求，尝试探索了岛礁类海洋文化遗产文物保护规划的研究与编制方法，为进一步促进我国海洋文化遗产的保护与管理工作提供借鉴。

赵哲昊的《从"玛丽罗斯号"看英格兰海洋文化遗产保护》（《自然与文化遗产研究》2019 年 4 期）介绍了英格兰朴次茅斯附近海域发现的16 世纪沉船玛丽罗斯号，是全球范围内水下考古历史上举足轻重的范例项目，英格兰在沉船发掘、保护和阐释上的先进理念和有效措施也被包括我国在内的很多国家吸收学习，加以应用。近年来，随着海洋文化遗产保护理念的推广，英格兰也在探寻包括港口遗迹、沿岸遗址、被淹没的史前遗迹等新的海洋文化遗产保护领域，从而实现对多元化海洋文化遗产全景的综合掌握。

袁晓春的《宁波小白礁Ⅰ号古船与中国古船保护技术》（《水下考古》第一辑，上海古籍出版社 2017 年版）指因南北方自然条件迥异，保护经费、技术力量的差异，我国形成了古船保护技术的不同方式。宁波小白礁Ⅰ号古船为近年来中国古代沉船的一次重要发现，其古船保护技术尤为关键。文章详细介绍了历经 20 多年古船保护进程的蓬莱 4 艘中外古船保护技术，提出中外古船保护技术中存在的不足与问题，其目的在于为宁波小白礁Ⅰ号古船等中国古船与今后的古船发现提供保护经验与借鉴。

赵亚娟的《论中国与东盟国家合作保护古沉船——以海上丝绸之路沿线古沉船为例》（《暨南学报》2016 年第 9 期）认为，中国应当与东盟国家依照相关国际公约进行合作，比如加强信息共享、在古沉船管理方面合作、开展培训合作和打击盗掘等，并在时机成熟时签订条约，通过长效机制保护这些古沉船。

薛广平《文物考古视野下的青岛"海上丝绸之路"文化遗产》（《中国港口》2019 年 S1 期）（2019 年增刊第 1 期）认为，在国家共建"一带一路"倡议的时代发展潮流下，加强青岛"海上丝绸之路"文化遗产的研究，开展系统考古工作，形成有价值的研究成果，对于充分展现青岛的海洋文化底蕴，促进青岛加快融入国家"一带一路"建设具有重要意义。

林国聪《渔山列岛明清海洋文化遗产探析》（《南方文物》2019 年第 1 期）结合岛礁地理、海洋资源、文献史料与考古发现，从渔业捕捞、航路开辟、海岛聚落，倭寇海盗、沉船遗产等多个维度，对明清以来渔山列岛的海洋文化遗产作了初步探析，阐述了其内在关联，并期引发海洋考古学的相关思考。

（三）海洋考古技术和分析研究

1. 海洋考古方法与技术

孙键《信息化测绘与数据采集在"南海Ⅰ号"沉船考古的应用》（《中国文化遗产》2019 年第 5 期）指出，对于水下考古而言，遗址的空间属性尤为重要，由于缺乏能见度，通常无法取得对遗址的全面认知，对于内部的空间关系更是无从得知。以遥感技术为代表的空间信息技术在考古与文化遗产领域的应用研究，已从考古调查与测绘、文化遗产监测与记录向考古大数据挖掘、考古知识发现与理解以及文化景观格局分析与重建等方向转移。这些技术革新和研究内容的转变，共同推动了遥感考古向空间考古的历史性跨越。"南海Ⅰ号"沉船在这方面的尝试，为今后在类似浅水环境中的考古实践积累了丰富的经验。

赵永辉等从水下考古探测方法的发展与现状入手，通过对水域雷达探测案例的整理，以上林湖后司岙水域水下考古为切入点，引入利用探地雷达开展水下考古探测的思想，结合实际应用，剖析探地雷达在水下考古领域中的机遇与挑战（《探地雷达在水下考古中的机遇与挑战》，《中国港口》2019 年 S1 期）（2019 年增刊第 1 期）。

丁见祥《评估与选择：沉船考古方法的初步讨论》（《边疆考古研究》2019 年第 1 期）围绕调查、发掘、保护等几个方面，对沉船考古的一般方法进行了讨论与总结。概括来看，在既定技术水平和经费投入条件下，如何使沉船考古作业更好地符合考古学的标准，更好地满足文物保护的需要一直是沉船考古方法的基本遵循。时至今日，水下考古的研究基础虽更为牢固，可文物保护的压力却剧增，上述两点仍不失为沉船考古工作的重要参照和出发点。

马永等《综合物探技术在海洋考古中的应用——以川岛水下考古为例》（《海洋学研究》2016 年第 2 期）以广东川岛水下考古为例，以多波束测深系统、浅地层剖面仪、侧扫声呐系统和磁力仪等新型高精度海洋物探设备构成水下考古系统试图建立了水下考古的基本流程。文章认为，川岛是古海上丝绸之路的重要泊靠点，在此次川山群岛海域考古调查中，根据多波束大规模覆盖和侧扫声呐拖曳式作业，在泥湾水道、打铁湾以及乌猪洲等处有新的发现，包括清代瓷器碎片和古代铁炮等。川岛水下考古文物的发现，对于进一步沿古海上丝绸之路的文物调查具有重要促进作用，也使水下考古得到更多关注。

赵子科等在《浅谈区域划分与环境调查对沉船考古工作的重要性》（《海洋开发与管理》2017 年第 2 期）中认为，通过实施区域性和大型海底沉船遗址的调查发掘工作，结合陆地文献调查和经验的积累，建立具有针对性的区域重点水下考古发掘工作的思路，并探索出一系列海洋考古发掘操作规范、技术规程等相关文件，以重点区域海洋沉船考古研究工作为抓手，为我国水下考古学研究和水下文化遗产保护提供区域视野和调查技术支撑，促进我国水下文化遗产保护事业发展。

朱世乾、梁国庆《浅谈水下考古实时定位监控系统》（《水下考古》第二辑，上海古籍出版社 2020 年版）针对水下考古工作中面临的实时定位、水流监测、影像传输、沟通指挥等关键技术，对目前国内外相关前沿科技和应用进行介绍和研究，并结合水下考古实践需求，将相关技术进行整合，设计整理出一套水下考古实时定位监控系统。经实践应用，该系统较好地解决了水下实时定位、水流监测、沟通指挥等需求，提高了水下考古的安全性和工作效率，扩展了水下考古工作领域，提升了水下考古科技化水平。

田国敏《试论自然环境因素对海洋沉船考古的影响》（《自然与文化遗产研究》2019 年第 9 期）认为，考古调查前期，考古队应备好海图、气象预报、水文信息、潮汐表等资料，选好合适的考古工作船。考古调查和发掘期间，考古队根据天气预报、风浪等级、能见度、水温、水深和潮汐表，避开不利的天气作业，制订潜水和工作计划；视不同海底地质、地貌和船体保存状况，选择合适的水下搜寻方式；据文中策略，积极应对水中生物、水面船只、废旧渔网等潜在危险。

孙晴、李明海《"南海Ⅰ号"古沉船考古照明设计研究》（《照明工程学报》2020 年第 5 期）通过"南海Ⅰ号"古沉船考古照明工程设计的实际案例，并结合应用发光二极管（LED）光源灯具，在满足照明照度、显色性、照度均匀度、统一眩光值等前提下，研究并总结出此类避免光辐射与光污染考古发掘与展示照明设计技术要求及措施。通过计算机软件照明设计模拟并根据实际工程竣工后的工程测试均达到较为满意的效果。

2. 出水文物的保护与分析

马燕莹等利用体视显微镜（Stereo Microscopy）、激光拉曼光谱（Raman Microscopy）、扫描电子显微镜与能谱仪（SEM-EDX）等，分析了 8 件南澳Ⅰ号沉船出水的青花瓷器碎片样品，认为这些瓷片分别属于景德镇窑和漳州窑（《广东南澳Ⅰ号明代沉船出水青花瓷器与钴蓝色料研究》《水下考古》第一辑，上海古籍出版社 2017 年版）。

王昊等《海洋出水石雕文物表面污染物激光清洗实验研究》（《应用激光》2018 年第 4 期）使用脉宽为 100ns 的激光清洗机，分别通过干式激光清洗和湿式激光清洗等不同方式下测得清除辉绿辉长岩石雕文物表面该类污染物所需的能量值。实验表明，使用水为液膜的湿式清洗方式，设定 250mJ 能量档位，2—3mm 的光斑直径，在 5Hz 的频率下停留约 6 秒左右的清洗速度，可以有效地清除黄色铁氧化物色斑污染，并且不易对文物本体造成损伤。

席光兰、周春水通过在广东汕头南澳Ⅰ号明代沉船遗址、致远舰遗址和经远舰遗址等三个不同海域、不同类型沉船遗址开展的实践研究，有效地保护了沉船和相关遗物，防止了盗捞和文物破坏行为。但由于相关研究工作开展时间相对较短和研究薄弱，出现牺牲阳极腐蚀速率较快、阳极脱落和寿命设计不准确等问题，保护工作没有达到预期效果。据此提出开展不同水域遗址原址保护金属框架材质、保护涂层材料和牺牲阳极材料的筛选研究工作，设计科学合理地金属框架原址保护方案等今后的研究方向（《牺牲阳极保护技术在船舰原址保护中的初步应用研究》，《中国文化遗产》2019 年第 4 期）。

叶道阳《沉船考古中的凝结物问题》（《博物院》2019 年第 4 期）认为，在相关学科、相关学者的研究成果基础上，对凝结物的形成环境和过程、类型划分、保护处理的价值和注意事项、凝结物的考古学意义等问题，做了整体的研究。

张治国等通过分析检测、表面清理、整体循环喷淋脱盐、微生物防治、局部加固、展台制作等措施，实现了该凝结物的研究、整体保护与展示，为海洋出水凝结物的整体保护处理提供了成功案例（《"南澳Ⅰ号"沉船出水凝结物的整体保护》，《文物保护与考古科学》2019 年第 4 期）。

还有一些学者关注了海洋出水铁质文物的保护与分析，如张治国《亚临界水脱盐技术在海洋出水铁质文物保护中的应用》（《中国文化遗产》2019 年 5 期）、王昊等《"南海Ⅰ号"船载铁器科学分析与相关问题研究》，（《文物世界》2018 年第 5 期）、王昊等《海洋环境大型铁炮的水下提取与现场保护》（《中国文化遗产》2018 年第 6 期）、席光兰等《"南海Ⅰ号"船载铁器科学分析与相关问题研究》（《海洋史研究》第十三辑，社会科学文献出版社 2018 年版）等，从不同角度讨论了出水铁器的提取、脱盐、分析、保护等相关问题，提出了有借鉴意义的技术路线和方案。

张治国等分别对南海Ⅰ号的船头、隔舱板、船舷板、甲板桅座、舵承、舵承附板、舵孔、船上建筑红漆板的木材进行取样和树种鉴定。经与泉州湾海船、华光礁Ⅰ号、新安沉船等同一历史时期中国建造的福船对比，认为松木和杉木是我国南宋时期远洋贸易货船的主要造船树种。船体木材的鉴定为了解南海 I 号的造船工艺和开展船体的保护修复打下了基础（《南海 I 号船体木材树种鉴定与用材分析》（《水下考古》第二辑，上海古籍出版社 2020 年版）。

王京等的《基于 LIBS 和主成分分析的南海 I 号出水青瓷产地研究》（《水下考古》第二辑，上海古籍出版社 2020 年版）采用在考古领域应用尚少的成分分析方法 LIBS 对南海 I 号出水青瓷进行检测，并将其与数个同时期窑址样品进行对比，发现这批瓷器来源广泛，为考古研究提供了新思路，也为 LIBS 的应用积累了经验。

中国海洋民俗研究与发展

王新艳

一 "海洋民俗"的历程与背景

(一)海洋民俗研究的起步

海洋民俗作为一个新的学术概念最先出现在 1994 年,当年马学良写给中国民俗学会第六次学术年会的贺信中明确提到"海洋民俗文化"① 一词,至今已有二十余年。二十余年来,海洋民俗的研究不断积累,其作为一个学科方向的地位也逐渐开始确立,在这段历程中,有三个节点值得注意。

第一个节点:海洋民俗在我国民俗学研究与发展中的地位首次得到确认并引起学界重视,其标志性事件为中国民俗学会等相关机构②于 1998 年在山东省青岛市召开关于海洋民俗文化的首次专题研讨会。之后,区域海洋民俗的研究成果陆续出现并呈总体递增态势。但该时期海洋民俗的研究

---

① 马学良:《为学科发展奠定坚实基础——致第六次学术年会的贺信》,《民俗研究》1994 年第 4 期。原文为"齐鲁大地也蕴藏着丰富多彩的民俗文化,(中略),今天大家相聚在海滨(乳山),在品尝海味的同时,一定会感受到海洋民俗文化的真情"。

② 本次会议由中国民俗学会、山东省民俗学会、北京大学人类学与民俗研究中心、山东大学民俗学研究所、青岛海洋大学海洋文化研究所、《民俗研究》编辑部、青岛市文化局、青岛市文学艺术界联合会共同举办。会议名称为"海洋民俗文化学术研讨会暨山东省民俗学会 1998 年学术研讨会"。

对象分布具有局限性，主要集中在海南（三亚）、广东、广西（北部湾、京族）、福建（泉州）、台湾、浙江（宁波、舟山）、上海、山东（蓬莱、威海）等地，尤其是海南、闽台、舟山、上海等地的研究相对集中。而对于其他沿海地区，如香港、澳门、江苏、河北、天津、辽宁等的研究则比较薄弱，甚至空白。

第二个节点：海洋民俗的内涵和外延的探讨逐步深化。2007 年国家海洋局南海预报中心陈钜龙在中国海洋学会年会上发表《海洋民俗文化》，指出"海洋民俗是我国的多种民俗的一个重要组成部分，是我国民俗文化的重要分支"[1]，并认为"民族性、地域性、漂流性、变异性、行业性、功利性、神秘性、包容性"[2] 是海洋民俗的重要特征，将海洋民俗定义为"在沿海地区和海岛等一定区域范围内流行的民俗文化，它的产生、传承和变异，都与海洋有密切的关系"，包括"海洋生产习俗、渔家生活习俗、海洋信仰与禁忌"[3]。海洋民俗出现了明确的概念阐释，并作为民俗学研究的重要组成部分被提出。不过，这篇文章更重要的价值在于，作者认为海洋民俗文化也是一种生产力，是有形的、无形的或潜在的生产力。"在搜集、整理、保护、传承海洋民俗文化的过程中，我们不应忽略通过旅游业的载体来充分展现其丰富的内涵，体现其内在的价值所在。"[4] 这与此后海洋民俗研究中"海洋民俗旅游""海洋民俗资源（开发与利用）""海洋民俗产业"等关键词高频率出现埋下伏笔，也体现出这一时期海洋民俗研究侧重于应用民俗学的特点。

第三个节点："海洋民俗学科"意识开始萌生。2015 年海南民俗学会执行会长李传朝等提出"海洋民俗学科"[5]，并认为它"是国家海洋国土

① 陈钜龙：《海洋民俗文化》，中国海洋学会 2007 年学术年会论文集（下册），广东湛江，2007 年 12 月，第 324 页。
② 陈钜龙：《海洋民俗文化》，中国海洋学会 2007 年学术年会论文集（下册），广东湛江，2007 年 12 月，第 324—326 页。
③ 陈钜龙：《海洋民俗文化》，中国海洋学会 2007 年学术年会论文集（下册），广东湛江，2007 年 12 月，第 326 页。
④ 陈钜龙：《海洋民俗文化》，中国海洋学会 2007 年学术年会论文集（下册），广东湛江，2007 年 12 月，第 329 页。
⑤ 李传朝、宣正明：《浅谈海南海洋民俗学科研究的重要性》，《海南日报》2015 年 9 月 30 日，第 B06 版。

学科中不可或缺的内容，是海洋国土研究两大学科中人文资源学科的重要部分，同时也与海洋国土研究中另一自然资源学科有着必然的联系"①。虽然海洋民俗能否被称为"学科"还有待商榷，但将海洋民俗研究与人文资源学科及自然资源学科的关系明确出来，会使得海洋民俗研究空间进一步扩大。此外，李传朝以海南海洋民俗研究为例指出了"海洋民俗学科"研究的战略意义所在，即可成为港口、港湾建设指南，可以成为开辟南海岛屿旅游的丰富套餐，同样也可以为南海航行安全、渔业捕捞和渔政作业提供历史档案，对于"海上丝绸之路"建设十分重要、紧迫。因此，海洋民俗研究的一个重要指向是"一带一路"特别是21世纪海上丝绸之路。

由此可见，海洋民俗经过二十余年的发展，在基本内涵、研究范畴、意义地位等方面雏形已现，且受关注度呈现不断增强趋势。然而，起步晚、区域发展不平衡、过度关注热点导致研究自觉欠缺等问题仍然困扰着我国海洋民俗的研究和发展，也提出了诸多挑战和课题。

（二）近五年来海洋民俗研究与发展的背景

1. 社会政策为海洋民俗的研究与发展创造了空间

"十三五"期间，关于推动海洋民俗发展相关的政策相继推出并产生社会影响。2016年是"十三五"规划的开局之年，国家发展和改革委员会将"发挥妈祖文化等民间文化的积极作用"写入"十三五"规划纲要，表明海洋民俗等民间文化在当代中国的文化地位得到了充分的肯定，同时，在规划纲要提出的"拓展蓝色经济空间"与"传承发展优秀传统文化"的指导下，海洋民俗的发展迎来了新局面、新课题、新方向，呈现出新的发展态势：一是海洋民俗作为海洋文化的重要组成部分，在构建中华优秀传统文化传承体系中被赋予重要地位，实现了研究成果质与量的突破；二是扩大了民俗学研究视野，对于学术自主性和建构意义重大；三是研究区域进一步扩大。

---

① 李传朝、宣正明：《浅谈海南海洋民俗学科研究的重要性》，《海南日报》2015年9月30日，第B06版。

此后的数年，随着我国海洋强国战略的深入实施，各沿海地方政府也结合当地海洋民俗文化的实情制订了相应的规划与支持举措，如 2017 年北部湾区域的海洋民俗文化之所以受到关注，其中的推力之一就是《北部湾城市群发展规划》（2017—2020）的发布，规划提出要"研究建设北部湾 21 世纪海上丝绸之路博物馆、中国—东盟文化产业基地等。挖掘"南海I号"品牌价值，弘扬北部湾海洋历史文化"，具有鲜明海洋性、民族性（京族）、跨国性特征的北部湾地区民俗成为 2017 年海洋民俗发展中的新秀；无独有偶，浙江省人民政府印发的文化产业发展"十三五"规划，为保护浙江省海洋民俗文化资源，发展海洋民俗文化产业提供了政策导向，在逐一落实规划的空间布局上，构筑"一核二极三板块"的全省文化产业发展格局；以宁波市、温州市两大增长极带动舟山市、台州市一体化发展的方式，引导发展海洋旅游、海洋节庆会展、文化创意等行业，在充分挖掘海洋民俗经济价值的同时，进一步稳固海洋民俗文化在地域文化中的重要地位。

另外，在宏观政策上，这五年也是乡村文化建设与振兴的重要 5 年，不论从学理还是实践上，作为渔村文化重要组成部分的海洋民俗能否积极参与到渔村治理中，为构建现代乡村社会治理体系提供理论支撑和实践借鉴，事关乡村振兴战略在渔村范围内的落实，因此海洋民俗在这五年期间的发展动力和需求是充分的。

2. 学术研究为海洋民俗的发展提供理论前提

近年来，关于海洋民俗的学术研究逐渐自觉、自主、系统，为海洋民俗的发展提供了理论前提。2016 年 6 月詹兴文等在《论民俗学的学科建构与海洋民俗文化研究的发展》中指出："在现有的学科分类中，民俗学却没有得到应有的尊重和敬重。""如果将民俗学调整为一级学科，（中略）在其下再设立一些新的学科，比如陆地民俗学、海洋民俗学、民族民俗学等作为二级学科，那么这些二级学科与民俗学一级学科的关系以及这些二级学科之间的关系，便可以得到有力论证，增强民俗学学科的体系建设。"同时，"海洋民俗学，这是新世纪中国经济社会和文化建设的迫切需要，当然应有学科建设的责任感、使命感和紧迫感"。并从中国目前海洋民俗研究的交叉学科背景和大量的分区域、分类别、微观的研究出发，认为这恰好拓展了学科视野并且奠定了雄厚的理论基础，也就为形成统一的研究范式提供了可能。

随后，2016 年 11 月华东师范大学举办"民俗学学科自主话语建构与社会服务学术沙龙暨海洋信仰与节日研究沙龙"。来自中国大陆和台湾地区的 15 所高校和科研机构的 30 余位专家学者出席了此次会议。会议围绕着民俗学学科自主话语建构以及海洋信仰、海洋节日等方面展开了深入的讨论与对话。华东师范大学唐忠毛教授强调了海上丝路在佛教传播中的重要地位，探讨了未来海上丝路与海上信仰共同体重建的可能性，并以图文模式展示了民俗学在国家大政方针实施过程中所占有的独特优势。华东师范大学田兆元教授指出，民俗是一种谱系性的存在，要清理重构海洋谱系、民俗研究、信仰研究的共同取向。此外，专家学者们对沿海地区的海洋信仰和节庆研究等具有重大现实意义的话题进行了探讨，肯定了民俗学的文化认同与社会服务功能。

在当代学术话语体系中，诸多学科面临着自主化与建构的问题，民俗学学科更是如此。而海洋信仰与节日研究的最新成果体现了民俗学学科发展的新视野、新方向，也对民俗学学科的发展提出了新的任务和要求。随着国家加快建设海洋强国与传承弘扬优秀传统文化的提出，海洋文化的地位逐渐提高，同时近年来关于民俗学学科自主话语权的呼声日益高涨，在两者的推动下，海洋民俗被重视成为应然。

二 "十三五"期间海洋民俗研究与发展概况

（一）海洋民俗研究热点集中、方向多元、区域特色显著

梳理五年来海洋民俗研究的动向，海洋非物质文化遗产、民俗资源产业化发展成为海洋民俗研究的重要关注点。除学术研究外，越来越多的实践主体也更加关注和参与到这些海洋民俗热点中来。通过下页表中内容丰富、主体多样的实践活动即可看出来，比如 2016 年山东省海洋经济文化研究院完成"山东省海洋文化遗产保护调查研究"课题；即墨市围绕田横祭海节打造海洋民俗村；舟山市普陀区深入挖掘海洋文化、民间渔俗文化和

南海观音文化元素，着力打造海洋旅游文化精品，形成了沈家门渔港民间民俗大会、南海观音文化节等一批文化品牌；海南省在2016年9月举办中国海南国际海洋产业博览会，并设以渔家乐、渔业小镇、民俗旅游相关配套设施等为主的海洋旅游产业展区等。这充分体现出海洋民俗在振兴区域经济中的重要地位，也展现出海洋民俗发展在进行科学研究，促进产业转化和推动经济发展方面的可塑性及多元发展方向。

海洋民俗体育、海洋民俗音乐等领域也有新的突破。海洋民俗体育是民俗文化和海洋文化的重要组成部分，是我国传统文化活态形式中的体育成分，既体现了海洋活动和民俗中的文化属性，同时也有着体育特质。但在很长时间内，海洋民俗体育往往被划归"体育活动"的行列，而非文化的范畴。据舟山市非物质文化遗产保护中心的统计，舟山共有4项省级非物质文化遗产、5项市级非物质文化遗产，其中舟山船拳、传统渔民竞技和传统儿童游戏等项目均属于海洋民俗体育类非遗项目，爬桅杆、摇橹、抛缆、拔篷等活动不仅是渔民必备的劳动技能，也成为当地居民别具一格的竞技比赛。因此，这5年来针对海洋民俗体育的研究逐渐增多，仅分类方法上就有多种观点。张同宽、黄永良等人根据海洋民俗体育形成所依赖的场所，将其划分为船上民俗体育、海上民俗体育、海滩民俗体育和海岸民俗体育四类；俞爱玲和黄晓东根据海洋民俗体育的特征，将其划分为传统节庆祭祀类、渔民生产生活类和传统舞蹈类海洋民俗体育；黄玲根据海洋民俗体育文化的载体，将其划分为水类、船类、沙类、泥类和岸类5种；陈炜则综合考虑相关分类方法，将海洋民俗体育划分为渔业生产型、竞技健身型、娱神祭祀型和精神娱乐型4类。诸如以上的研究与分类，是对海洋民俗文化研究的创新，也是对海洋民俗体育文化的保护与传承。

海洋民俗音乐方面，妈祖海祭鼓吹音乐以中国海祭文化为内核，不仅是一种信俗音乐，更具有古代海上"中国声音"的符号意义，并在海陆环境的变迁中衍生出一种海洋音乐艺术形态和特征，兼具海上声讯功能和信俗文化传播功能。广东汕尾渔歌是海洋地理环境与音乐相结合的产物，蕴含着鲜明的海洋文化特点，鲜活地展现了汕尾渔民在海洋中的生存景象和情感夙愿，已被列入国家级非物质文化遗产代表性项目名录。汕尾渔歌主要反映了渔民捕鱼劳动和渔区民间风俗等内容，以音乐的形式生动呈现出当地的海洋风貌及民间婚嫁风俗等特色渔俗文化，是海洋民俗文化和海洋音乐文化的瑰宝。这些海洋民俗事象都在这 5 年内被逐渐挖掘、研究。

从区域上看，虽然各具特色但发展阶段各不相同。5 年期间，胶东半岛、江浙沿海、珠江三角洲、闽台地区的海洋民俗的挖掘进展较大，其发展重点在于开发利用和传承保护，在开发利用过程中，也已经从简单的观赏发展至以人文体验为主的模式，对海洋民俗的保护、利用和传承渐趋成熟。但北部湾及海南部分地区的海洋民俗仍处于新兴发展阶段，祭海及海神信仰属于发展最好的民俗事象，《更路簿》因为被列入非物质文化遗产保护名录也获得了极大关注，但除此之外的民俗事象还有很大的发展空间。

（二）海洋民俗文化开发实践活动日趋丰富，体现较强生命力

表 1 是对近 5 年省级以上与海洋民俗相关的社会实践活动进行的不完全统计。通过表 1 内容可以看出 2016—2020 年的 5 年间，海洋民俗实践活动呈现数量多、种类丰富、分布区域广、与地域发展结合紧密等特点，展现出海洋民俗发展的蓬勃生命力。受新型冠状病毒性肺炎疫情影响，2020 年的聚集类活动多被取消或延期。

表 1 　　　　　　　　　　2016—2020 年海洋民俗庆典及实践活动

类别	序号	实践活动	时间	地点	简介	链接
海洋民俗庆典活动	1	即墨市田横祭海节	2016—2019 年 3 月	山东省即墨市田横镇周戈庄村	山东省即墨市田横镇周戈庄村上网节又称"祭海"，是当地渔民的盛大节日，在每年谷雨节前后进行祭海活动。后由田横镇政府统一选定每年 3 月 18 日为祭海的正日子，祭海从 3 月 18 日开始到 20 日结束。田横祭海节源于距今已有三四百年的历史，是全国海洋文化色彩最浓郁、原始祭海仪式保存最完整、规模最大的民俗活动	http://qingdao.iqilu.com/qd-minsheng/2016/0318/2724079.shtml（2016 年） https://www.sohu.com/a/129139678_558429（2017 年） http://www.jimo.gov.cn/n28356071/n6459/n6465/n6493/180503081440033224.html（2018 年） https://baijiahao.baidu.com/s?id=1628236294628336656&wfr=spider&for=pc（2019 年）

类别	序号	实践活动	时间	地点	简介	链接
	2	中国海南国际海洋产业博览会	2016—2020年9月—11月	海南省	中国海南国际海洋产业博览会是展示海南省海洋产业成果，推广海南优质水产品，"汇集全岛鲜冻干海产品，玩赏购尝一站式体验"的博览会。博览会设海南省沿海市县展区、海洋渔业展区、"一带一路"经贸区、海洋科技及装备展区、海洋旅游产业展区、海洋文化展区及配套活动区七大展区	http：//m. haiwainet. cn/middle/455817/2016/0923/content_30353784_1. html（2016年）http：//www. onezh. com/web/index_55328. html（2017年）http：//www. mnr. gov. cn/dt/ywbb/201809/t20180920_2365114. html（2018年）http：//www. onezh. com/web/index_60785. html（2019年）http：//www. cnena. com/show-room/bencandy-htm-fid-19-id-35821. html（2020年）
海洋民俗庆典活动	3	潭门赶海节	2016—2020年8月	海南省琼海市潭门镇	潭门"赶海"缘起于潭门渔民特有的闯海气概与本地南海鱼耕文化，祭海仪式在潭门已延续600多年，包括"祭兄弟公出海仪式"、拜祭龙王、海神娘娘、祭祀斗海盗战风浪的"108兄弟公"、祭船、舞龙舞狮、舞鲤鱼灯等丰富多彩的传统活动，目的是为了祈求海上作业之路平平安安。潭门赶海节全方位展示了潭门地方历史文化特色，将传统民间祭出海仪式、送渔灯等活动融入节庆中，以赶海季为平台，体现了当地渔民生产生活的海边渔家鱼耕文化	http：//hn. news. 163. com/16/0807/13/BTSBTHIT0381146C. html（2016年）https：//www. sohu. com/a/162672042_814695（2017年）http：//hainan. ifeng. com/a/20180811/6798243_0. shtml（2018年）http：//www. hi. chinanews. com/photo/2019/0817/105119. html（2019年）http：//www. hi. chinanews. com. cn/hnnew/2020-08-17/4_124822. html（2020年）
	4	中国南海（茂名·浪漫海岸）开渔节	2017—2020年8月	广东省茂名市	博贺开渔节，也称南海（茂名博贺）开渔节，是茂名滨海新区博贺镇渔民们每年休渔期结束后在博贺镇及博贺渔港码头举办的传统节日，也是当地所有渔民隆重庆祝的节日	https：//culture. southcn. com/node_9c13b33f74/a8a270ed07. shtml（2017年）https：//bbs. gdmm. com/thread-3166754-1-1. html（2018年）https：//www. sohu. com/a/327032058_785702（2019年）http：//www. haibaofoods. com/page27？article_id=2（2020年）

类别	序号	实践活动	时间	地点	简介	链接
海洋民俗庆典活动	5	"天下妈祖回娘家"活动	2016—2020年农历三月廿三前后	福建省莆田市湄洲岛	"妈祖回娘家"是由湄洲妈祖祖庙分灵而建的妈祖庙，每年在妈祖诞辰或升天之日到祖庙进行祭拜妈祖的民俗活动。这一民俗活动始于明代，最早是莆田境内的分灵妈祖庙依例举行这种活动，以后逐渐扩展到福清、惠安、泉州等周边地区。这类习俗还包含湄洲妈祖庙的天下妈祖回娘家，文峰宫妈祖神像回到城里林氏大宗祠的仪式等等。"妈祖回娘家"祭祀习俗是人类非物质文化遗产妈祖信俗活动的重要内容之一，该习俗在2007年被列入福建第二批省级非物质文化遗产名录	https：//www.iqiyi.com/v_19rrlmynow.html（2016年） http：//www.xinhuanet.com/local/2017－04/20/c_129554867.htm（2017年） https：//v.qq.com/x/page/a0643z1necq.html（2018年） https：//www.sohu.com/a/419758186_120207622（2020年）
	6	"妈祖下南洋·重走海丝路"活动	2017—2019年7月	中国莆田湄洲岛、马来西亚、新加坡	"妈祖下南洋·重走海丝路"是一次妈祖文化、人文交流的中马、中新两国文化交流，由中国莆田湄洲妈祖祖庙、马来西亚吉隆坡雪隆海南会馆天后宫、马来西亚马六甲兴安会馆天后宫和新加坡福建会馆天福宫联合主办，是一项民心相通、民间合作的文化活动。该妈祖文化活动吸引了海内外华人的广泛关注以及国内外各大媒体聚焦，反响热烈，轰动国际	https：//www.sohu.com/a/155286322_417690（2017年） https：//www.sohu.com/a/244904375_731929（2018年） https：//www.chinanews.com/sh/2019/11－13/9006510.shtml（2019年）
	7	中国·北部湾开海节	2018—2020年8月	广西壮族自治区防城港市	中国·北部湾开海节是一场渔家文化盛会，以"吃生猛海鲜，游生态港城"为主题，包括盛大开海仪式、趣味海鲜宴、白浪滩音乐节、金滩啤酒节、海洋经济与海洋文化发展论坛、海边山文化旅游共6大板块系列活动	http：//www.fcgs.gov.cn/csgk/lyfcg/wzfcg/201808/t20180822_63933.html（2018年） http：//www.gxzf.gov.cn/xwfbhzt/2019/xwdt/20190723－758455.shtml（2019年） https：//baijiahao.baidu.com/s?id=1675237087071911682&wfr=spider&for=pc（2020年）

类别	序号	实践活动	时间	地点	简介	链接
海洋民俗庆典活动	8	"妈祖文创奖"海洋民俗文创比赛	2018—2020年		"妈祖文创奖"评选活动是"妈祖平安节"活动的重要组成部分，由湄洲妈祖祖庙创立并发起，旨在搭建妈祖信俗与妈祖文化领域的文化创意竞赛、研讨、展览、推介、人才培养、产业对接平台，促进妈祖文创发展，弘扬妈祖文化。2018年设立首届"妈祖文创奖"，定期举办	http：//www.sjys666.com/index/match？id=372###（2018年） https：//www.sohu.com/a/317793335_120161048（2019年） http：//www.huaxia.com/jtzq/tjsy/jtwl/2020/11/6560624.html（2020年）
	9	中国·兴城海峡马拉松暨2018兴城（北京）海洋生活节	2018年8月	辽宁省兴城市	中国·兴城海峡马拉松暨2018兴城（北京）海洋生活节是国内首个将横渡游泳比赛与嘉年华相融合的海上马拉松嘉年华。该赛事以"体育生活化、生活健康化"为理念，结合"体育+旅游"的思路，赛事共设全程组（兴城海峡10公里横渡）、半程组（近海5公里绕圈）、体验组（300米体验游）三个组别，比赛路线贯穿整个兴城海峡，全程10公里，吸引了来自海内外的近500名横渡健儿参与	https：//www.sohu.com/a/246609647_750572
	10	梅山海洋民俗文化节	2019年6月	浙江省宁波市梅山乡	梅山海洋民俗文化节充分结合梅山非遗的特色，将"水浒名拳"和梅山舞狮等特色非遗、梅山沈家祠堂、时光展厅、非遗展陈馆等特色文化场馆及大牛山、果蔬基地等梅山乡村旅游点都融入各个关卡，沿途配套梅山特色厨娘美食街，将梅山非遗文创品、民俗、果蔬基地体验券作为奖励，把梅山的非遗挖掘出来，融合进去，传播开来，助力梅山产业振兴和文化振兴	http：//news.eastday.com/eastday/13news/auto/news/csj/20190609/u7ai8618609.html

类别	序号	实践活动	时间	地点	简介	链接
海洋民俗庆典活动	11	二月二"龙抬头"海洋民俗文化旅游节	2018—2019年农历二月初二	海南省海口市	二月二"龙抬头"海洋民俗文化旅游节针对民间"二月二、龙抬头、吃龙食、剃毛头、引龙回"的传统习俗，将祭海活动分为祭海仪仗巡游、祭海典礼、沙滩寻宝纳福、祭海文化展示、龙抬头美食节等部分组成，并增设"义务理发点"，为民众纳吉，预示一年好的开始	http：//k. sina. com. cn/article＿1708533224＿65d625e8020005f6p. html（2018年）http：//m. sohu. com/a/298967726＿778961（2019年）
	12	第一届国际海洋文创设计大赛	2019年9—11月	广东省深圳市	第一届国际海洋文创设计大赛集结深圳海洋城市文创命题、国内八大涉海博物馆命题以及多元的海洋元素命题，邀请全球范围的优秀设计师、高等院校学子参与深圳的海洋文化、涉海博物馆以及海洋文创建设	http：//www. saikr. com/vse/37380
	13	厦门海普习俗活动	2019—2020年8月	福建省厦门市思明区沙坡尾	厦门海普习俗活动即农历七月廿六"海普日"举行海普祭祀缅怀那些殒于海上的劳苦民众和在历次海战中阵亡的将士们的活动。其活动包括了与海洋文化相关的展示以及编织渔网、纸船制作等海洋技艺手工体验，以及祈福水灯等。"厦门海普习俗"于2018列入思明区非物质文化遗产保护名录	http：//www. taihainet. com/news/xmnews/whjy/2019－08－27/2300424. html（2019年）https：//mp. weixin. qq. com/s？src＝11&timestamp＝1626187841&ver＝3188&signature＝aQjn3e＊RDGbg0uFC0VMb4Gm8yCPB5M3N7QsiyskLKkUGQO7UmEhRMfr98nQ5LHxdowTu47e5xjSc02HVc2y9bWFng1zto16WmYctYZTcc13K17P7X6rwkTYsswVs03Vy&new＝1（2020年）
	14	2020玉环闯海节暨海洋民俗体验季	2020年8月	浙江台州玉环市鸡山乡	2020玉环闯海节暨海洋民俗体验季充分挖掘渔业"接二连三"的潜力，为渔旅融合发展开辟全新的发展道路	http：//www. zjtz. gov. cn/art/2020/8/3/art＿1229199425＿56892839. html
	15	金山海渔文化节	2020年9月	上海市金山区	金山海渔文化节包括六大系列活动，包括海鲜美食体验季、上海湾区民俗体验季、嗨爽房车集、山阳田园民宿街夜市、干了这杯酒——望秦精酿品酒节、咖啡博物馆沙龙体验等，海渔文化和田园文化相得益彰，让游客流连忘返	http：//sh. people. com. cn/n2/2020/0920/c134768－34304696. html（2020年）

续表

类别	序号	实践活动	时间	地点	简介	链接
海洋民俗庆典活动	16	厦门厦港"送王船"活动	2020年11月	厦门市思明区沙坡尾	闽台"送王船"是厦门市古老的传统民俗活动，已有600多年历史，是厦门渔港文化的重要组成部分。20世纪90年代初，厦门沙坡尾厦港龙珠殿恢复"送王船"习俗，该活动一般三年举办一次，或五年举办两次。"送王船"仪式依序有王船的制造、出仓、祭奠、巡境、焚烧等。该习俗寄托了中国沿海渔民祛邪、避灾、祈福的美好愿望。2019年11月，闽台送王船活动入选国家级非物质文化遗产	https：//www.sohu.com/a/432035500_ 100199564？qq-pf-to＝pcqq.c2c
	17	舟山群岛·中国海洋文化节暨休渔谢洋大典	2017—2020年6月	浙江省舟山市岱山县	舟山群岛·中国海洋文化节暨休渔谢洋大典由祭海谢洋和歌舞谢洋两块内容组成，已成为岱山渔民传统的民俗活动，2008年，休渔谢洋大典以祭海（渔民）节入选浙江省第二批非物质文化遗产名录	http：//www.zhoushan.gov.cn/art/2017/6/21/art _ 1276171 _ 7797748.html（2017年） https：//v.sogou.com/v？query＝2018%E5%B9%B4%E8%88%9F%E5%B1%B1%E7%BE%A4%E5%B2%9B%C2%B7%E4%B8%AD%E5%9B%BD%E6%B5%B7%E6%B4%8B%E6%96%87%E5%8C%96%E8%8A%82%E6%9A%A8%E4%BC%91%E6%B8%94%E8%B0%A2%E6%B4%8B%E5%A4%A7%E5%85%B8&p＝40230600&tab＝video&ie＝utf8（2018年） http：//www.zhoushan.cn/sy/hyly/201906/t20190618 _ 930327.shtml（2019年） https：//www.cxly.com/cxwh/219711.html（2020年）
	18	北海民俗祭海节	2016—2019年2月	山东省潍坊市	潍坊北海民俗祭海节是一项民间自发的海洋民俗活动，据记载，自秦始皇东巡祭海开始，北海的祭海活动已有2000多年的历史。每逢年节，正月十五、十六，滨海居民在老河口大坝、渔港进行祭海活动。自2015年农历正月十六开始，潍坊滨海群众自发组织了潍坊北海民俗祭海节活动	http：//www.wfcmw.cn/weifang/pic/2016－02－25/224647.html（2016年） http：//xxgk.beihai.gov.cn/bhs-hyj/gzdt_ 87837/201907/t2019 0718_ 1898288.html（2017年） http：//wfrb.wfnews.com.cn/content/20180304/Articel02007TB.htm（2018年） http：//wf.wenming.cn/wen-mingxinfeng/201902/t20190225_ 5708545.shtml（2019年）

类别	序号	实践活动	时间	地点	简介	链接
海洋民俗庆典活动	19	天后宫"新正民俗文化庙会"	2016—2019年2月	山东省青岛市	天后宫"新正民俗文化庙会"始于明，盛于清，曾是旧时青岛人的一项大型文化活动，也是青岛市市南区唯一延续至今的大型文化庙会。新正民俗文化庙会包括新年撞钟仪式、民俗风情摄影大赛、"迎新春"对联、灯谜大赛、"百姓乐"民间艺术杂耍表演赛、"童年的回忆"民间游戏竞技表演赛、"祭海"民俗表演、民间剪纸大赛、民俗文化藏品交流鉴赏大集、民间艺人绝活展示、元宵灯会、文艺演出等丰富多彩的民俗文化活动。 青岛天后宫新正民俗文化庙会以妈祖信仰为依托，是青岛汉族民间沿袭了几百年的传统年俗中的一项典型集体活动	http://lanmu.qtv.com.cn/system/2016/02/12/013168841.shtml（2016年） https://mp.weixin.qq.com/s?src=3&timestamp=1626078769&ver=1&signature=T9LCw6ixMlbgeH9PW*utNy8g5*ES-gxcbVxOMyyGxMZG8nmHd4xZ8Pkhp4okvzCPtkBa9f2oyXkY3KBs5oqOQKcPJX1QMSbU1ypVvKUXOrIlQGWoPebwrR4Ar6wBYCNSuytlbhWz0YVsMQzTeJne7UhuO656GtTu7Tq*uJ7PExjw=（2017年） https://www.sdta.cn/article/1518058324.html（2018年） http://www.qingdao.gov.cn/n172/n1531/n31284368/n3128437/190201110205932000.html（2019年）
	20	长岛显应宫妈祖祭典	2019年4月	山东省长岛显应宫（庙岛）	长岛显应宫庙会是最具北方妈祖文化特色的民间庆典活动，已经有950多年的历史。每年的传统节日主要有农历正月十五（上元灯会）、三月二十三（妈祖诞日）、七月十五（盂兰盆会）、九月初九（妈祖羽化升天日），每逢这些节日，显应宫都会举办庙会庆典活动	http://www.hycfw.com/Article/222086
	21	青岛东夷渔祖郎君文化节	2016—2019年4月	山东省青岛市	"东夷渔祖郎君节"举办场所韩家民俗村选址于原红岛韩家村古渔场和古盐场遗址之上，活动版块主要有郎君祭祖仪式、郎君广场戏曲演出、水面撑撸撒网表演、民间文艺巡游、民俗村摄影展览、特色渔家餐饮促销、商街地产展销等。 东夷鱼祖郎君庙会于2016年被列为省级非物质文化遗产	http://qd.wenming.cn/syjj/201604/t20160403_2456697.html（2016年） http://www.qing5.com/2017/0404/217125.shtml（2017年） https://www.sohu.com/a/227341843_349529（2018年） https://www.sohu.com/a/306138952_349529（2019年）

类别	序号	实践活动	时间	地点	简介	链接
海洋民俗庆典活动	22	渔民开洋、谢洋节	2017—2019 年 4 月	山东省荣成市	渔民开洋、谢洋节是我国山东地区一种特殊的民俗活动。其中开洋节是当地渔民在渔船出海时举行的一种祈求平安、丰收的民俗活动，谢洋节则是渔船出海平安归来后渔民为感谢大海恩赐而举行的一种活动。主要流传于荣成市、日照市、即墨市等地，其中以院夼村最为隆重盛大	http：//www. shandonghaiyang. com/dsdt/weihai/201704/t20170 427_ 11014959. html（2017 年）https：//www. sohu. com/a/ 229001589_ 759511（2018 年）https：//www. whnews. cn/news/ node/2019 - 04/17/content _ 7067504. htm（2019 年）
	23	烟台渔灯节	2016—2019 年农历正月十三	山东省烟台市	渔灯节是烟台地区渔民在正月十三、十四为祈求人船平安、鱼虾满舱，通过做渔灯祭海，祈求神灵保佑亲人出海平安的民俗活动，距今已有 500 多年的历史。渔灯节的祭祀仪式包括：一是祭拜海神娘娘，送渔灯、送愿船。二是祭拜龙王。三是祭船。四是祭海。五是放灯。六是文娱活动。七是相关器具、制品及作品。2008 年烟台渔灯节被列为国家级非物质文化遗产	http：//yantai. dzwww. com/ xinwen/ytxw/ytsh/201602/t2016 0221_ 13863249. htm（2016 年）http：//news. iqilu. com/ shandong/shandonggedi/ 20170210/3381790. shtml （2017 年）https：//tv. cctv. com/2018/03/ 01/VIDEWZ9bD5F9DASfCN3Z jnAN180301. shtml（2018 年）https：//www. sohu. com/a/ 295314342 _ 99966908（2019 年）
	24	日照"渔民节"	2016—2019 年农历六月十三	山东省日照市	日照渔民节是日照沿海渔民在每年农历十三（相传为海龙王的生日）举办的祭拜大海和龙王，祈求今年 9 月开渔时"福满船、鱼满舱"的古老风俗，内容包括拜龙王、拜海神娘娘、拿行、开光等仪式，以祈望丰收、保佑平安。2006 年被列入山东省第一批省级非物质文化遗产名录；2008 年，被列入第二批国家级非物质文化遗产名录	https：//rizhao. dzwww. com/qx/ kfq/201607/t20160719_ 14643 430. html（2016 年）https：//www. takefoto. cn/ viewnews - 1202118. html（2017 年）https：//k. sina. cn/article _ 3659055067_ da18bfdb001009t h8. html（2018 年）http：//rznews. rzw. com. cn/ rizhao/2019/0715/485258. shtml（2019 年）
	25	第 56 届"琅琊祭海"活动	2018 年农历正月十三、十四	山东省青岛市西海岸新区琅琊镇台西头村	第 56 届"琅琊祭海"大型传统民俗文化活动以"保护蓝色海湾，传承民俗文化"为主题，弘扬琅琊人民爱海、敬海、垦海等历史传统和时代精神	https：//www. sohu. com/a/ 224627192_ 100119403

类别	序号	实践活动	时间	地点	简介	链接
海洋民俗机构设立	1	山东青岛崂山湾海洋民俗博物馆开馆	2016年8月	山东青岛崂山区	山东青岛崂山湾海洋民俗博物馆面积1200平方米，以实物、图片等形式介绍崂山湾丰富的海产资源和民俗文化，展示深海鱼类、贝类、珊瑚类等，使游客能够尝海产品、品崂山茶	https：//www.sohu.com/a/110240032_349526
	2	国家南海博物馆投入使用	2017年3月	海南省琼海市潭门镇	国家南海博物馆是以"南海"为载体的"海洋与海洋文明相复合的大型陈列"，为国家级大型海洋文化和历史文化景区，也是南海海上丝绸之路和环南海国家历史、现状的研究和展示中心。该馆从海洋生态的角度展示其海游、陆生、矿产及其他资源；从历史地理的角度展示其地缘文化和发展形成历史，从人类与其所遗留的水下文化遗产、航海发展史等角度，展示先民对南海的开发、经略之历史，以及同周边国家的贸易往来、文化交流、民族迁移、航海文化，尤其是海上丝绸之路的发展与形成等	http：//art.people.com.cn/GB/n1/2016/0428/c206244-28310665.html
	3	海洋文化产业社团组织成立	2018年7月	山东省青岛市	中国海洋发展研究会海洋文化产业分会是我国首个海洋文化产业社团组织，得到国家海洋局、青岛市政府的积极支持	https：//www.sohu.com/a/243319202_726570
	4	《中国涉海博物馆文创品联展》开幕仪式	2018年12月	广东省深圳市	中国涉海博物馆文创品联展致力于为涉海类博物馆与文创机构搭建互动交流的平台，是国内推广海洋文化艺术交流的重要展会。此展览以文创品讲述中国的航海故事，以涉海文物等微元素设计而成的文创品，兼备着普及海洋文化和提升审美情趣的重要作用	https：//www.sohu.com/a/283965318_124752
海洋民俗事项保护	1	海洋庙宇保护	2019年9月		随着渔民们的生产生活方式发生巨变，海洋民俗日渐消亡，对其加强保护传承的重要性和急迫性自不待言。2019年光明日报刊登关于加强海洋民俗传承，鼓励沿海渔村举办民俗节庆的倡议，提出要加强相关海神庙宇保护工作，推动海洋民俗相关学术研究，引领沿海渔家少年儿童深入体验海洋民俗	http：//www.bjwmb.gov.cn/zxfw/wmwx/wskt/t20190910_948287.htm

类别	序号	实践活动	时间	地点	简介	链接
海洋民俗开发利用	1	胶东海草房开发利用	2020 年 8 月	山东省威海市荣成市	荣成海草房是荣城地区依据自然条件所修建的独具特色的海带草房，是沿海地区最为典型的传统民居。据不完全统计，荣成市现有海草房有 95000 多间，分布在 317 个村，呈零散状分布在沿海区域地带上。目前海带草房以威海辖区最多。据威海市文物和建筑部门年初的联合调查，其市属各县（市、区）还有海草房 4000 多所，分布在沿海纵深 10 公里左右的范围内，涉及威海、文登、荣成、乳山的 23 个乡镇，600 多个村庄。近几十年来，随着近海污染的日益严重，海带草等资源逐渐枯竭，具有海洋特色的海草房屋，已经很少新建。现海草房作为特色民宿吸引了各地游客，逐渐形成当地一旅游特色	https：//www.sohu.com/a/412713360_100023701https：//www.cnyintan.com/thread-1735-1-1.html

　　除此之外，地方性的海洋民俗实践活动也同样异彩纷呈。如 2017 年，潭门的国家南海博物馆投入使用，展示了具有热带海洋文化特征的潭门海洋民俗；连云港地区的西连岛渔村文化保护与发展的建设规划顺利完成，江浙地区的象山海洋渔文化音乐活动以更加丰富和开放的姿态展现在当地人与外地游客面前；舟山群岛海洋文化旅游，尤其渔民画艺术节和海洋文化节成为舟山展现地方特色的文化品牌。

　　2018—2019 年，位于胶东半岛的青岛贝壳博物馆、海洋滩涂湿地保护区、唐岛湾公园等陆续对公众开放，烟台市在打造蓬莱阁海边仙境和海滨风景区上持续投入，威海市成山头风景区也在加大宣传力度下成效明显；围绕胶东半岛三市的周边渔村开发同样有所突破，如黄岛开口山村提出的建立海洋民俗文化体验型和创意性民宿，莱州三山岛村在推介东海神庙与东莱饮食文化上的努力等。

　　2020 年厦门海普习俗之海洋手工艺技艺体验、玉环闯海节暨海洋民俗体验季、罗源湾海洋世界春节活动、金山海渔文化节、第二十一届海南国际旅游岛欢乐节、厦门第十届厦港"送王船"活动、舟山群岛·中国海洋文化节暨休渔谢洋大典、第七届湛江海洋周活动、第四届南海开渔节、第六届北海民俗祭海节等都展示出海洋民俗的活跃。

三 "十三五"期间海洋民俗研究与发展评估

（一）海洋民俗研究与发展的特点

1. 海洋民俗的内涵更加丰富

自1994年海洋民俗文化一词被提出以来，海洋民俗的内涵不断丰富和发展，被认为包含生产习俗、饮食起居、节庆礼仪、婚礼习俗、服饰、海洋信仰等。关于海洋民俗与海洋文化、民俗文化之间的关系，有学者曾用如下示意图予以表示：

图1　海洋民俗与海洋文化、民俗文化的关系图①

不仅如此，海洋民俗文化研究"在人类文化——国别（民族）文化——区域（海洋、大陆、省区等）文化——行业（类别）文化——民俗文化这一文化系列中处于基础位置"②。海洋民俗的研究对象——海洋民俗事象本身所承载的内容是海洋文化中最基础和最深层的文化信息。尤其作为海洋民俗重要内容之一的海神（洋）信仰及相关表现形式更是传达渔民群体精神世界的重要途径。因此，海洋民俗内涵的丰富程度和认知视角直接关系到海洋民俗的发展。

---

① 金光磊、张开城：《广东海洋民俗文化论析》，《天地人文》2013年01期。

② 曲鸿亮：《关于海洋民俗文化的几点认识》，《中国海洋文化研究》（第一卷），文化艺术出版社1999年版，第28页。

从海洋民俗的内容上来看，2017 年，我国目前发现仅存的古代国家最高规格的海洋祭祀仪典——"辞沙"祭祀大典进入海洋民俗研究的视野。"辞沙"大典是指明朝以来国家使节率船队出使各国之前，在今深圳市赤湾天后古庙前的沙滩上举行的祭祀。"辞"通"祠"，意为祭祀；"沙"，为沙礁，古代渔民认为"沙"的出现是海底鬼神在作祟，因此航海者会在宽广的港口举行祭祀仪式，祈求海神保佑，即为"辞沙"。"辞沙"大典早在 2006 年就相继被列入深圳市非物质文化和广东省非物质文化遗产，但直到 2017 年才开始得到海洋民俗研究者的关注和研究①。"辞沙"祭祀大典是明代国家官方出使西洋的最高规格的海神和海洋祭祀大典，其独特意义有二。其一，"国家"的参与和国家符号象征的隐喻使得海洋民俗的内涵更加丰富，"国家"的意义也通过"辞沙"大典存于海洋，是国家意识形态的海洋社会的表达。其二，与传统对海洋民俗信仰中持续关注的海神祭祀不同，"辞沙"大典的祭祀对象从海神扩大至海洋，丰富了海洋民俗的内涵。

从认知视角上来看，2017 年崔凤提出了"海洋实践"的视角，为认识海洋民俗及其变迁提供了新的解释。崔凤认为："海洋实践就是指人类利用、开发和保护海洋的实践活动的总称"②，具有全面性、高风险性、发展性和嵌入性的特征。因为海洋实践尤其是生产方式随着时代的推移不断变化，由海洋实践所产生的包括海洋民俗在内的海洋文化自然也会处于不断变迁的过程。祭海习俗为什么会演变为祭海节庆，造船技术为什么会成为艺术品加工技术，渔民号子的舞台为什么会从海滩转到舞台，海草房为什么丧失了居住功能仍然能够继续保留……海洋实践的视角给了这些问题一个合理的阐释。

从研究范畴上来看，海洋民俗的研究对象从海洋民俗事象转向其相关文化载体，即打破了海洋民俗传统研究中"仅仅停留在海洋族群的静态民俗观上"③的局面，其中作为海洋民俗重要内容的妈祖文化研究表现得尤

---

① 陈文广、龚礼茹：《"辞沙"祭祀与中国海洋祭祀之探析》，《特区实践与理论》2017年第 6 期。

② 崔凤：《海洋实践视角下的海洋非物质文化遗产研究》，《中国海洋社会学研究》2017 年卷总第 5 期。

③ 邓苗：《海洋民间信仰的地方性实践与民俗学思考——兼论沿海地域研究的视角问题》，《唐都学刊》2015 年第 3 期。

为突出。以 2020 年发表的妈祖信仰相关研究成果为例，除对传统的妈祖信仰的内涵、流布等继续深入探讨外，妈祖图像、妈祖塑像、妈祖音乐、妈祖文化产品设计、妈祖文化视觉元素、妈祖民俗体育项目等多元化的文化载体成为妈祖研究的新的重要切入点。如林丽芳、王敏结合妈祖文化传承的视野，将妈祖视觉元素同现代艺术设计相结合，进而通过妈祖文化丰富的外延，推动妈祖文化内涵的阐释，推动包括妈祖祭祀在内的民俗实践。① 此外，图像与塑像亦是对海神进行具象化的一种艺术承载形式和独特的有形无声的载体，如徐晓慧从"信俗—图像"的关系角度出发，对比北方地区与妈祖文化发源地福建地区的妈祖图像与塑像的异同，深入挖掘图像特点变异的表现与原因，阐释妈祖图像的母题元素和隐喻的信仰、民俗内涵，② 是民俗学、图像学与艺术学等多学科交叉研究的学术探索和实践。这种针对妈祖信仰物化载体的研究为妈祖信仰研究提供了新的思路和方法，有利于海洋民俗艺术的发展以及妈祖信俗实践的深入。

2. 海洋民俗产业发展迅速、发展空间扩大

"十三五"期间，海洋非物质文化遗产、海洋民俗旅游、民俗生态旅游等热点词汇在海洋民俗研究中高频出现，海洋民俗与产业相结合的特征越发明显。

上海社会科学院文学研究所毕旭玲指出："随着沿海各地经济的发展与民众信仰的需求，中国海神信仰活动逐渐壮大，并向产业化方向发展。"③ 她同时指出，在海神信仰产业的开发过程中要注意"第一创新产业开发的模式，第二深入发掘信仰资源，扩宽信仰产业开发的对象，第三健全和完善信仰产业的产业链"，具有极强的操作性。④ 同样，对于海洋民间文学的"资源"认识，谢秀琼认为"将渔故事的保护与开发融入日常生

① 林丽芳、王敏：《妈祖文化视觉元素在环境艺术设计中的运用研究》，《池州学院学报》2020 年第 6 期。

② 徐晓慧：《妈祖图像母题与北传嬗变研究》，《广西民族研究》2020 年第 2 期。

③ 毕旭玲：《中国海神信仰产业开发的历史与现实分析》，2016 年中国民俗学年会论文（电子版），未公开发表，南京，2016 年 11 月。

④ 毕旭玲：《中国海神信仰产业开发的历史与现实分析》，2016 年中国民俗学年会论文（电子版），未公开发表，南京，2016 年 11 月。

活、融入民俗表演、融入旅游文化等，是新语境下寻求传承的路径之一"①。刘英钟也将海南儋州调声视为海南民俗旅游资源的重要内容之一，并展开调研。②

此外，在海洋民俗与文化产业相结合方面取得的另一重要进展在于海洋文化资源价值与产业化开发条件评估指标体系的确立。③ 高乐华等提出的海洋文化资源价值判断评估指标体系④有利于促进海洋文化资源价值在市场中更加合理、高效地呈现。在其所建立的指标体系指导下，高乐华等抽取山东半岛蓝色经济区内的青岛、烟台、威海、日照、潍坊、滨州、东营等七市的共计49项海洋文化资源价值进行了评估⑤，在49项海洋文化资源中，分为"海洋景观资源""海洋民俗资源""海洋遗迹资源""海洋文艺资源""海洋科技资源""海洋娱教资源"6大类，其中海洋民俗占12项，占所有海洋文化资源的24.5%，在数量比例上高于各项海洋文化资源所占比例的平均值。具体海洋民俗资源可参考表2。⑥ 通过表2可以看出，虽然海洋民俗资源在整个海洋文化资源中占有较高比重，但在产业化开发条件综合评估中，12项海洋民俗资源，只有即墨田横祭海节、日照渔民节、荣城海草房民居建筑技艺三项排名较为靠前，而其他9项排名都比较

① 谢秀琼：《浙东渔故事的民俗文化特征与保护利用》，2016年中国民俗学年会论文（电子版），南京，2016年11月。

② 刘英钟：《海南儋州调声民俗保护与民俗旅游开发调研》，2016年中国民俗学年会论文（电子版），未公开发表，南京，2016年11月。

③ 高乐华、刘洋：《基于BP神经网络的海洋文化资源价值及产业化开发条件评估——以山东半岛蓝色经济区为例》，《理论学刊》2017年9月。

④ 该评估体系中，将海洋文化资源价值判断指标设定为海洋文化资源的观赏价值（权重0.24）、教育价值（权重0.28）、体验价值（权重0.26）、服务价值（权重0.22）4个方面，其中每个方面又分别设立3项衡量指标进行评估。对海洋文化资源产业化开发条件进行评估时，设定资源条件（权重0.27）、市场条件（0.33）、区域条件（权重0.29）、效用潜力（权重0.11）四个指标。

⑤ 蓝色经济区7地市已开发和未开发的海洋文化资源（包括非物质海洋文化资源）共计1255项，其中，海洋景观类资源109项，海洋文艺类187项，海洋民俗类179项，海洋遗迹类360项，海洋娱教类298项，海洋科技类122项。从1255项海洋文化资源随机抽取49项来分析。

⑥ 根据高乐华、刘洋《基于BP神经网络的海洋文化资源价值及产业化开发条件评估》（《理论学刊》，2017年第5期）表3"蓝色经济区49项海洋文化资源价值和产业化开发条件评估结果"制作而成。

靠后。所以如何进一步拓展海洋民俗产业的发展空间是一个重要课题。

表 2　山东半岛蓝色经济区七地市海洋民俗资源明细及综合评估排名列表

地市	海洋文化资源数量	海洋民俗资源数目	海洋民俗资源名目	海洋民俗资源综合条件评估排名
青岛	7	2	即墨金口天后宫	4/7
			即墨田横祭海节	2/7
烟台	7	2	毓璜顶庙会	5/7
			长岛海洋渔号	7/7
威海	7	2	荣成海草房民居建筑技艺	3/7
			荣成海参传统加工技艺	5/7
日照	7	2	踩高跷推虾皮技艺	6/7
			日照渔民节	2/7
潍坊	7	2	寿光卤水制盐技艺	4/7
			羊口开海节	6/7
滨州	7	2	碣石山古庙会	6/7
			百万公亩盐田	4/7（并列）
东营	7	0		

3. 海洋民俗研究的跨学科特征明显

海洋民俗的跨学科研究在这五年内呈明显增多趋势。

首先，海洋民俗与历史学的结合，如鲁西奇在《汉唐时期王朝国家的海神祭祀》的文章中，大量利用《史记·封禅书》《周礼正义》《礼记》《汉书》《秦汉国家祭祀史稿》《后汉书》《册府元龟》《太平御览》等历史古籍和文献资料。

其次，海洋民俗与社会学的结合，主要探讨海洋民俗与海洋社会可持续发展之间的互动关系。海洋民俗文化产业的集聚发展促进了海洋经济的繁荣，但也在一定程度上带来了海洋生态环境的污染与破坏。研究海洋民俗文化产业集聚与生态系统之间的互动关系，是对海洋民俗文化产业集聚发展提升和产业结构优化发展的有益探讨，对我国海洋社会经济的转型升级具有重要的社会意义。

最后，海洋民俗与非物质文化遗产、海外移民研究相结合的课题也受到关注。

4. 海洋民俗发展的数字化、文化创意产业化趋势加强

数字化是一种通过采集信息，运用数字化编码、抽象、扩散等科技手段实现信息传播的过程。在互联网和大数据时代，运用数字化技术，海洋民俗等文化内容便可通过网络化和智能化的多种途径进行有效传播，各具特色的海洋民俗既可以通过移动图书馆、电子书等以文字、图片等形式进行静态展现，也可以通过音频、视频、互动交流等多种形式进行动态展示。数字化技术具有传播速度快、范围广、方式多元和形式多样等优势，因此，推进民俗文化资源数字化，将特色海洋民俗文化融入互联网、智能手机和数字电视中，能够有效扩大受众群体，打破时间和空间限制，促进海洋民俗的传播、传承和保护。

如 2018 年青岛的中国田横祭海节于 3 月 16 日在田横岛省级旅游度假区周戈庄村开幕，青岛新闻网对祭海盛典进行了全程图文与视频直播，度假区还充分利用网络电商平台，大力推进"互联网+""旅游+"及"共享"的发展模式。2019 中国·北部湾开海节则于 2019 年 8 月 16 日在广西防城港市举办，人民网广西频道对开海节进行了图文、微博直播，引起线上网友的大量转载和互动。构建海洋民俗文化数据库也是一种新的趋势，在全面收集包括海洋生产习俗、生活习俗、海洋信仰和海洋民间工艺等内容在内的海洋民俗文化资源的基础上，可以利用图片、文字、音频、视频等多种形式，构建具有海洋民俗特色的全文数据库，以此进一步提升海洋文化软实力。以学者建构的舟山群岛海洋民俗文化数据库所涵盖的内容（表 3）为例，通过海洋民俗文化与互联网、多媒体等数字化现代科技的结合，海洋民俗文化得到了全方位的展示。除了以"大数据"的形式构建海洋民俗数据库外，海洋民俗虚拟体验项目和海洋文化旅游智能产品也快速发展，海洋旅游文化产品的设计与互联网大数据结合，大力开发其智能性与交互性。

表 3 　　　　　　　　舟山群岛海洋民俗文化数据库的核心内容①

	海洋生产民俗	渔船的分类及制造
舟山群岛海洋文化数据库		渔具生产及其俗称
		海洋捕捞作业习俗
		盐业生产习俗
	海洋信仰	龙王信仰
		妈祖信仰
		观世音信仰
		渔业神信仰
	海岛竞技	海水泅渡接力
		沙滩排球
		织网
		滩涂泥滑
	生活习俗	衣饰习俗
		饮食习俗
		居住习俗
		时令习俗
		婚丧习俗
	民间艺术	舟山渔民号子
		舟山锣鼓
		舟山剪纸
		舟山渔民画
		翁州走书
		跳蚤舞
	海洋旅游	海钓
		渔俗真人体验

　　另外，海洋民俗文化创意产业在这五年也取得快速发展。据自然资源部海洋战略规划与经济司发布的《2018 年中国海洋经济统计公报》的初步

---

　　① 唐海萍：《舟山群岛海洋民俗文化遗产特色库建设与研究》，《浙江海洋大学学报》（人文科学版）2018 年第 3 期。

核算，2018 年全国海洋经济生产总值 83415 亿元，其中第三产业增加值 48916 亿元，占海洋生产总值的 58.6%。海洋第三产业成为海洋经济发展的重要力量，而海洋文创产业的发展就是近年来出现的新趋势。随着文化创意产业的日渐兴起和各种文创产品的日益流行，民间信仰等民俗文化与文化创意产业的结合也成为一种趋势。民俗文化和民间信仰的加入为文化创意产业和文化创意产品增加了影响力和吸引力，而各类民俗文化又因为文创产品的经济收益而获得更好的保护和传承。海洋民俗文创产品不仅融入了海洋文化的精神和内涵，还具有生活化、实用性等特点，开始得到更多人的关注。

2018 年，首届《中国涉海博物馆文创品联展》的开幕式在深圳举行，同时 2019 年国际海洋文创产品设计大赛也正式启动，展览汇聚了来自多地涉海博物馆的代表性文创精品和文创机构的作品展示，例如基于海图元素制作笔记本、团扇等日用品和海上丝路大航海桌游棋等大型文创游戏。此外，2018 年首届"妈祖文创奖"、首届舟山市海洋文化衍生品暨"舟山心意"旅游商品设计制作大赛等海洋民俗文创比赛也纷纷亮相。台湾大甲镇澜宫的文创商品种类多、实用性强、与民俗信仰结合密切，是海洋民俗文创产业的经典案例，包括各式各样的衣服、帽子、背包等穿戴商品，以及桌上摆设、吊饰、行动电源、抱枕、保温杯等使用性商品。① 2019 中国田横祭海节拉长祭海文化产业链，融入乡村振兴农村产业招商、蓝色海洋文化产业等新元素，设计出以田横文蛤形象为原型的吉祥物——"海娃贝贝"和卡通化的螃蟹、鱼、虾等五福吉祥物。在祭海节上还首发了凝聚非遗文化符号的"2019 中国田横祭海节邮票"。在其他文化创意产业中，海洋民俗文化也得到了运用和展现，例如有学者研究在《仙剑奇侠传》系列游戏中指出，中华海洋文化的应用从叙事到视觉呈现都在不断创新，对蓬莱神话、海洋神灵的创造性重塑和对沿海城镇、沿海民俗的再现都巧妙展现了海洋信仰、海洋民俗、海洋社会等海洋文化的形态特征，推动了中华

---

① 黄诗娴：《台湾民间信仰的文化创意实践——台中大甲镇澜宫妈祖个案研究》，《中国文化产业评论》2018 年第 1 期。

海洋文化审美活动和海洋民俗的传承与发展。①

5. 海洋民俗发展创新势头强劲

2016 年，海洋民俗研究与非物质文化遗产紧密结合，"海洋非物质文化遗产"概念被提出。刘家沂在《海洋文化遗产资源产业化开发策略研究》中提出了"海洋非物质文化遗产产业化"的设想，中国海洋大学崔凤教授的研究团队对"海洋非物质文化遗产"的概念、分类等基本理论的研究都体现了学科创新意识。

从发展区域上看，一直以来，我国海洋民俗研究所涉及的区域自北向南主要集中在环渤海地区、江浙沿海、闽台地区、珠江三角洲等地。相较于上述沿海区域，广西北部湾地处祖国边陲，经济发展相对滞后，文化传统也较少受到中原因素的影响，其丰富又独具特色的海洋民俗很长一段时间都没有被外界所关注。然而，随着北部湾经济区和中国—东盟自由贸易区建设的推进，北部湾地区逐渐成为受关注的热点地区。在《北部湾城市群发展规划》（2017—2020）中提出要研究建设北部湾 21 世纪海上丝绸之路博物馆、中国—东盟文化产业基地等。挖掘"南海Ⅰ号"品牌价值，弘扬北部湾海洋历史文化。具有鲜明海洋性、民族性（京族）、跨国性特征的北部湾地区民俗成为 2017 年海洋民俗发展中的新秀。

广西北部湾地区拥有风格独特的海洋渔业生产习俗、海味十足的渔民生活习俗、隆重热闹的海洋节庆活动以及神秘复杂的海神信仰与海神祭祀，都将为海洋民俗研究提供了新的田野调查地，并不断拓展着海洋民俗的研究领域。尤其是位于北部湾的京族海洋民俗研究对拓展区域民俗研究、丰富海洋文化内容具有重要意义。长期以来，对京族的研究难以突破史料的限制，带有少数民族特色又极具南海海洋文化特色的海洋民俗发展也受到制约。而今，北部湾经济区的开放性发展，将京族的海洋民俗发展也推向一个新的阶段。据统计，2017 年，经北部湾东兴口岸出入境人员

---

① 管雪莲、张兆卉：《中华海洋文化在国产 RPG 类游戏中的应用——以〈仙剑奇侠传〉系列游戏为例》，《集美大学学报》（哲学社会科学版）2018 年第 3 期。

就达千万人次，①频繁的人员流动也将推动区域文化的传播。京族海洋民俗研究视野不能只停留在国内和囿于"京族三岛"这几个渔村，而应有跨界民族比较研究的意识，既立足国内又放眼国外，以敏锐的学术眼光穿透中越两国的国家疆界壁垒，将北部湾地区视为一个空间整体，对地理上同处一个区域但领土归属上分属两个国家的京族海洋民俗文化进行比较研究，使二者之间相互参照、相得益彰。②因此，北部湾地区的京族海洋民俗拥有我国其他区域海洋民俗所不能具有的天然区位优势，也形成了集海洋性、民族性、跨国性于一体的特征。故深入挖掘和阐释北部湾地区的海洋民俗，对丰富我国海洋民俗具有重要价值。

6. 海洋民俗发展呈现国际化趋势

海洋民俗发展的国际化，首先体现在中国海洋民俗的海外传播从未停止步伐，最具代表性的是遍布世界不同国家与地区的妈祖信仰。2018年，第三届世界妈祖文化论坛在配套举办的6个平行论坛中，首设"妈祖文化与海外媒体"平行论坛，吸引了来自21个国家和地区的30多家海外媒体，论坛还正式启动"妈祖文化海外发布平台"，同时也继续开展"天下妈祖回娘家"和"妈祖下南洋·重走海丝路"等民俗活动。在地域方面，海洋民俗文化海外传播的研究也继续扩展与深入，学者们从民俗学、社会学、历史学、宗教学和人类学等学科领域，对不同国家和地区的海洋民俗文化展开深入田野调查与实证研究，其中，对琉球、日本及东南亚诸国的妈祖文化传播研究尤为典型。妈祖等海神信仰在这些国家广泛传播的同时，也显现出有别于中国本土的"本土化"现象，是多元文化相互影响、相互融合的过程。总之，在建设"21世纪海上丝绸之路"的背景下，海洋民俗作为海洋文化的重要组成部分，既是国家文化"走出去"战略的内容之一，也是加强民间文化交流、促进海洋文化交融的重要纽带。海洋民俗的国际化的进一步发展值得期待。

---

① 《坚定不移将北部湾经济区作为广西开放发展优先方向着力建成落实"三大定位""五个扎实"核心示范区》，《广西日报》2018年04月13日 http://www.wzljl.cn/content/2018-04/13/content_307800.htm。

② 黄安辉：《北部湾地区中越京族海洋民俗研究的价值及对策探析》，《钦州学院学报》2017年第11期。

（二）海洋民俗研究与发展存在的问题

1. 基础理论研究不足，问题意识缺乏连贯性

当前对于海洋民俗的研究，大多是史料搜集，或是特定区域的、特定类别的研究，偏重于微观研究和现象研究，有的甚至是重复性研究，尽管成果丰硕，但对海洋民俗相关理论的阐述不够深入，从而影响了海洋民俗意识、观念的形成以及对学术的理论引领，也缺乏与相关领域的交叉渗透。在学科建构方面，"海洋民俗学科"虽然已经被提出，但对学科内涵的探讨还不够深入，急需系统的理论支撑和理论创新，并形成一个完整的体系和相对统一的研究范式。然而这种学科的整体观在海洋民俗研究和发展中体现得还不够充分。

此外，基于翔实田野调查的海洋民俗研究正在走向精细化和个性化的个案研究时代。[1] 但强调对特定地域的研究，重视个案的典型性或代表性的"深描"，又带来缺少普遍性的不足。从2020年的代表性研究成果中可以看出，研究的区域多以"渔村"为界，较少涉及整体区域性的概括，当然这与民俗的地域性特征有一定关系。但这也将使海洋民俗研究个案研究陷入理论准备不足的困境，对民俗个案的田野研究，需要摆脱微观场景的限制，去实现以小见大的理论追求，"从个案研究本身的独特逻辑来思考这个问题，特别是注重理论的角色。扩展个案方法则在分析性概括的基础上再向前推进一步：跳出个别个案本身，走向宏大场景"。[2] 总之，面对不同特色的村落，实证研究并非研究的终点，民俗田野研究也绝不能止步于提供个案的典型性或是代表性，而应该去尽力追求理论所具有的建构性意义，以及建立具有现实借鉴或实践意义的普遍性与借鉴性。[3] 这也要求海洋民俗研究不能仅仅限于一隅的村落，不能拘囿于行政区域划分，而应该更自觉地从文化本位出发，以文化区域为单位进行研究。如此，才可保证

---

① 黄永林：《构建中国民俗学"田野学派"的思考》，《民俗研究》2020年第6期。

② 卢晖临、李雪：《如何走出个案———从个案研究到扩展个案研究》，《中国社会科学》2007年第1期。

③ 参见刘铁梁等《"礼俗传统与中国社会建构"笔谈》，《民俗研究》2020年第6期。

研究成果具有借鉴性意义。尤其在目前城乡融合发展的社会现实下，海洋民俗研究更应深入探讨渔村之间的关联性和相似性，进行区域性的整体研究，从而为乡村振兴战略下如何更好地推进渔村经济转型与发展提供具有参考价值的成果。

近年来的"实践民俗学"理论在研究对象上强调普通老百姓是生活实践的主体，民众与学者具有同样的"主体性"位置。① 然而从 2016—2020 年公开发表的海洋民俗研究成果来看，大多数有关海洋民俗的研究更多停留在对海洋民俗事象本身的记录、描述，阐释与分析，而忽视了"民"才是"俗"的真正拥有者，拥有对"俗"无可置疑的言说权利。倘若忽略"民"的"主体性"，则可能出现一些想当然的理解和误读，难以更加准确、精准地对民众文化进行阐述。这些问题都影响到海洋民俗基本理论的建构。

此外，问题意识和相关活动缺乏连贯性。比如 2015 年华东师范大学曾依托国家项目举办"海洋民俗文化研究"暑期学校，共有来自国内 20 多所高校和研究机构的 40 余名同学参加，对于海洋民俗、海洋文化基本学理的讨论比较深入，反响较好。但很遗憾，课题结项之后暑期学校也无下文。

2. 海洋民俗研究重史轻今、重应用轻理论现象仍然存在

海洋民俗作为海洋文化的有机组成部分，是最具标志性的文化符号之一。透过对海洋民俗的研究，有助于我们阐释和丰富海洋文化的内涵，全面而深刻地审视海洋民俗所蕴含的历史信息，进而丰富渔民的海洋实践和日常生活，保护和传承海洋文化遗产。但从近五年公开发表的海洋民俗研究成果来看，大多数有关海洋民俗的研究停留在对传统民俗的挖掘、记录和描述等层面，更多地将海洋民俗作为历史的遗留物来进行研究分析，而遗忘了海洋民俗实际上是渔民在日常生活中创造的文化，海洋民俗与现代发展在民间社会是可以并行不悖的，进而忽视了海洋民俗满足普通百姓多方面、多样性的世俗愿望，忽视了海洋民俗的"活态遗产"，忽视了对当代渔民日常社会生活进行解释、服务的能动性。当前海洋民俗研究成果在

---

① 黄永林：《构建中国民俗学"田野学派"的思考》，《民俗研究》2020 年第 6 期。

取自于日常社会的同时，还缺乏指导、改善社会生活的实践过程。如果只偏向于对传统海洋民俗的挖掘和开发，而缺乏对民俗的现代运用进行反思、调整、选择和再造实践思考，既不利于传统民俗文化的再生产和当代发展，也不利于海洋民俗的多样性、深层次、本真性保护，以及其研究范围的扩张。对海洋民俗的研究，应在挖掘和阐释民俗现象的同时，关注当代渔民的渔业生产实践和日常社会生活，做到取之于民、用之于民。

3. 各沿海区域对海洋民俗的挖掘仍然不平衡

总体而言，我国海洋民俗的区域发展成效值得称道，尤其自 2016 年以来，国家高度重视弘扬优秀传统文化，加之海洋强国战略的背景，各沿海区域都对各自的海洋民俗文化进行了挖掘和开发，系统规范的海洋民俗调查也广泛开展。但同时也存在区域发展不平衡的问题。从 2017 年的发展态势来看，胶东半岛、江浙沿海、珠江三角洲、闽台地区的海洋民俗的挖掘做得较好，其重点在于开发利用和传承保护，在开发利用过程中，也已经从简单的观赏发展至以人文体验为主的模式，对海洋民俗的保护、利用和传承不断进步。但北部湾及海南部分地区的海洋民俗研究和发展，仍处于新兴阶段，祭海及海神信仰属于发展最好的民俗事象，《更路簿》因为被列入非物质文化遗产保护名录也获得了极大关注，但除此之外的民俗事象还有很大的发展空间。

地域性是海洋民俗文化的显著特征之一，不同区域的海洋民俗特色是其他区域所难以涵盖和替代的。因此，充分调动各区域挖掘各自海洋民俗的积极性对于丰富我国海洋民俗的内容非常重要。也只有在各个区域的海洋民俗获得充分发展以后，才能对我国海洋民俗的整体图景进行描绘和分析。

四　海洋民俗发展的建议

（一）坚持以国家重大战略和政策为导向

近年来，随着共建"一带一路"倡议、构建"人类命运共同体""加快建设海洋强国"等理念和战略的不断推进,"海洋命运共同体""乡村振兴战略"也成为学者关注的热点。海洋民俗的发掘与研究受到各级地方政府与教育机构的重视,并取得了重要成果。如 2020 年在莆田举办了主题为"妈祖文化与人类命运共同体构建"的妈祖论坛,探讨妈祖文化如何为构建人类命运共同体提供深厚历史底蕴,以及如何实现妈祖文化在构建人类命运共同体进程中的当代转化。同时更有学者从乡村民俗文化发展现状入手,探究乡村振兴战略背景下农村传统民俗文化的传承与创新面临的新机遇和新挑战,以及如何通过创造性应用助力乡村振兴,推动社会治理等。

国家战略和政策的导向使海洋民俗研究迎来了难得的重要机遇期,中国海洋民俗研究应继续在"一带一路""人类命运共同体""海洋强国战略""海洋命运共同体"、乡村振兴战略的背景下,探讨海洋民俗如何为推进国家战略提供内生动力,如何为乡村振兴提供内生动力,如何更快更好地推动海洋文化资源的继承性发展、创造性转化。

(二)加强海洋民俗发展与区域社会治理的联动

当下海洋民俗在乡村治理中的参与度不断提高,在渔村振兴中的作用日趋显现。应当在更宏大的中国乡村振兴战略和乡村发展背景下,努力实现"四个同构",即民众主体与学者主体同构、人文田野与理性研究同构、民间礼俗与国家治理同构,以及民间记忆与国家历史同构。

民众主体与学者主体的同构,主要强调"民众在场",即民众和学者具有同样的"主体性"位置,避免在当代民间文化资源化和遗产化建构的协商和博弈中,出现文化主体失语现象,影响了文化的自然发展;人文田野与理性研究同构,则强调海洋民俗研究应理论与实践相结合,既需要深入的理论研究,更需要扎实而有温度的田野做支撑;民间礼俗与国家治理同构则是要求当代的海洋民俗研究者深入海岛和渔村,服务当今国家乡村振兴战略需求,挖掘渔村文化价值,为乡村文明建设和经济发展贡献学术智慧。更长远来说,则是从对乡村文化的调研中,总结传统乡村治理的经验和规律,为建构现代乡村治理提供依据与启迪;民间记忆与国家历史同构,则要求研究者去认识民间记忆对于还原中国历史真实的价值,在民间集体（个体）记忆与国家官方历史书写的互补与互构中，还原国家历史的本来面貌。

（三）充分调动多主体力量，共同参与海洋民俗发展实践

经过多年的持续建设，已基本形成了以山东、河北、浙江、福建、海南、广东、广西、台湾的相关高校或研究机构为代表的海洋民俗学术共同体。中国海洋大学、鲁东大学等围绕山东半岛进行海洋民俗研究，华东师范大学、上海海洋大学、浙江海洋大学围绕东海进行海洋民俗研究，厦门大学、福建师范大学、海南热带海洋学院、海南大学、广东海洋大学等围绕台海和南海进行海洋民俗研究，各具特色。这样做的好处是可以集中区域优势资源促进海洋民俗发展。但随着区域研究的深入，拓宽视野并进行系统性研究将推动海洋民俗影响力进一步扩大。所以，今后各学术共同体应加强交流互动、协同创新，突破地域限制，提供更多新的思路和方法。

除学术研究外，在推动海洋民俗的发展中，也应充分调动政府、市场、社区（会）等主体发挥作用。首先，政府科学的规划与资助，能为海洋民俗的发展指明方向并提供强有力的支持。2017 年北部湾区域的海洋民俗发展的推力之一就是当地规划中提出的"弘扬北部湾海洋历史文化"。其次，将海洋民俗与地方产业和区域经济发展有机结合，利用市场激发海洋民俗的活力是保证可持续发展的重要途径。海洋民俗所包含的祭海仪式、海神信仰、生产习俗、生活习俗等大部分都已经成为"遗产"，对"遗产"的保护，过去很长一段时间，我们更多强调"原生态""原汁原味"。伴随着海洋实践的推移，海洋民俗必然也要不断更新。应当让一部分"遗产"继续"活"下去，成为一种"活态遗产"与村镇、社区相伴共生，甚至继续为区域发展发挥作用，让当地渔民继续感受到海洋民俗的存在和活力。比如山东蓬莱长岛的"木帆船"，虽然已经失去了实用价值，但作为凝聚渔业生产智慧的制造技艺却可以通过工艺品的"木帆船"继续保留下来。祭海仪式，则被各地政府与社会通过规划、组织等发展出了一批海洋节庆活动，如田横祭海节、妈祖文化节、潭门开渔节等。将海洋民俗与节庆、旅游、体验等相结合的产业群发展模式是未来海洋民俗发展的

重要出路之一。再次，要建立社区发展与地方高校协同发展的新机制，用研究推动发展，用发展丰富研究。比如，在海南地方高校尤其是琼海高校相关研究人员就曾积极参与收集整理潭门老船长口述的海洋民俗文化资料，为潭门海洋民俗文化陈列、展演建言献策。其他很多地方也都在探索建立产学研基地、传习所等，采取不同形式将高校研究与社区发展结合起来。

（四）避免"建设性破坏"与"发展性破坏"

目前沿海大部分渔村都面临着"就地城镇化"，村落的基础设施发生了重大变化。在建设过程中一是应尽量避免"建设性破坏"，避免对历史遗址的破坏。我们在调查中发现，胶东半岛的妈祖庙、龙王庙就曾因为渔村迁址或建设的需要而遭到破坏的情况。二是要避免"发展性破坏"，文化产业开发逐渐由低端的渔家宴等 2.0 模式向体验式、观赏性等 4.0 模式乃至智慧 5.0 模式转化，在这个过程中诸多要素被吸收进来，对海洋民俗的原生态带来很大冲击，如何有机结合，是未来发展中不可忽视的问题。海南省全年节庆就达 100 多个，带来的收入约占海南旅游总收入的 30%。如何将具有地域特色的海洋文化与休闲旅游结合起来，综合利用南海国家博物馆、海洋类博物馆的展演或者举办更多丰富的海洋民俗文化活动，对动态传承海洋民俗文化和促进区域特色海洋民俗文化的可持续发展具有重要意义。

（五）重视并处理好两组关系

应重视并处理好海洋民俗自身发展与区域文化生态保护与发展的关系、"海上丝绸之路"与海洋民俗文化的关系。

第一组关系的核心在于明确"民俗+"的文化与产业生态体系是海洋民俗转化的路径。在文化产业迅速发展的今天，"文化+"越丰富、越深入、越广泛，经济越强劲、越发达、越繁荣，也就能够为海洋民俗资源产业化发展提供更多新思路。但在挖掘过程中，如何既保护好海洋民俗的内核，做好文化事业，又找到可以带动区域经济发展的文化产业发展模式，这是各级政府及相关研究机构面临的课题。在这方面，舟山市的"淘文化"产业发展是一个成功的案例①，通过淘文化产业平台为文化企业重点打造文化产业发展五大服务板块，实现了文化事业和文化产业的双轮驱动，与当下所提倡的"文化生态区"建设思路不谋而合。

第二组关系的重点是加强海上丝绸之路沿线国家海洋民俗文化沟通和交流互鉴。为促进共同发展、实现共同繁荣，习近平主席提出共建21世纪海上丝绸之路的合作倡议②，其合作的基础便是各国之间相互理解、相互尊重、相互信任，民心相通成为21世纪海上丝绸之路建设的核心。沿线国家依海而兴，渡海结缘，文化交流成为增进各国间相互理解和信任的有效途径。在海洋发展的过程中，妈祖文化等海洋民俗文化随着海上贸易和文化交流逐步迁移，传播到邻近沿海国家，反过来又成为强化海洋贸易合作的文化纽带，推动沿线国家海洋民俗文化的沟通交流将成为海上丝绸之路建设的重要动力。首先，应加强政策沟通和国际合作，注重对海洋民俗文化的保护和开发，对国内及海上丝绸之路沿线国家、地区有关历史文献、史料、建筑等实施重点保护，并利用现代科学技术保留和传承海洋民俗文化中的传统技艺，运用产业化的形式支撑海洋民俗文化的保护和传承，打造海洋民俗文化优秀品牌形象；其次，以海洋民俗文化共识为主要推手，结合海洋民俗文化特色和习俗，与沿线国家一起策划举办相关的文化活动，增加海洋民俗文化的交流和相互了解，讲好中国海洋民俗故事，展示我国海洋民俗的深厚底蕴；再次，将海洋民俗文化精神与公益、慈善事业相结合，通过弘扬我国和谐、慈善海洋民俗文化的形象，展现海洋民俗文化的魅力，增进我国与海上丝绸之路沿线国家人民之间的友谊。

---

① 舟山特色海洋文化 助推新区发展华彩篇章，2016 年 6 月 14 日，http：//www. wenming. cn/syjj/dfcz/zj/201606/t20160614_ 3440745. shtml。

② 《习近平在印度尼西亚国会的演讲（全文）》，中华人民共和国中央人民政府网，2013 年 10 月 3 日，http：//www. gov. cn/ldhd/2013-10/03/content_ 2500118. htm

（六）加强海洋民俗文化的传播，增强海洋文化软实力

随着"文化自觉"意识及文化自信心的增强，树立良好的文化形象是未来的大趋势。与构建海洋命运共同体、推进海洋强国战略紧密相连的海洋文化和海洋民俗在其中的分量会逐渐增强。海洋民俗领域的著述、文学艺术、影视动漫的中外互译和引介，既可以促进我国海洋民俗文化对外传播，也可以在丰富国人的文化生活的同时为比较研究提供参考。

与其他海洋文化元素一样，海洋民俗的发展还要关注媒体、网络、信息、大数据等带来的影响，借助信息技术建立数据库，利用数字技术促进海洋民俗发展。同时，海洋民俗的研究也要不断更新研究问题和研究视角，如超越单项的民俗解释，探讨文化的内在逻辑；超越传统的历时研究，关注文化空间；超越民俗的功能研究，深入剖析文化的结构。

中国海洋文学研究与发展

蔡天相　陈琳琳

海洋文学以海洋为背景和舞台，或以海洋为描写和叙述对象，或是反映人与海洋的关系。海洋文学中往往包含海洋空间、海洋社会、人与海洋的互动、海洋意象、海洋精神等。同时，海洋文学是海洋文化的重要组成部分，具备文学和海洋文化的双重属性。"十三五"海洋文学创作和海洋文学研究呈现两旺态势。2016 年 3 月，国家海洋局与教育部、文化部、国家新闻出版广电总局、国家文物局联合印发《提升海洋强国软实力——全民海洋意识宣传教育和文化建设"十三五"规划》（以下简称《规划》）。《规划》提出，到 2020 年我国将初步建成全方位、多层次、宽领域的全民海洋意识宣传教育和文化建设体系。海洋文学在提升全民海洋意识，涵养青少年海洋情怀，塑造国人海洋精神的过程中发挥着不可或缺的重要作用。

一　中国海洋文学作品出版情况

这一时期海洋文学作品的出版呈井喷之势，不仅数量多，且小说、诗歌、散文等各种文体皆有涉及。其中儿童文学类占有很大比重（包括散文、小说、绘本等诸多形式），如：崔钟雷《飞越彩虹门的小海豚》、陆杨《阿尔法 R 星的蓝色海洋》、超侠《奇奇怪史前海洋大冒险》、贾月珍《小豆芽的海洋假期》，杨杨《回到远古海洋》《穿越白垩纪的海洋》、黄秀秀

《浙东海洋儿歌童谣赏析》，钟林娇编、朱士芳绘《哪吒闹海》，项太阳著、夏果皮绘《海洋学校》系列，苏梅著、安旭绘《海洋音乐会》，赵长发《我们的家园·寻找失落的海洋》《海洋精灵王国》等系列海洋童话，凯叔《神奇图书馆：海洋 X 计划》系列海洋科普儿童故事，英子《唤醒神秘海洋》（追风少年梦）等。

此外，包含各种文体的作品集及文集（含故事集、游记、报告文学等多种形式）有：姚国军《海天抒怀：广东海洋大学本科生海洋文学作品集》、张善民《海洋文学》（该书为中远海运集团 2018 年度职工文学作品集，分为散文、诗歌、小说三卷）、盖广生总主编《中国海洋故事》丛书（包括《海战卷》①《人物卷》②《民俗卷》③《神话卷》④《传说卷》⑤《航海卷》⑥ 六部），黄清春《四海龙王》（中国海洋神话故事读本），陈橙、刘娇、赵雪静编译《中国海洋神话故事：汉英对照》、廖鸿基《鲸生鲸世》《讨海人》《后鲸山书》（台湾地区作家廖鸿基海洋三部曲的大陆再版）、王寿林《迷海情趣》、梁二平主编《海洋随笔十二家》、李双丽《生命的四分之三是海洋》、罗敏《海洋之上》、许晨《第四极——中国"蛟龙"号挑战深海》、许晨《一个男人的海洋：中国船长郭川的航海故事》、武鹏程主编《世界著名的 100 个海洋神话传说》。诗集有：洪三泰《大海洋》（丝路筑梦诗丛）。小说有：庄杰孝《海盗》《海盗的女人》《远征太平洋》《征战大西洋》《漂海女》《女海盗》《苦雪》、薛晓路《海洋天堂》、灰狐《固体海洋》、韩松《红色海洋》、姚瑶《来自海洋的你》等。

值得注意的是，盖广生总主编《中国海洋故事》丛书各卷选取具有代表性的海洋人、事、物等，较为全面地涉及了我国的各类海洋故事；黄清春《四海龙王》以图文并茂的神话绘本故事形式，挖掘和弘扬了我国传统海洋文化；陈橙、刘娇、赵雪静编译的《中国海洋神话故事：汉英对照》

① 杨立敏：《中国海洋故事·海战卷》，中国海洋大学出版社 2019 年版。
② 刘文菁：《中国海洋故事·人物卷》，中国海洋大学出版社 2019 年版。
③ 刘怀荣：《中国海洋故事·民俗卷》，中国海洋大学出版社 2019 年版。
④ 张华：《中国海洋故事·神话卷》，中国海洋大学出版社 2019 年版。
⑤ 李夕聪：《中国海洋故事·传说卷》，中国海洋大学出版社 2019 年版。
⑥ 宋殿玉：《中国海洋故事·航海港》，中国海洋大学出版社 2019 年版。

在搜集大量神话故事资料的基础上重新撰写了故事，其汉英对照的形式，也有利于中国海洋故事的对外传播；洪三泰《大海洋》展现了中国自古至今的具有影响力的海洋事件，并从"21世纪海上丝绸之路"切入，描述了我国海洋发展的现状，与现实联系十分紧密。

总体而言，这一时期出版的海洋文学作品在文体上可以说是诸体兼备，但仍以小说为主；而从目标受众上来看，儿童文学也占有相当的比重，接近海洋文学出版物的一半，且多以系列的形式出现。我国海洋文学的发展呈现繁荣景象。

二 中国海洋文学研究情况

这一时期出版的海洋文学研究专著数量较多。研究对象就中国文学而言，古代与现当代的海洋文学研究均有包含，其中以古代海洋文学为主要研究对象的有：张如安《沧海寄情：话说浙江海洋文学》、倪浓水《中国海洋文学十六讲》、滕新贤《沧海钩沉：中国古代海洋文学研究》、李松岳《中国古代海洋小说史论稿》。而以中国现当代海洋文学为主要研究对象的则有：王爱红《生命叙事的三重奏：中国新文学中的乡土、海洋及女性书写研究》、张德明《湛江海洋文学》、陈绪石《海洋文化精神视角下的徐訏研究》。另外还有一些相关研究中涉及我国海洋文学的专著，如《中国海洋文化》编委会编《中国海洋文化丛书》、曲金良《中国海洋文化遗产保护研究》中关于海洋文化的论述中对中国海洋文学多有分析论述。

上述著作多在开篇就海洋文学的定义、中国海洋文化、海洋文学的地位及相关争议等问题进行了探讨。这实际上是继承了自20世纪末以来中国海洋文学研究一贯的优良传统，即对海洋文学研究最重要的理论问题始终保持着关注。其中，滕新贤《沧海钩沉：中国古代海洋文学研究》可谓近年出版的最具有代表性的中国古代海洋文学史研究著作。该书在开篇的序言中就直面海洋文学的理论架构问题，并对我国海洋文学研究的现状做了评价。而正文则以纵向的年代线索从先秦至清代回顾了中国古代海洋文学的发展历程，以具有代表性的篇目为例结合当时的历史文化背景对各代的海洋文学进行了全面梳理并做了相应的评价，不仅各种文体均有涉及，对古人的海洋观也有分析介绍。是为数不多的对中国古代海洋文学做整体而系统研究的著作，体现出作者对于中国海洋文学的整体性把握。而李松岳《中国古代海洋小说史论稿》则是从先秦至清代，对中国古代海洋小说的发展脉络进行了系统梳理。其中举例分析的作品也不限于名家名篇，而是广泛地涉及大量的"一般化"甚至"平庸化"的作品，这与大多海洋文学研究著作的"名作展览场"形式相比，更动态、全面地展示各个时期海洋文学的风貌极其复杂曲折的发展历程。而且，作者根据自身的研究经验，对中国古代海洋文学的研究现状及存在的问题也进行了探讨，并针对中国古代海洋小说研究中存在的概念界定不明确、作品搜集不完备、对一般化的作品关注度不够等问题提出了非常有建设性的意见。王爱红《生命叙事的三重奏：中国新文学中的乡土、海洋及女性书写研究》中"中篇"部分"现代生命意识与崛起的海洋文学"从"海洋精神""海味小说与生命诗学""海洋的多元阐释与叙事功能""海洋传奇（以张炜笔下的"徐福东渡"传说为例）"的角度，选取了具有代表性的海洋小说、诗文、传奇，分析探讨了充满现代意识和浪漫主义精神的海洋文学的生命阐发和审美艺术，阐释了海洋对于人类生存发展的意义与价值取向，并由此提出构建开放、健康、和谐的人海关系，对相关研究具有一定的启发意义①。

　　相较于专著，"十三五"期间关于中国海洋文学研究的论文要多得多。按不同的研究侧重可以分为如下几个类别：首先是就"海洋文学"定义、范围等核心问题进行探讨的论文。如张平《从边缘到活力——中国古代海洋文学研究的拓新之路》，段波《"海洋文学"的概念及其美学特征》，吴欣欣《海洋文学中的"大海洋"科普理念——兼论霞子的海洋科普文学创作》，张炜《海洋——文学的八个关键词之四》，李清源《大陆命题下的海洋书写——中国古代"海洋文学"刍议》，毛明《论黑格尔海洋文明论对中国海洋文化和文学研究的影响》，石云霞《海洋文学：文字里的奇幻》，贾小瑞《被遮蔽的中国现代海洋文学初探》，盛晴《情、知、理：现当代

---

① 王爱红：《生命叙事的三重奏：中国新文学中的乡土、海洋及女性书写研究》，天津人民出版社 2019 年版，绪论第 9—13 页。

海洋文学抒写及其形态》，罗伟文《论现代性视阈下海洋文学的书写范式嬗变》等。其中，李清源《大陆命题下的海洋书写——中国古代"海洋文学"刍议》从中国古代海洋文学的历史渊源出发，分步探讨了海洋文学研究的源起、中国古代海洋文学研究现状、海洋文学理论的构建、价值与精神；张平《从边缘到活力——中国古代海洋文学研究的拓新之路》从地位动态发展的角度对中国古代海洋文学的独特性、亚形态以及文献整理等方面的研究进行了论述，并对研究方法提出了一些看法；毛明《论黑格尔海洋文明论对中国海洋文化和文学研究的影响》梳理了黑格尔《历史哲学》作为"大陆—海洋文明二元论"、中西方分属大陆—海洋文明论及海洋文明先进论的理论源头的源起及因翻译等问题而被误读的现象，并指出因对黑格尔海洋文明论的误读所产生的对中国海洋文学研究的深刻影响；盛晴《情、知、理：现当代海洋文学抒写及其形态》探讨了海洋文学概念及其源流，并在大量海洋文学文本的基础上，试图从情、知、理等不同向度来研究中国现当代海洋文学的抒写形态，从而展现和揭示出一个较为完整具体的中国现当代海洋文学总体面貌及基本特征①。这些论文对于中国海洋文学的基础理论的构建与研究都具有相当的建设性意义。相较于世纪初，这一时期对于海洋文学的定义、范围等核心问的题的探究已经不局限于西方文学的框架，而是立足于中国文学创作实际进行的分析总结，有着鲜明的中国特色。

除了主要就"海洋文学"概念问题探究的论文外，中国海洋文学研究相关成果按研究侧重还可分为以下几类：

具体时期或篇目（作品集）海洋文学研究。其中以古代海洋文学为研究对象的有：张世宏《中国第一部航海诗集〈鲸背吟集〉考论》，王红杏《宋代涉海韵文研究》，陈克标《从汉晋海洋文学作品看汉晋人海洋意识的转变》，廖芸《明代嘉靖年间抗倭诗研究》，刘怡《先秦文学作品中海洋意象的美学研究》，闫瑞、顾国华《论明代抗倭文学作品中的海洋意象——兼及"北虏南倭"意象之比较》，陈威俊《明清戏曲的海洋书写——以海

---

① 盛晴：《情、知、理：现当代海洋文学抒写及其形态》，硕士学位论文，山东大学，2017年，第1页。

洋政治为主线的考察》，孔令媛《中国古代海洋文学中的人海关系探究及现实启示》，程雁群《明代涉海小说研究》，蒋正一《浅析〈镜花缘〉中海洋文化的体现》，张慧琼《明代抗倭诗与中国诗学地图的拓展》，吴爱丽《海洋空间的文本建构——明清涉海小说的空间叙事研究》等。以现当代海洋文学为研究对象的有：彭松《1950—70 年代社会主义文学中的海洋书写》，刘栋《论中国当代海洋散文的发展性与特质》，贾小瑞《被遮蔽的中国现代海洋文学初探》，倪浓水《"海洋"：鲁迅〈补天〉中阐释"人和文学缘起"的核心符码》，李炳银《海洋里的人类风景——简评许晨长篇报告文学〈耕海探洋〉》等。

关于区域海洋文学研究。其中以古代海洋文学为研究对象的有：姜鹏《清代东海诗歌研究》，席妍《论中国古典文学中的台海风景书写及其审美特征》。以现当代海洋文学为研究对象的有：宋坚《论广西北部湾文学的区域特色和生态书写——北部湾海洋区域文学系列研究论文之二》《广西北部湾文学海洋书写面面观——北部湾海洋区域文学系列研究之四》《冯敏昌北部湾诗歌创作研究——北部湾海洋区域文学研究系列论文之五》《从〈西海斜阳〉看龙鸣的"家园意识"和"明乡人"情结——广西北部湾海洋区域文学系列研究论文之七》《宋代游宦诗人对广西北部湾沿海文化之促进及影响研究——以陶弼、苏轼等人为例——北部湾海洋区域文学研究系列论文之九》，贾小瑞《沧海浪尖上的风采——论 20 世纪山东海洋文学中的世俗硬汉》，尚光一《台湾文学中的华夏海洋文化寻踪——以林燿德〈希腊〉为例》，翁少娟《广西北部湾海洋性地域文化视阈下的文学书写——以当代广西北部湾沿海地区文学为例》，梁艳《海峡两岸生态文学中的"水书写"》，邓波《当代广西海洋文学的审美特点及其价值》，汪荣《两岸海洋科幻文学中的生态关怀——以陈楸帆〈荒潮〉与吴明益〈复眼人〉为例》，赵祺平《新时期海南海洋文学审美特征述略》，范英梅、黄磊《大连人的海洋书写及其传播中的育人作用研究》，陶兰、李永东《巴蜀迁台诗人与台湾地区当代海洋诗歌——以覃子豪、汪启疆为例》，卞梁、孙加冕《浸润与连结：台湾早期海洋文学中的文化意涵》。

关于作家研究。该类研究皆为现当代作家的研究，如：牛鲁平《作家的远航与深潜》，陈燕莺《郑愁予新诗中的海洋书写研究》，范英梅、黄磊

《论毛泽东诗词对中国海洋文学的新发展》，王秉钧《融入航海文化的寻根情结——江苏海洋文学作家许年强作品述评》，曹蓝月《廖鸿基"人与海洋"的主题研究》，童孟侯《纪念陆俊超船长》，陈育贤《汪启疆海洋诗意象研究》。

关于中外海洋文学比较研究的有谢梅、陈华《中西海洋神话的趋同性比较》，王理、赵颀《中外海洋文学传播流变比较与反思》，张磊《明清时期中国与英美海洋文学作品对比研究》，马平平《明清小说与英国近代小说海洋意象比较研究》等。

关于中国海洋文学作品的对外传播（翻译）等问题的研究的有杭建琴《中国文化"走出去"背景下的中国海洋文化传播——以海洋类题材文学作品英译为例》，杭建琴《基于适应选择论的中国海洋类文学作品"走出去"译介策略探究》等。

关于海洋文学教育研究的有姚国军《论海洋文学教育的体系设计》，沈庆会《海洋文化融入大学语文课程建设及教学实践》，郑晓静、王民生《海军高等院校海洋特色大学语文课程构建初探》，叶澜涛《我国海洋类高校海洋文学研究与教学融合探索》，李星、黄津沙《中日海洋文化交流视角下〈中日海洋文学赏析〉课程建设与实践》，范英梅《"课程思政"融入"海洋文学"课程教学的探索与实践》。

由海洋文学延伸至其他学科（领域）的研究（民间文学、儿童文学、宗教研究等）有王伟君《虚实相间、瑰丽神奇的口头传承——论民间文学类海洋非物质文化遗产的特点与保护》，骆洋《海洋文化视角下的京族民间文学研究》，赵君尧《海洋文学作品中的琉球册封航路与妈祖信仰》，刘涛《明末张燮寄赠戴燝端砚背后的故事——端砚与世界大航海时代及其海洋文学渊源考》，郑敏《海洋儿童文学走向"深蓝"的一大步》，王贺元、孙永梦《高校海洋通识课知识体系建构研究》。

此外，还有一些海洋文学相关的会议综述、采访稿和书评，如段汉武、陈慧婷《海洋文学理论构建、经典阐释与国家型构——"第二届海洋文学与文化国际学术研讨会"综述》，赵德发、张丽军《从山岭到海洋：文学创作的精神地理对话》，薛巧萍、段波《"蓝色诗学"与"命运共同体"建构——第三届海洋文学与文化国际学术研讨会综述》，宁波、韩露月《钩沉中国古代海洋文学的滥觞之作——〈沧海钩沉：中国古代海洋文学研究〉述评》等。

上述论文呈现出的特点有：一是对海洋文学研究最核心的理论问题保持着高度关注；二是对古代与现当代海洋文学的关注趋于持平，相关研究的论文数量已较为接近；三是区域海洋文学研究突起，学者们尤其对台湾地区的海洋文学及其与中国大陆的联系特别关注；四是在中外，特别是中西的比较研究中，从中国文化的角度出发，注重中国海洋文学的实际，显示出学者的文化自信。

三　外国海洋文学研究情况

与火热的中国海洋文学研究相应，研究对象为外国海洋文学的成果也有相当数量，其中出版的著作以译作及选本为主，如：朱骅《世界海洋文学读本》，爱尔兰的约瑟夫·奥康纳著、陈超译《海洋之星》，日本的田岛伸二著、田岛和子绘、常晓宏译《高迪的海洋》，美国的蕾切尔·卡逊著、冯超译《海洋的边缘》，印度的沙姆布哈维著、章放维译《海洋小动物历险记》系列丛书，英国的玛格丽特·科恩著，陈橙、杨春燕、倪敏译《小说与海洋》（海洋文化译丛）等。这些译作和选本涉及亚、欧、美洲的多部海洋文学名作，体现了我国海洋文学研究者的海洋文学认知广泛。此外，也有一些如刘文霞《大海的回响：西方海洋文学研究》，汪汉利、王建娟《外国海洋文学十六讲》等，就外国海洋文学及海洋文学本身的诸多问题进行了探讨，同样也值得关注。

与中国海洋文学研究同样，相比于著作，我国的外国海洋文学研究的论文数量更多，涉及的研究范围也更广泛。其中侧重某一时期及具体国家或地区的海洋文学研究的有：黄晓晨《美国海洋小说中人类社会的三重关系探究》，孙忠霞《苏联时期的海洋主题作品研究——以小说〈红帆〉、〈船长与大尉〉为例》，吴国林《浅谈英美海洋文学的形成及发展》、金鑫《英国海洋文学创作主题研究》，张珊、张静怡《美国经典海洋文学改编电影主题研究》，刘立辉《英国16、17世纪文学中的海洋叙事与民族国家想象》，殷娟《浅谈英美海洋文学作品中的浪漫情怀和现实主义因素》，侯杰《美国19世纪的文学地图对美国海洋空间建构的作用》，邱雅芬《日本海洋文学研究现状及展望》，王金《欧美海洋文学中的人海关系嬗变研究》，赵晓霞《自然水景：美国自然文学中的溪流与海洋》，段波《"新海洋学"视阈下欧美海洋文学的研究现状及趋势》，张慧诚、杨眉《蓝色的诱惑与报复——美国文学作品中人与大海的争斗》，张科《麦尔维尔的海洋书写与美国的海洋想象》，谢琳琳《英国海洋书写的原型："古格斯之环"》，邵佳俊《英国海洋文学作品中的海洋意识演进》等。

而关于具体作家、篇目、作品集研究的有：黄叶青《海洋小说〈领航人〉中的空间书写与身份认同》，杜梁《论儒勒·凡尔纳的海洋意识》，祁凡《从〈老人与海〉到〈岛在湾流中〉——海明威作品的海洋生态主义研究》，张荣《〈海上劳工〉与〈老人与海〉海洋意象对比分析》，刘昕《〈老人与海〉：隐喻"生命共同体"的文学体现》，李川《〈遇难的水手〉：海洋文学的早期探索》，金萍、串玲《海洋文学作品的思辨性解读——以司各特·奥台尔作品为例》，雅茹《海洋文学中的"海上丝路"交流与影响——以〈辛伯达航海历险记〉为例》《〈辛伯达航海历险记〉中的"海上丝路"》，孙晓博《普希金作品中"海洋"图像的渊源考察——以俄罗斯民间文学、编年史、史诗为中心》，张陟《船如国家：〈领航人〉中的海洋书写与库珀的革命历史想象》，王雪蕾、李仁龙《科威特小说〈沃斯米娅跃出大海〉中的海洋意识分析》，李珂《从〈莫罗博士的岛〉到〈密友〉：试论科幻文学中的海洋情怀与现实书写》，罗良功《从海洋书写到海洋帝国想象：评段波关于库柏海洋书写研究的专著》等。

另外还有一些关于外国海洋文学的翻译及教学等问题的探讨，如：朱骅《"对分课堂"在"海洋文学"课程中的实践与效果》，王闽汕《从文学翻译素养培养角度谈英语翻译教学改革——评〈英语海洋文学翻译〉》，邬昌玲《浅析儿童文学翻译中的儿童本位——以〈海洋奇缘〉翻译实践为例》。

上述研究范围非常广泛，欧美、亚洲、非洲等地区的海洋文学皆有涉及，这些研究不仅体现了国内学者对于外国海洋文学的理解，也包括对海洋文学这一概念本身的认识。

四 "海洋文学"主题研究会议

与内容丰富、意气风发的海洋文学创作及海洋文学研究成果相呼应，"十三五"期间有关海洋文学的学术会议和相关活动同样值得关注，这些会议和活动主要有：

2016年10月，由国家海洋局机关党委组织的"中国海洋文化丛书"出版座谈会在京举行。《中国海洋文化丛书》是我国出版的第一部大型海洋文化系列丛书。于2010年10月由国家海洋局牵头，沿海各省（区、市）海洋行政主管部门参与，组织200余位历史文化专家、学者共同完成，共分《山东卷》《福建卷》《广东卷》《海南卷》《香港卷》《澳门卷》《台湾卷》等14卷，由海洋出版社于2016年7月出版发行。该套丛书较为全面系统地梳理了我国海洋文化的历史渊源、发展脉络和基本走向，也包含对各地海洋文学的探讨。①

2016—2020年，由中国散文学会、浙江省岱山县人民政府等主办的"岱山杯"海洋文学大赛于浙江岱山共举办5次（第6—10届）。该类大赛的举办对于振兴国人的海洋情怀、发展和繁荣海洋文学具有建设性意义。

2017年10月，由浙江省中国现代文学研究会主办的浙江省中国现代文学研究会第五次代表大会暨"中国现当代文学百年中的海洋书写"学术研讨会于浙江舟山举行。与会专家学者围绕"中国近现代海洋文学中的人文思想、大文化视野中的海洋文学、浙江作家作品中的海洋文化意识、海洋视角下的文学革命"等议题，对中国现当代文学发展过程中的海洋文学进行了深入交流和探讨。

2017年11月，由宁波大学外国语学院、《外国文学研究》编辑部、宁波大学海洋文学与文化研究中心以及外国语言文化与宁波国际化发展战略研究中心等单位共同主办的"构建蓝色诗学：第二届海洋文学与文化国际学术研讨会"于浙江宁波举行。会议围绕英美海洋文学与海洋文化两大主

---

① 《中国海洋文化》编委会：《中国海洋文化》，海洋出版社2016年版。

题，对海洋文学类与范式、海洋文学与国家型构之关系、海洋文学与海洋文化中的伦理和生态、海洋与记忆、历史与文化之关系、中外海洋文学经典作家作品研究等问题进行了研讨。

2018 年 10 月，由宁波大学外国语学院、宁波大学中外海洋文学与文化研究中心、宁波大学—中国社会科学院"外国语言文化与宁波国际化发展战略研究中心"共同主办的首届"海洋文学与文化高层论坛"在浙江宁波召开。论坛以"海洋强国"视域下的中外海洋文学与文化为中心议题，围绕海洋文学类与范式、海洋、记忆、历史与文化之关系、海洋文学与国家型构之关系、海洋文学与海洋文化中的生态与伦理问题、中外海洋文学经典作家和作品、中外海洋文学与文化比较、中外海洋文学与人类命运共同体等问题进行了探讨和交流。

2018 年 12 月，由中国比较文学学会、海南省比较文学与世界文学学会主办的"中国海岛/海洋文学与文化研究"学术研讨会于海南海口举行。与会学者围绕"中国文学中的海洋意象""21 世纪海上丝路文学与文化""海南岛文学的发生与发展""港澳台文学与文化"等议题就海洋文学、海洋文明与中国现代性的关系等问题进行了探讨。

2019 年 11 月，由中国海洋大学韩国研究中心与韩国高丽大学民族文化研究院共同主办的"东亚和平与海洋文明论坛"国际学术研讨会在山东青岛举行，与会学者从历史、文学、文化交流等层面聚焦东亚海域，着眼当下和未来，探索和平发展的有效途径，就东亚和平与海洋文明等问题进行了探讨。

2019 年 11 月，由宁波大学外国语学院、《外国文学研究》杂志、《外国语文研究》杂志、宁波大学世界海洋文学与文化研究中心以及中国社科院—宁波大学外国语言文化与宁波国际化发展战略研究中心等单位共同主办、海洋出版社协办的"第三届海洋文学与文化国际学术研讨会"在浙江宁波举行。与会学者围绕"跨学科视域下的海洋文学与文化研究"这一主题，从中外海洋文学、海洋文化与海洋意识、海洋文学类、海洋文学文献翻译与教学研究等多个议题展开了交流和探讨。

2020 年 9 月，由中国《诗刊》社和海南省临高县委、县政府主办的"21 世纪海上丝绸之路国际诗歌峰会"于海南临高举行。与会学者重点探讨了当代海洋诗歌的独特魅力，为开拓 21 世纪海上丝绸之路文化交流提供了新思路。

2020 年 12 月，由中联部当代世界研究中心、广东国际战略研究院、21 世纪海上丝绸之路协同创新中心主办的 21 世纪海上丝绸之路国际智库论坛（2020）第七组分论坛："东方海洋文学研究与亚洲命运共同体建设"在线上举行。与会学者在海洋文化的包容与共享的基础上，就东方海洋文学的相关问题进行了探讨交流。

上述会议分别从不同的角度探讨了中外海洋文学。对于发掘海洋文学、拓展浙海洋文学研究具有重要意义。

五　"十三五"期间中国海洋文学发展的特点与趋势

"十三五"期间出版的海洋文学作品（包括译作）数量繁多，众体兼备，体裁以小说为主，其中儿童文学类的占有相当比重，且多以系列的形式出现，体现出我国作家及相关学者对于海洋文学创作和教育的空前关注。在海洋文学的研究方面则呈现出如下特点与趋势：

首先，学者们就海洋文学研究最核心的理论问题保持着高度关注，继承了自 20 世纪末叶以来中国海洋文学研究一贯的优良传统。

其次，自 20 世纪后半叶以来，我国海洋文学研究以研究欧美作品为主，以及在中国本土海洋文学中偏重古代作品研究多于现当代的情况已经有所转变。不仅中国本土海洋文学的研究已经成为我国海洋文学研究的主流，而且学者们对古代与现当代海洋文学都给予了充分关注，相关研究的论文数量已非常接近，展现出我国学者不断扩展和深化的中国海洋文学、文化自信。

再次，区域性海洋文学研究突起，成果颇多；尤其是对中国台湾地区的海洋文学（包括台湾作家的海洋文学作品及以台海为主要描写对象的文学作品）及其与中国大陆的联系等方面，学者们给予了特别的关注，对海峡两岸文化同根同源的认识也更加深入。

最后，在中西海洋文学的比较研究中，学者们在尊重文化差异的基础上，充分注意到中国海洋文学的发展实际，显示出国内学者的海洋文化本土的自信不断增强。

展望未来，我们应进一步正确认识海洋文学，珍视中国文学和中国海洋文化的宝库，努力传承中华优秀传统文化、弘扬中华海洋文明。要重视海洋文学研究的基础性工作，对古往今来各类海洋文学作品，尤其是经典海洋文学作品进行搜集、整理和研究。要加强海洋文学跨学科研究、跨领域对话、跨区域交流，建设海洋文学学科体系和话语体系。做好优秀海洋文学的普及，在民众特别是儿童和青少年中推广优秀海洋文学作品，通过各种喜闻乐见的方式进行传播，增强民众的海洋意识。

中国海洋文化产业发展报告

吴倩　赵成国

海洋文化产业既是建设现代海洋产业体系中的新动能，也是建成文化强国战略中的新蓝海，更是构建海洋命运共同体中的有力抓手。

在国民收入水平提升引致的文化消费需求拉动、数字技术迭代驱动以及文化强国、海洋强国等战略引导之下，"十三五"时期，我国海洋文化产业迎来更为利好的政策环境，沿海各省市发展海洋文化产业的意识也越来越浓厚，滨海旅游业、海洋文化节庆业、海洋文化创意业、海洋影视业以及数字海洋文化产业等均保持较好的增长态势，呈现海洋文旅融合趋势显著、海洋休闲产业迅猛发展、海洋文化创意快速升温、数字海洋文化产业方兴未艾等显著特征。

新时代，我国海洋文化产业也需要诸多新的突破。首先是产业结构，现有发展格局仍以海洋文化旅游为主，基于海洋意象、传说、故事等海洋文化资源现代化开发而成的、附加值更高、更适宜全产业链开发、且更能彰显我国海洋文化特色与精神的影视、出版等文化内容产品较少；此外，由于人才、技术等要素缺乏导致的海洋文化资源现代化、创意化挖掘不足；海洋文化资源开发与保护存在矛盾以及顶层设计不足带来的支持力度不够、统筹规划缺乏等问题。

展望"十四五"，我国海洋文化产业的发展应做好海洋文化内涵梳理与挖掘等基础工作、以推进海洋文化产业创新发展为整体方向、以激发海洋文化市场主体发展活力为路径选择、以打造一批海洋特色文化品牌为具体抓手，真正加快推进海洋文化产业可持续、高质量发展。

一 海洋文化产业发展环境

国家统计局发布的《文化及相关产业分类》（2018）将文化产业定义为：为公众提供文化产品和文化相关产品的生产活动的集合。依此为据，我们将海洋文化产业定义为：为公众提供海洋主题的文化产品和文化相关产品的生产活动的集合。

（一）政策环境

按照学界的共识，海洋文化产业可以看作文化产业中涉海性较强的门类；同时，也可以看作海洋经济中与文化相关的领域。即海洋文化产业兼具文化与经济两重属性，同时又具有涉海性。"十三五"时期，海洋文化产业面临的政策环境可在海洋强国、文化强国以及"一带一路"等国家战略中透视，具体包括以下几方面：

1. "建设现代海洋产业体系"中的海洋文化产业

2018 年 3 月，习近平总书记在参加十三届全国人大一次会议山东代表团审议时强调："海洋是高质量发展战略要地。要加快建设世界一流的海洋港口、完善的现代化海洋产业体系、绿色可持续的海洋生态环境，为海洋强国建设做出贡献。"[①] 建设现代海洋产业体系是近年来我国海洋经济规模不断扩张、产业结构持续优化的背景下新的战略要求，其核心内涵指向海洋经济产业结构的进一步转型升级与发展动能的进一步现代化，这为海洋文化产业的发展带来良好的政策环境。

文化产业作为现代服务业的重要内容，契合海洋经济结构优化的要求。2021 年 3 月 11 日，十三届全国人大四次会议表决通过的《国民经济

---

① 《习近平李克强王沪宁赵乐际韩正分别参加全国人大会议一些代表团审议》，中华人民共和国中央人民政府网，2018 年 3 月 8 日，http://www.gov.cn/xinwen/2018 - 03/08/content_ 5272385. htm。

和社会发展第十四个五年规划和 2035 年远景目标纲要》第三十三章明确提出"积极拓展海洋经济发展空间",其中"提高海洋文化旅游开发水平"作为"建设现代海洋产业体系"内容之一。实际上,早在 2017 年 5 月,国家发展改革委和国家海洋局发布《全国海洋经济发展"十三五"规划》就明确提出:推进海洋产业优化升级,提高海洋服务业规模和水平。其中,"适应消费需求升级趋势、发展海洋旅游业,挖掘具有地域特色的海洋文化、发展海洋文化创意产业"被列为"拓展提升海洋服务业"的重点工作。2017 年 6 月,国家发改委出台《服务业创新发展大纲(2017—2025年)》也提出,积极发展海洋文化产业。2018 年 8 月,自然资源部与中国工商银行《关于促进海洋经济高质量发展的实施意见》提出"加强对海洋经济重点领域的支持力度",其中,明确提出"海洋服务业提升":海洋主题公园、海岛旅游基础设施、海洋文化场馆建设以及文化遗产保护等工作。从上述政策均可以看出,海洋文化产业是我国海洋服务业发展的重要内容,更是海洋经济高质量发展、现代化发展的重要抓手。

当前"文化"要素正在与国民经济各行各业融合发展,"文化+"成为提高产业附加值、实现产业内涵式发展的有力路径。文化产业在直接贡献经济增量的同时也已成为国民经济新旧动能转换的重要力量,而海洋文化产业在整个海洋经济发展中也承担着同样的角色。2018 年 4 月 12 日,习近平总书记在庆祝海南建省办经济特区 30 周年大会上强调"提高海洋资源开发能力,加快培育新兴海洋产业,支持海南建设现代化海洋牧场,着力推动海洋经济向质量效益型转变"[①],而将文化要素运用到海洋制造业、海洋运输、海洋渔业、航运服务等海洋产业的产品设计、营销等环节是推动海洋经济高质量发展的有力驱动。

2. 文化强国战略中的海洋文化产业

党的十八大以来,党和国家高度重视文化发展,文化建设被提升到新的历史高度。《国民经济和社会发展第十四个五年规划和 2035 年远景目标纲要》明确提出"建成文化强国"。其中,"健全现代文化产业体系"被

---

① 习近平:《在庆祝海南建省办经济特区 30 周年大会上的讲话(2018 年 4 月 13日)》,《人民日报》2018 年 4 月 14 日第 2 版。

列为"发展社会主义先进文化，提升国家文化软实力"的三大任务之一。"十三五"期间，我国文化产业繁荣发展。2021 年 6 月 2 日，在"文化和旅游部 2021 年第二季度例行新闻发布会"上，据文旅部产业发展司负责人介绍：2015—2019 年，全国文化及相关产业增加值从 2.7 万亿元增长到超过 4.4 万亿元，年均增速接近 13%，占同期国内生产总值比重从 3.95% 上升到 4.5%，文化产业在促进国民经济转型升级和提质增效、满足人民精神文化生活新期待、提高中华文化影响力和国家文化软实力等方面发挥了重要作用。

文化产业在文化强国战略中的定位与作用也直接推动沿海地区各级政府对海洋文化产业的重视。同时，海洋文化也成为进一步推出适应人民群众文化消费需求、进一步优化文化产品供给体系的"新蓝海"。"十三五"时期，海洋文化旅游等越来越为沿海各省市所重视，并集中体现在各省市"十四五规划纲要"中。文化和旅游部发布的《"十四五"文化产业发展规划》在"优化文化产业空间布局"部分，也特别提到"鼓励有条件的地方发展海洋特色文化产业，助力海洋经济发展和海洋文化建设"。

表 1　　沿海各省市"十四五规划纲要"中与海洋文化产业相关的内容

地区	"十四五规划纲要"中与海洋文化产业相关的内容
山东省	拓展海洋旅游功能，规划建设海洋主题公园、国家海洋科技馆，发展邮轮、游艇、海洋运动等海洋旅游业态。支持青岛打造国际邮轮母港，推进烟台、威海、日照开展邮轮无目的地公海游试点
辽宁省	大力发展海洋旅游业，推进大连、营口、盘锦、葫芦岛等建设滨海旅游带，培育文化特色鲜明的国家级旅游休闲城市
河北省	加大沿海经济带发展力度，打造滨海旅游精品
天津市	建设一流国家海洋博物馆，建设滨海旅游产业集聚区，做足大气洋气的"海味"文化。围绕"海洋+X"建设世界海洋文明度假湾精品项目，打造"世界海洋文明体验中心"、"国家海洋休闲运动中心"。建设葛沽民俗文化小镇、"国家海洋工业创意园"等重点项目，打造彰显津派文化的海河双城休闲带
上海市	提升全球海洋中心城市能级、发展海洋经济，服务海洋强国战略
江苏省	建设滨海风貌城镇带，塑造具有滨海风情和地方特色的城市风貌。建设一批宜居宜业临海特色小镇

地区	"十四五规划纲要中"与海洋文化产业相关的内容
浙江省	加快建设海洋强省，建设山海协作产业园和生态旅游文化产业园，筑强滨海文化旅游产业带，持续办好国家海岛旅游大会等
广东省	积极拓展蓝色发展空间，全面建设海洋强省。重点发展现代渔业、滨海旅游。探索提升海洋旅游产品质量和创新海洋旅游业态，加快"海洋—海岛—海岸"旅游立体开发，打造一批具有国际吸引力的特色海洋旅游目的地
海南省	积极拓展旅游消费业态，形成以海洋旅游、购物旅游等为主的全业态旅游消费模式；推动滨海旅游、海洋渔业等传统优势产业提质升级；推动海洋文化等优秀本土文化创造性转化
福建省	培育生态旅游、文化旅游、海洋旅游等新业态发展；加强"泉州：宋元中国的世界海洋商贸中心"等"海丝"文化遗产保护传承
广西壮族自治区	发挥"老、少、边、山、海、寿"文化旅游特色优势，建设一批富有文化底蕴的国家级和世界级旅游景区、度假区

3. 构建"海洋命运共同体"中的海洋文化产业

海洋是各国文明交流的天然纽带。随着经济全球化进程的加快，以海洋为载体的合作与发展日益紧密。2013 年，习近平主席向世界发出共建"一带一路"的倡议。2017 年 6 月，为进一步推动建立全方位、多层次、宽领域的蓝色伙伴关系，国家发展和改革委员会、国家海洋局制定并发布了《"一带一路"建设海上合作设想》，提出"弘扬妈祖海洋文化，推进世界妈祖海洋文化中心建设，促进海洋文化遗产保护、水下考古与发掘等方面的交流合作，与沿线国家互办海洋文化年、海洋艺术节，传承和弘扬 21 世纪海上丝绸之路友好合作精神"。2019 年 4 月 23 日，习近平总书记在青岛会见了应邀出席中国人民解放军海军成立 70 周年多国海军活动的外方代表团团长，并提出构建海洋命运共同体的倡议："我们人类居住的这个蓝色星球，不是被海洋分割成了各个孤岛，而是被海洋连接成了命运共同体，各国人民安危与共。"[1]

---

[1] 《习近平集体会见出席海军成立 70 周年多国海军活动外方代表团团长》，中华人民共和国中央人民政府网，2019 年 4 月 23 日，http://www.gov.cn/xinwen/2019-04/23/content_5385354.htm。

发展海洋文化产业有利于传承海洋文化、增强我国沿海地区文化认同，同时也是多元文化交流的有力载体与通道。《文化部"一带一路"文化发展行动计划（2016—2020 年）》提出："充分考虑和包含以妈祖文化为代表的海洋文化，构建 21 世纪海上丝绸之路文化纽带"，并提出将"厦门国家海洋周""中国海洋文化节"等活动打造成国际合作交流平台，建设"海洋丝绸之路（泉州）艺术公园"，便是充分肯定海洋文化产业在构建"海洋命运共同体"中的定位。

此外，海洋文化产业的发展也面临着其他政策环境，其中最为直接的环境来自于国务院机构改革。2018 年 3 月，十三届全国人大一次会议审议通过国务院机构改革方案：将国土资源部的职责、国家发展和改革委员会的组织编制主体功能区规划职责、国家海洋局职责等整合，组建自然资源部，不再保留国家海洋局。自然资源部对外保留国家海洋局牌子；将文化部、国家旅游局的职责整合，组建文化和旅游部，不再保留文化部、国家旅游局。

（二）经济环境

1. 我国经济发展进入新阶段

2017 年 10 月 18 日，在党的十九大上，习近平代表第十八届中央委员会向大会做报告时指出："我国经济已由高速增长阶段转向高质量发展阶段，正处在转变发展方式、优化经济结构、转换增长动力的攻关期。"[1] 如何转换发展方式、实现高质量发展将是我国经济发展中的长期议题，而"文化+"被赋予调整产业结构、实现新旧动能转换的期待。因此，从我国经济发展的阶段特征看，发展海洋文化产业是实现海洋经济高质量发展的必要手段。

---

① 习近平：《决胜全面建成小康社会 夺取新时代中国特色社会主义伟大胜利——在中国共产党第十九次全国代表大会上的报告》，中华人民共和国中央人民政府网，2017 年 10 月 27 日，www.gov.cn/zhuanti/2017-10/27/content_ 5234876.htm。

2. 文化消费成为形成强大国内市场、构建新发展格局的有力抓手

2020 年 7 月 21 日，习近平总书记在主持召开的企业家座谈会上强调，要逐步形成以国内大循环为主体、国内国际双循环互相促进的新发展格局①。这是适应国内基础条件和新型冠状病毒性肺炎疫情发生后国际环境变化新特点的重要方针，更是推动我国从经济大国到经济强国的长期路径，而文化消费将是最具增长潜力的消费类型。2019 年国务院办公厅发布《关于进一步激发文化和旅游消费潜力的意见》，在主要任务部分提出"着力丰富产品供给"，强调"着力开发商务会展旅游、海洋海岛旅游"等，海洋文化消费成为构建新发展格局的重要内容。

（三）社会文化环境

1. 我国社会主要矛盾发生变化

近年来，伴随经济总量的提升，我国人均国民总收入水平不断攀升。国家统计局数据显示：2019 年，我国人均国民总收入水平（GNI）进一步上升至 10410 美元，首次突破 1 万美元大关，高于中等偏上收入国家 9074美元的平均水平。党的十九大报告指出：中国特色社会主义进入了新时代，我国社会主要矛盾已经转化为人民日益增长的美好生活需要和不平衡不充分的发展之间的矛盾。中国旅游研究院发布的《2019 年上半年全国文化消费数据报告》显示："文化消费能提高人的生活质量和幸福感，比衣食住行更重要"和"文化消费属于生活必需品，跟衣食住行一样重要"的受访者分别占到 51.78% 和 38.74%。我国社会主要矛盾的变化是关系全局的历史性变化，文化消费需求的显著提升也为海洋文化产业的发展带来了新的社会环境，海洋文化消费将迎来更为广阔的市场。

2. 国民海洋意识不断提高

2018 年，受自然资源部办公厅委托，由北京大学海洋研究院编制的《国民海洋意识发展指数（MAI）研究报告（2017）》显示，2017 年我国

---

① 习近平：《在企业家座谈会上的讲话》，中国人民政治协商会议全国委员会网，2020年 7 月 22 日，www.cppcc.gov.cn/zxww/2020/07/22/ARTI1595374913201126.shtml。

各省（区、市）海洋意识发展指数平均得分为 63.71，相较于 2016 年（60.02）有明显提升，近 8 成省份达到"及格线"。建设海洋强国离不开国民的重视、认知与参与。同样，国民海洋意识的不断提高也有利于营造海洋文化产业化的良好氛围，也有利于海洋文化消费市场的扩大。

此外，"十三五"时期，"海洋文化产业"这一概念也越来越得到共识，除多个省市明确提出发展海洋文化产业之外，2018 年 7 月 7 日，中国海洋发展研究会海洋文化产业分会在青岛成立。分会由青岛梦想汇帆船游艇俱乐部管理有限公司作为筹备组织单位，青岛市政府、国家海洋局北海分局、齐鲁交通集团等机构共同参与。分会的宗旨是：贯彻落实海洋强国战略和共建 21 世纪海上丝绸之路倡议；弘扬海洋文化，搭建学术研究和交流平台；为提升全民族海洋文化意识，构建多形式、多层次、全覆盖的海洋文化产业格局提供服务。此外，"十三五"时期，深圳、上海、天津、大连、青岛、宁波、舟山等城市宣布建设"全球海洋中心城市"，也为海洋文化产业的发展营造良好氛围。

3. 数字技术的全面渗透

"十三五"时期，我国 5G、量子科技、互联网等前沿技术不断取得突破，人工智能、物联网、区块链等高新技术与互联网相关产业加速结合，数字技术动能全面渗透于经济社会发展。中国互联网络信息中心（CNNIC）发布的《第 47 次中国互联网络发展状况统计报告》数据显示：截至 2020 年 12 月，我国网民规模达 9.89 亿，互联网普及率达 70.4%。

"十三五"时期党和国家高度重视数字经济发展，先后出台多项与数字经济发展相关的政策文件。激活数据要素潜能、以数字化转型整体驱动生产方式、生活方式和治理方式变革成为经济社会发展的主要方向。文化产业化与技术条件关系密切，"十三五"时期数字文化产业新业态不断涌现、文化产业数字化转型进程持续，相关政府部门也出台促进数字文化产业发展的政策文件。2017 年 1 月，国家发改委发布《战略性新兴产业重点产品服务指导目录（2016 版）》，将"数字创意产业"列为国家战略性新兴八大产业之一；2017 年 8 月，文化部发布了《文化部关于推动数字文化产业创新发展的指导意见》专项意见；2020 年文化和旅游部发布《关于推动数字文化产业高质量发展的意见》，提出：实施文化产业数字化战略，加快发展新型文化企业、文化业态、文化消费模式，改造提升传统业态，提高质量效益和核心竞争力，健全现代文化产业体系。数字技术的迅猛发展、数字文化产业相关政策的直接影响也将推动海洋文化产业数字化转型。

二　海洋文化产业发展现状

关于海洋文化产业的门类，广东海洋大学张开城教授的说法比较有代表性。较为早期的研究将海洋文化产业所涉及的范围界定在：滨海旅游业、涉海休闲渔业、涉海休闲体育业、涉海庆典会展业、涉海历史文化和民俗文化业、涉海工艺品业、涉海对策研究与新闻业、涉海艺术业[①]。较为近期的研究则根据国家统计局《文化及相关产业分类》将海洋文化产业分为：海洋新闻出版发行服务、海洋广播电视电影服务、海洋文艺创作与表演服务、海洋文化创意和设计服务、海洋文化休闲娱乐服务、海洋工艺美术品生产、海洋会展服务、海洋大型活动组织服务共八类[②]。

实际上，因为海洋文化有其特殊之处，因此无法直接套用国家统计局发布的《文化及相关产业分类》，再加上文化产业处于快速迭代之中，新业态不断涌现，而《文化及相关产业分类》《海洋及相关产业分类》也处于摸索阶段。更为重要的是，融合化发展已成为包括文化产业在内的经济发展的整体趋势，行业门类之间交叉重合的情况越来越明显。本报告的处理方式是选择"十三五"时期比较有代表性的海洋文化产业门类进行报告。

（一）海洋文化产业发展整体状况

1. 滨海旅游业

按照自然资源部海洋战略规划与经济司的界定，滨海旅游主要包括以

---

① 张开城：《海洋文化和海洋文化产业研究述论》，《全国流通经济》2010 年第 16 期。
② 张开城：《海洋文化产业现状与展望》，《海洋开发与管理》2016 年第 11 期。

海岸带、海岛以及海洋各种自然景观、人文景观为依托的旅游经营、服务活动。例如：海洋观光旅游、休闲娱乐、度假住宿、体育运动等活动。从产业规模上看，2016—2019 年，我国滨海旅游业发展整体呈现较为平稳的增长趋势，新业态旅游成长步伐不断加快，在海洋产业增加值中占据支柱地位且呈现扩大趋势。2020 年，受新冠肺炎疫情冲击和复杂国际环境的影响，滨海旅游人数锐减，邮轮旅游全面停滞，滨海旅游业呈下降趋势，整体发展情况如下表：

表2　　　　　　　中国滨海旅游业发展情况（2016—2020）

年份	全年增加值（亿元）	较上年增速（%）	海洋产业增加值占比（%）
2016 年	12047	16.5	42.1
2017 年	14636	16.5	46.1
2018 年	16078	8.3	47.8
2019 年	18086	9.3	50.6
2020 年	13924	-24.5	47

来源：国家自然资源部《中国海洋经济统计公报（2016—2020）》。

从发展特征上看，"十三五"时期我国滨海旅游业呈现大众化与高端化的发展趋势，即一方面，滨海旅游越来越成为大众化的消费方式；同时，滨海旅游产品也逐渐朝着高端化的趋势发展，其中尤以邮轮旅游最具代表性。自 2010 年以来，随着居民收入水平的不断提高，邮轮旅游已经实现了从小众旅游向大众旅游转变，邮轮经济进入快速增长期。2019 年，由上海工程技术大学、上海国际邮轮经济研究中心等发布的《邮轮绿皮书：中国邮轮产业发展报告（2019）》数据显示：中国邮轮市场自 2017 年起首次出现增速放缓，2006—2011 年为萌芽阶段，年平均增长率为 36.74%；2012—2016 年为快速增长期，年平均增长率为 72.84%；2017 年增长率为 8%。历经十年的高速迅猛发展之后，中国邮轮旅游进入由"高速增长"转向"高质量、高品位发展"的战略调整期。2020 年的新型冠状病毒性肺炎疫情使得全球邮轮经济迎来新的挑战，同时也是邮轮旅游产业如何再次高端化迭代的新契机。

2. 海洋文化节庆业

文化节庆属于城镇重大活动。学界普遍认为这类城镇重大活动具有长远性、全局性、稀缺性、主动性和活动性的特点，其可为城市发展提供外部突发性动力，从而构成跨越式提升①。"欧洲文化之都"（ECoC：European Capital of Culture Programme）等世界范围内的成功案例更是开启了文化节庆在拉动城市发展特别是区域经济方面的作用。总之，文化节庆既是一种可以直接产生经济效益的文化产业门类，更是一种城市文化发展以及城市影响力提升的有力工具。近年来，沿海各省市越来越意识到文化节庆对于打响城市品牌、吸引人才与资本、带动相关产业发展等方面的重要意义，海洋文化节庆业呈现快速发展的趋势。

国内海洋文化节庆的主题既有徐福、妈祖等世界性的海洋文化符号。例如，成功举办十一届"徐福故里海洋文化节"已成为江苏省连云港市赣榆区的宣传推广、招商引资的重要平台；也有开海节、休渔节、祭海节等地方性传统海洋文化节庆；还有"中国海洋经济博览会""厦门国际海洋周""东亚海洋合作青岛论坛"等海洋品牌会展活动。近年来，借助互联网+、虚拟现实、增强现实等现代化技术开展的海洋生物科普类与研学类海洋节庆也越来越引起关注。此外，依托海水、沙滩等自然风光，辅以灯光秀、烟花秀、音乐表演等现代化海洋节庆也成为多地新兴业态。

整体而言，海洋文化节庆业呈现现代化、融合化发展趋势。祭海、放生等传统海洋民俗与现代化旅游、商贸、创意集市以及餐饮、娱乐等产业融合化发展的趋势越发明显，这与当下消费需求相契合，也有利于海洋文化节庆产业扩大规模。

3. 海洋文创产业

以贝壳、珊瑚、海螺等为原材料的海洋工艺品一直是沿海地区旅游纪念品的首选，海洋工艺品行业在不断迭代中也越来越追求文化与创意元素。如果说贝雕等传统海洋工艺品还是一种基于物质性海洋元素的创意，

---

① 吴志强：《重大事件对城市规划学科发展的意义及启示》，《城市规划学刊》2008年第6期。

那么近年来越来越引起关注的还有基于海洋文化意象、内涵的文化创意产品。

"十三五"时期，海洋文创产业发展体现在多个方面，各类以海洋文化为主题的文创产品设计大赛影响力越来越大。其中，由自然资源部宣传教育中心、中国海洋大学、中国海洋发展基金会等单位主办的"全国大学生海洋文化创意设计大赛"已经成功举办十届。大赛不仅为全国大中学生、社会各界认识海洋、经略海洋搭建交流的平台，还与多家涉海院校合作，承担起海洋文化创意策源地。此外，沿海各地海洋博物馆、科普馆、水族馆等也越来越注重开发海洋主题的文创产品。2018 年 4 月正式开馆的中国（海南）南海博物馆是一座旨在展示南海人文历史和自然生态，保护南海文化遗产，促进海上丝绸之路沿线国家和地区文化交流的综合性博物馆。该馆自建馆之初便把文创产品开发放在重要位置，其文创产品上百种，很好地呈现了海洋文化的魅力与现代生活的融合。例如，文创产品设计人员从馆藏文物明龙泉窑青釉双鱼洗内底心贴饰的首尾相对的一对小鱼获得设计灵感，提取设计元素，并将元素进行抽象演变后再创造，以更加贴近现代观众审美。创意而成的"海丝知守饰品"兼具审美性与实用性，同时又饱含海洋文化之魅力[①]。

值得注意的是，目前海洋文创产业呈现两种特征，一方面既有的海洋文创产品设计多以海洋文化的传播、海洋意识的提升为目的，市场化行为尚不够突出；另一方面，海洋文化的独特魅力已经在文创产品设计中凸显出来，市场潜力也正在被认可。

4. 海洋影视产业

人类影视史上有很多以海洋为主题的经典之作，例如，日本的《海贼王》、美国的《海底总动员》等，海洋的神秘与浪漫以及由海洋生发出来的关于人性、人与自然之关系的思考是影视内容创作不竭的创意源泉。近年来，海洋题材的影视作品越来越引起关注。影视因其独特的艺术魅力，也成为沿海各地区宣传海洋文化、普及海洋知识、记录文化历程的重要手

---

① 朱磊、李冯添：《博物馆文创产品开发模式初探——以中国（海南）南海博物馆为例》，《文物鉴定与鉴赏》2020 年第 18 期。

段。例如，河北省自然资源厅联合省委宣传部等部门打造《冀之蓝》；再如，由中共威海市委宣传部、山东火龙文化传播有限公司联合摄制的、以山东威海石岛港出发的"鲁威远渔 979 号"为代表的鱿钓船远洋作业为主题的首部远洋题材人文纪录片《大洋深处鱿钓人》荣获第 33 界中国电影金鸡奖最佳纪录片提名。

此外，沿海地区因独特优美的自然风光，是天然的摄影棚。因此，很多地区正在围绕影视拍摄业态逐渐向影视制作、营销、影视文旅等全产业链发展，而海洋文化往往成为沿海地区影视产业发展的基础性要素。其中，尤以青岛和海南最具代表性。2019 年青岛市发布《新旧动能转换"海洋攻势"作战方案（2019—2022 年）》将"滋养海洋文化根脉硬仗"作为六大攻坚任务之一。其中，将"发挥东方影都等带动作用，加快建设灵山湾影视文化产业区，申办国际电影文化节，建设国家影视文化消费先行体验区"等作为"实施海洋文化产业提质工程"的重要内容。此外，"十三五"时期多地建设海洋影视基地，例如，山东海佑影视基地落户潍坊滨海；舟山成立"中国海莱坞影视文化科技园"，该基地以打造集影视、旅游、度假、休闲、观光为一体的海洋主题影视基地为定位；再如，2019年，以海洋特色高科技影视文化内容产业与衍生产业集聚区为定位的平潭·竹屿湾影视基地发布。项目定位为依托船坞、码头等资源，打造海景特效摄影棚，可完成海啸、巨浪、深海等海景特效拍摄；通过互联网技术，规划数字虚拟摄影棚、运动捕捉棚、水下摄影棚等，打造数字化高科技影视基地。

5. 数字海洋文化产业

当前，以人工智能、大数据、物联网为代表的数字技术正在全面渗透至经济社会之中，海洋数字文化产业也逐渐引起关注。海洋数字文化产业既有包括海洋文化元素的数字文化产业，例如数字出版、网络游戏、网络文学等，也包括滨海旅游、海洋工艺等传统海洋文化产业的数字化转型。

对海洋的探索一直是人类从未中断的主题，而数字游戏被称为第九艺术，率先成为较早吸收海洋文化主题的数字新业态。"十三五"时期，我国数字游戏产业高歌猛进，而海洋也成为其中独特的细分门类，海洋的雄伟、美丽与未知丰富了数字游戏体验，涌现出休闲益智、动作冒险等多重类型的海洋主题数字游戏。

数字化转型部分既包括海洋文化的数字化展示、传播，例如福建省文化厅建设"海上丝绸之路数字文化长廊"，综合运用虚拟现实、裸眼 3D 等方式对文物进行采集、建模，通过触摸屏幕与文物进行活动等，再如，国家海洋馆利用直播、微视频、Vlog 等形式开展海洋文化科普活动；也包括海洋文化旅游、海洋文化节庆等的数字化转型。近年来多地建设"一部手机游"项目，即通过打通全域内旅游数据实现文旅产品精准供给、公共文旅服务转型等，这也成为沿海地区旅游智慧化提升的方向。例如，2019 年腾讯云与福建平潭签订全域智慧旅游项目协议，项目以科技+文旅智慧国际旅游岛为定位。目前项目正在建设中，按照规划将通过文旅+体育/非遗/展览/艺术/动漫等数字化场景与产品服务，丰富文旅产品；基于旅游数字身份，连接线上线下刷脸支付、刷脸入园、投诉诚信、智慧酒店、无感停车等多个智慧化场景，实现一脸一码全岛服务等海岛旅游的数字化转型。

（二）海洋文化产业区域发展状况

1. 北部海洋经济带

根据《全国海洋经济发展"十三五"规划》，北部海洋经济带是指辽东半岛、渤海湾和山东半岛沿岸地区所组成的经济区域，包括辽宁省、河北省、天津市和山东省海域和陆域。北部海洋经济带海洋经济发展基础雄厚，"十三五"时期，经略海洋、高质量发展海洋经济进一步成为各省份的重要战略。

（1）山东省海洋文化产业

山东省是海洋大省。2018 年 3 月 8 日，习近平总书记在参加十三届全国人大一次会议山东代表团审议时指出，海洋蕴藏着人类可持续发展的宝贵财富，是高质量发展的战略要地；山东有条件把海洋开发这篇大文章做深做大。"十三五"时期也是山东省深入贯彻习近平总书记关于山东要更加注重经略海洋的重要指示精神，加快推进海洋经济发展的五年，而海洋文化产业是其中不可或缺的内容。

2017 年山东省发展改革委员会、山东省海洋与渔业厅联合印发的《山东省"十三五"海洋经济发展规划》中明确提出"打造现代海洋服务业发展先行区",其中,"发展海洋文化旅游业。突出海洋特色,丰富仙海内涵,持续推动文化、体育与旅游、养生深度融合发展,建设全国重要的海洋文化和体育产业基地,打造国际知名的滨海旅游目的地和健康养生基地"是重要工作之一。2018 年山东省委省政府印发《山东省海洋强省建设行动方案》更是明确将"海洋文化振兴"列为十大行动之一,提出"到 2022 年,海洋文化产业成为海洋经济重要支柱产业和海洋强省建设有力支撑"。

相较于其他省份,山东省海洋文化产业发展方式更为多样,同时呈现海洋文化传承与海洋文化产业发展相互协同的态势。既有基于海洋非物质文化遗产的文化旅游、文化节庆等,也逐渐注重将海洋元素与影视、出版、演艺等相结合,涌现出青岛东方影都等项目。"十三五"时期,在全省经略海洋的战略导向之下,海洋文化产业稳步发展,相关文化企业也逐渐崭露头角。

（2）河北省海洋文化产业

"十三五"时期,河北省对海洋文化产业的重视程度较高。2016 年,由河北省海洋局发布的《河北省海洋经济发展"十三五"规划》在"积极发展特色海洋服务业"一章中将"海洋文化产业"列在第一项,提出"保护海洋文化遗产、打造海洋文化品牌"。2017 年河北省文化厅发布的《河北省文化产业发展"十三五"规划》更是明确将"沿海文化产业带"作为"两区四带"发展格局之一,具体包括"创新发展涉海旅游,推动海洋文化与科技、旅游、农业等相关产业融合,打造一批特色海洋民俗村、海洋文化创意园。支持曹妃甸建设国家海洋民俗文化之乡。提升秦皇岛市、黄骅市滨海国际会展中心地位,建设国际知名海洋度假休闲中心"。重点项目包括"秦皇岛乐岛海洋公园提升改造、秦皇岛北戴河村'艺术村落'、唐山市海洋文化产业示范基地、唐山曹妃甸蚕沙口妈祖文化旅游区、唐山曹妃甸欢乐渔谷主题公园"等①。

---

① 《河北省海洋经济发展"十三五"规划》,河北省自然资源厅（海洋局）网,2020 年 6 月 4 日,zrzy.hebei.cn/heb/gongk/gkml/ghjh/qita/haiyang/10670346269961904128.html。

从发展成效看，海洋文化已成为曹妃甸、秦皇岛等地区滨海旅游发展的有力抓手，涌现出一批文旅融合项目，同时非遗面塑等海洋民俗也借助产业化开发的模式得以传承，天妃宫、元代古码头等古建筑群得以复建。

（3）天津市海洋文化产业

天津市政府 2021 年 6 月 30 日发布的《天津市海洋经济发展"十四五"规划》数据显示："十三五"时期，天津市海洋经济总体实力不断提升，海洋生产总值年均增速达 5.1%；海洋文化产业也取得了长足的发展：以中新天津生态城为核心的高品位海滨休闲旅游区初步建成，国家海洋博物馆开馆试运行，接待超过 166 万人次。邮轮旅游发展势头强劲，全国首家国际邮轮母港口岸进境免税店正式对外营业，邮轮母港综合配套服务能力进一步提升。

从发展特征来看，天津市海洋文化产业以滨海文化旅游为主，注重推动海洋特色、民俗艺术、现代商贸与生态环境等元素相结合以增加文化旅游体验；作为国际邮轮母港，高端邮轮旅游以及由此而来的休闲度假、购物商贸等业态也是其海洋文化产业特色之一；此外，从"十三五"和"十四五"海洋经济发展规划文本来看，天津市海洋文化产业发展还尤为注重海洋文化对外交流、海洋意识宣传普及。

（4）辽宁省海洋文化产业

"十三五"时期，海洋经济稳步发展，成为辽宁省国民经济新的增长极。海洋生产总值年均增速 5%以上，增速高于国民经济增长速度。2019年，海洋生产总值 3465 亿元，占全省地区生产总值 13.9%。2020 年 8 月，辽宁省将海洋经济发展规划由一般性规划调整为重点规划①。辽宁的海洋经济主要以高端海洋装备制造、水产品加工以及滨海旅游为主，以营口滨海温泉、大连休闲海钓、葫芦岛全域旅游最具代表性。

近年来，滨海旅游逐渐呈现与海洋文化相融合的发展趋势。例如，锦州市以举办"锦州海洋文化旅游节"为抓手，启动海洋、文化、体育、娱乐和美食等多项元素的深度文化旅游发展格局。

---

① 杨少明：《"十四五"时期辽宁发展海洋经济研究座谈会在大连召开》，《辽宁日报》2020 年 9 月 17 日，第 02 版。

2. 东部海洋经济带

东部海洋经济圈是由长江三角洲沿岸地区组成的经济区域，包括江苏省、上海市和浙江省的海域和陆域。由中国人民大学文化产业研究院历年发布的省市文化产业发展指数显示，东部海洋经济带文化产业整体实力较强。以 2020 年为例，综合指数排名前六的省市分别是：北京、浙江、广东、上海、山东和江苏。

（1）上海市海洋文化产业

按照上海史专家熊月之的看法，上海从产生之日起，就一直与海洋关系紧密。从宋元时期，到近代开埠，再到当代开放，上海城市的海洋品格，在上海文化传统中，有一脉相承的地方[1]。因此，海洋文化在上海文化基因中占据很重要的位置。

上海市文化产业的发展状况在全国处于第一方阵，整体实力与驱动力都保持较好的势头。"十三五"时期，上海市出台《关于加快本市文化创意产业创新发展的若干意见》（"上海文创 50 条"），为文化产业发展营造良好的政策环境。目前来看，对于"海洋文化"的重视程度尚有不足，"上海文创 50 条"、《上海市第十四个五年规划和二〇三五远景目标纲要》等关键性文件中均未提及海洋文化。目前上海市海洋文化产业的核心主要为影视、演艺、艺术品以及动漫游戏等更具现代化的门类，而基于本地海洋文化基因与特色的文化产品尚未得到充分发展。

另一方面，在文旅融合等政策引导之下，亦有一些地区探索海洋文化如何产业化开发。例如，2021 年初，金山区启动金山嘴海洋文化园项目，将原貌重建大金山天后宫，作为金山海洋文化发展、文旅深度融合以及城市品牌能级提升的抓手。

（2）浙江省海洋文化产业

浙江省文化产业增加值占 GDP 的比重早在 2013 年便突破 5%，"十三五"时期保持持续稳步增长的态势。"2020 年浙江省政府工作报告"数据显示：2020 年浙江省文化产业增加值 4600 亿元、增长 10%。文化产业已

---

[1] 杨宝宝：《上海为什么从来都是一个有海洋品格的城市》，澎湃新闻，2016 年 7 月 31 日，https：//www.thepaper.cn/newsDetail_forward_1506362。

然成为浙江省国民经济重要支柱性产业；同时，浙江省也是海洋强省，《浙江省海洋经济发展"十四五"规划》数据显示：2020年浙江省实现海洋生产总值9200.9亿元、比2015年的6180亿元增长48.9%，"十三五"期间年均增长约8.3%。海洋生产总值占地区生产总值的比重保持在14.0%以上，高于全国平均水平4到5个百分点，占全国的比重由9.2%提升至9.8%。

整体而言，浙江省海洋经济仍以港口经济、航运服务等为主，而文化产业也以数字文化产业最具亮点。但是，"十三五"以来乃至"十四五"时期，新旧动能转换与构建现代海洋产业体系依然是浙江省海洋经济的最强动力。同时，浙江省文化和旅游厅于2020年9月启动"文化基因解码工程"，并将其作为文化事业和旅游产业发展的筑基工程，而海洋是浙江文化基因中不可忽视的内容。实际上，海洋文化基因解码已列入舟山、宁波等地的文化发展规划之中。因此，浙江省海洋文化产业具备良好的产业基础与政策环境。

（3）江苏省海洋文化产业

江苏省海洋经济以船舶、海工装备等为主，整体层次不高，且海洋经济占GDP的比重低于全国平均水平，与广东、山东等省份相比有较大差距。2016年江苏省文化厅发布的《江苏省"十三五"文化发展规划》未出现"海洋"等关键词。2018年4月，江苏省发展和改革委员会、江苏省海洋与渔业局发布的《江苏省"十三五"海洋事业发展规划》中出现"文化"一词共两处：一处是在"提升发展海洋现代服务业"部分提到"建设山海神话文化旅游"；另一处在"保障措施"部分关于"增强公众海洋意识"中提到："开展海洋文化资源调查，保护重要海洋节庆和海洋民俗，推进涉海非物质文化遗产的保护与传承"①。

南通、盐城、连云港等海洋文化资源丰富的沿海城市则将海洋文化产业纳入到发展战略中。例如，2017年连云港市海洋与渔业局发布的《连云港市"十三五"海洋经济发展规划》将"海洋文化产业"列入到规划总

---

① 《江苏省"十三五"海洋事业发展规划》，原江苏省海洋与渔业局网，2017年8月21日，zrzy.jiangsu.gov.cn/gtapp/nrgllndex.action？type＝28cmessageID＝6085986。

论中规划范围部分，将其与海洋生物产业等作为海洋新兴主导产业，并设专门小节"优化开发海洋文化产业"，具体包括开展海洋文化遗产普查和保护、开发海洋特色的文化产品和服务、创新海洋新闻传播业态、深化经贸文化交流等。此外，还有"培育海洋文化旅游产业集聚区，以西游记文化和徐福出海传说为魂、构筑滨海旅游新格局"等内容。

实际上，从区位上看，江苏沿海地区处于东部沿海中心地带，地处"一带一路"、沿江沿海交汇点，有其独特的优势。近年来，以海洋撬动江苏省整体发展水平也逐渐成为全省共识。2021年4月27日，江苏省委政府召开全省沿海发展座谈会，江苏省委书记娄勤俭明确提出"沿海地区是全省发展的重要轴线，事关全局和整体。推进沿海地区高质量发展，其意义是全局性、战略性、长远性的，必须作为'十四五'发展的紧迫任务、摆在重中之重的位置来抓"，而"文化"也将成为江苏省海洋战略的重要内容。

3. 南部海洋经济带

南部海洋经济圈是由福建、珠江口及其两翼、北部湾、海南岛沿岸地区组成的经济区域，包括福建省、广东省、广西壮族自治区和海南省的海域与陆域。

（1）福建省海洋文化产业

福建省是国内较早将海洋文化创意明确列入海洋经济发展规划中的省份之一。《福建省"十三五"海洋经济发展专项规划》将"发展'海洋文化创意'等现代海洋服务业"列入环三都澳湾区、闽江口湾区、湄洲湾区、泉州湾区、厦门湾区等重要区域发展重点中。这与福建省海洋文化资源的丰富、悠久密不可分，特别是泉州、莆田、厦门、漳州等沿海地区在文化强国等战略之下越来越意识到经略本地海洋文化的重要性。

具体来说，丰富的海洋文化资源多与旅游业相结合，例如：泉州市是古代海上丝绸之路的重要节点，而海丝文化也成为泉州打造精品文化旅游线路的关键内容；而莆田湄洲妈祖文化旅游节经过多年发展，也成为推介莆田文化旅游、做足全域旅游的重要平台；再如，2019年厦门市启动"厦门海洋文化产业与海洋意识宣传教育研学联盟"，由涉海高校、海洋科研院所、海洋类文博馆科普馆、海洋意识教育基地、海洋文化相关企业共同发起，是福建首个以海洋文化教育为主旨，集海洋文化教育、文化传播与实践研究于一体的研学系列活动。

此外，2018 年福建省发展和改革委员会发布的《福建省加快海洋经济建设 2018 年工作要点》中提出"壮大发展海洋现代服务业。深入挖掘海洋文化资源，以妈祖文化、海丝文化、船政文化为依托，组织创作反映海洋文化的演艺剧目、创意设计、动漫游戏、工艺美术等作品，培育海洋文化创意，扩大海洋文化影响力"。由此可以看出，围绕海洋文化，发展超越海洋文化旅游之外更为丰富的海洋主题现代文化产业门类也是福建省正在着力探索的。

（2）广东省海洋文化产业

广东是海洋经济强省。广东省自然资源厅编写的《广东海洋经济发展报告（2020）》数据显示：2019 年全省海洋生产总值 21059 亿元，占全国海洋生产总值的 23.6%，连续 25 年居全国首位，广东已经成为我国海洋经济发展的核心区域。其中，"旅游+文化"等海洋旅游业新业态潜能进一步释放。2019 年沿海城市接待游客 5.3 亿人次，同比增长 8.5%。同时，广东省也是文化强省，文化及相关产业增加值、旅游总收入连续多年居于全国首位。2021 年 3 月 10 日，广东省文化和旅游厅发布的《广东：文化和旅游迈入高质量发展新阶段》数据显示：2019 年广东省文化及相关产业增加值为 6227.18 亿元，同比增长 7.59%，占全省 GDP 比重达 5.77%。

《广东省海洋经济发展"十三五"规划》第四章"构建现代海洋产业体系"中，海洋文化产业作为第三节"加快发展海洋服务业"的五大任务之一。"十三五"时期，海洋文化与休闲旅游、创意设计、海洋高端制造等的深度融合也成为广东省海洋文化产业最主要的发展特征。

此外，"十三五"时期，粤港澳大湾区国家战略的落地也进一步为海洋文化产业发展营造了良好的政策氛围。2017 年 7 月 1 日，在国家主席习近平见证下，香港特别行政区行政长官林郑月娥、澳门特别行政区行政长官崔世安、国家发展和改革委员会主任何立峰、广东省长马兴瑞共同签署《深化粤港澳合作，推进大湾区建设框架协议》。2019 年 2 月 18 日，中共中央、国务院印发了《粤港澳大湾区发展规划纲要》。粤港湾三地文化均以海洋文化为底色，这为广东省海洋文化产业发展带来新的机遇；同时，以产业为载体也是塑造湾区人文精神、推动文化交流互鉴与繁荣发展的有力手段。

具体来说，《粤港澳大湾区发展规划纲要》中多次提到探索文化创意合作模式，特别在"大力发展海洋经济"部分提出"加快发展港口物流、滨海旅游、海洋信息服务等海洋服务业"；在"加快发展现代服务业"部分提到"以航运物流、旅游服务、文化创意、人力资源服务、会议展览及其他专业服务等为重点，构建错位发展、优势互补、协作配套的现代服务业体系"①。

此外，2018年，深圳发布《关于勇当海洋强国尖兵，加快建设全球海洋中心城市的决定》，并配套出台了《关于勇当海洋强国尖兵，加快建设全球海洋中心城市的实施方案（2018—2020）》建设海洋中心城市。2019年8月，《中共中央国务院关于支持深圳建设中国特色社会主义先行示范区的意见》中明确"支持深圳加快建设全球海洋中心城市"，而海洋文化传承、海洋文化产业化、提升深圳海洋文化在全球的辐射力也被列入其中。

（3）广西壮族自治区海洋文化产业

"十三五"以来，广西海洋经济总量和增速呈现逐年上升的趋势。全区海洋生产总值由2016年的1233亿元增长至2019年的1644亿元，年均增速约为11%②；文化产业得到进一步政策支持，先后出台《广西壮族自治区文化发展"十三五"规划》《广西文化产业跨越发展行动计划（2017—2020）》《促进文化产业发展若干政策措施》《关于推动文化企业出精品出人才出名企上台阶上水平的实施方案》等一系列政策文件；旅游业呈现稳步增长趋势。广西壮族自治区文化和旅游厅党组书记、厅长甘霖在"开好局起好步·助力广西旅游高质量发展"座谈会上报告："十三五"期间，广西旅游总消费突破万亿元，由2015年的3254亿元增加到2019年的10241亿元，排全国第9位，增长215%。2019年，全区旅游业综合增加值占GDP比重达

① 《粤港澳大湾区发展规划纲要》，共产党员网，2019年2月19日，https://www.12371.cn/2019/02/19/ARTI1550531614551846_all.shtml。
② 王艳群：《我区向海洋经济增长再提速》，《广西日报》2021年3月1日，第3版。

18.6%，占服务业比重达 36.6%，旅游税收对财政收入的综合贡献率达 17.5%；海洋文化产业逐渐引起重视。2020 年广西壮族自治区委员会、广西壮族自治区人民政府发布的《关于加快发展向海经济推动海洋强区建设的意见》将"振兴广西海洋特色文化"列为重点工程之一。

抓住与东盟国家陆海相邻的区位优势是"十三五"时期广西海洋文化产业发展的重点之一。例如，截至 2021 年 8 月，中国—东盟文化论坛已成功举办 21 届，成为广西文化企业拓展海外市场、进行文化交流与项目合作的良好平台。《广西文化产业跨越发展行动计划（2017—2020）》也明确提出：发展"海丝文化产业带"，即"释放'海'的潜力"，重点"支持与'丝绸之路'沿线国家开展文化交流与贸易往来，推动广西与'一带一路'倡议沿线国家文化交流、产业经济合作不断发展"。

此外，广西壮族自治区是旅游大省，文旅深度融合也是"十三五"时期广西海洋文化产业发展的显著特征。例如，北海市合浦县深入挖掘海上丝绸之路文化遗产价值，实施"文化旅游名县"工程，以"海丝文化"为主题打造舞台剧精品《珠还合浦》，通过演出吸引游客，通过文化魅力丰富游客体验，形成良好的文旅融合发展模式。

（4）海南省海洋文化产业

海南省是中国海洋面积最大的省份。《海南省海洋经济发展"十四五"规划（2021—2025）》数据显示："十三五"时期海南省海洋经济规模不断扩大。2015—2020 年，海洋生产总值由 1005 亿元增长到 1536 亿元；海洋经济占全省 GDP 的比重由 26.9%上升到 27.8%。其中，海洋旅游业由 2015 年的 195 亿元增长到 270 亿元。海南省新闻办公室数据显示："十三五"时期，海南文化产业发展持续壮大。2019 年文化产业营业收入 4763612.9 万元，与 2015 年相比，增长率为 120.9%。

"十三五"时期海南文化产业迎来巨大政策利好。2018 年 4 月 13 日，习近平总书记在庆祝海南建省办经济特区 30 周年大会上发表重要讲话，向全世界宣布，党中央决定支持海南全岛建设自由贸易试验区①。随后，《中

---

① 习近平：《在庆祝海南建省办经济特区 30 周年大会上的讲话（2018 年 4 月 13 日）》，《人民日报》2018 年 4 月 14 日第 2 版。

共中央国务院关于支持海南全面深化改革开放的指导意见》发布，明确了海南"三区一中心"的战略定位。其中，"国际旅游消费中心"部分提出"支持海南举办国际商品博览会和国际电影节"；此外，还提出"支持在海南设立21世纪海上丝绸之路文化、教育、农业、旅游交流平台"①。

实际上，"十三五"时期，海南省海洋文化产业最大的亮点也在于海洋影视产业的迅猛发展。海南省发展影视产业有其自身优势，早在2016年发布的《海南省文化广电出版体育"十三五"发展规划》中便提出"大力发展影视制作产业"，其发展路线也正是"利用海南天然摄影棚、国内独一无二的热带海岛风光取景地等优势，吸引国内外尤其是好莱坞大片来琼拍摄，打造国际影视制作和拍摄基地"，同时以影视拍摄"吸引影视上下游文化产业——演艺业、时装业、传播业、出版业、广告业、游戏业等集聚，辐射休闲、旅游、酒店、餐饮等相关产业"。此前已有冯小刚电影公社等建成运营。随着《海南自由贸易港建设总体方案》以及财政部、国家税务总局《关于海南自由贸易港企业所得税优惠政策的通知》等文件的发布，以及海口、三亚等地区此前发布的关于促进影视产业发展的政策文件，税收、补贴等政策的利好吸引大批影视企业来海南注册。此外，首届海南岛国际电影节也成功举办，海洋文化产业园吸引阿里巴巴文娱集团南方总部、爱奇艺创意中心、美拉影视等知名企业入驻，而影视产业作为影响力强、带动力强的文化行业，也在与旅游业、休闲娱乐业以及现代商贸等形成融合发展的态势。

三 海洋文化产业发展特征与热点

"十三五"时期，我国海洋文化产业在市场需求牵引与数字技术驱动之下呈现出转型升级的发展特征。

---

① 《中共中央国务院关于支持海南全面深化改革开放的指导意见》，中华人民共和国中央人民政府网，2018年4月14日，www.gov.cn/zhengce/2018-04/14/content_ 5282456. htm。

（一）海洋文旅融合趋势显著

以海洋自然资源、现代化休闲设施等为主的滨海旅游一直是我国海洋经济的重要组成部分，同时也面临着同质化发展、体验性差以及深度消费性弱等困境。近年来，以文促旅、以旅彰文、文旅融合的趋势越来越明显。这既与国务院机构改革中文旅融合的总体战略直接相关，更与当前我国滨海旅游业发展的阶段特征、海洋文化产业化的主导路径密不可分。

海洋文旅融合的类型主要有以下几种：第一，依托当地特色海洋文化建设博物馆、文化小镇、民俗体验馆等文旅融合项目。例如，河北唐山曹妃甸区以建设永丰村农垦文化小镇、非遗手工面塑体验馆等文旅项目推进旅游与文化的融合；第二，将海洋文化遗产纳入到旅游产品与旅游商品体系中去。例如舟山渔民号子、渔网编织等海洋非物质文化遗产等逐渐成为重要的旅游产品。此外，沿海各地也越来越注重提炼本地海洋特色资源，以创意设计呈现文化内涵并提升旅游商品的开发水平和市场价值；第三，以文化作为旅游目的地的营销手段。例如举办妈祖平安节、渔家乐民宿风情节、开渔节等文化节庆进行旅游目的地营销。再如，增加旅游目的地形象与口号的文化含量。例如，2019 年福建省人民政府办公厅下发《全力打造"全福游、有全福"品牌总体方案的通知》，明确提出："打造'全福游、有全福'品牌是省委、省政府做出的重大决策部署，是对'清新福建'品牌的深化，对于进一步凸显全省文化特别是福文化的独特内涵，扩大福建文化和旅游影响力，树立新时代新福建的良好形象，做大做强文化事业、文化产业和旅游业，更好的服务坚持高质量发展落实赶超具有重要意义"①。

---

① 《福建省人民政府办公厅关于印发全力打造"全福游、有全福"品牌总体方案的通知》，中华人民共和国商务部中国服务贸易指南网，2019 年 3 月 27 日，tradeinservices. mofcom. gov. cn/wenhua/difangzc/201905184826. html。

（二）海洋休闲产业发展迅猛

休闲旅游是一种相对于观光旅游和度假旅游而言的旅游形式，是一种以消遣休闲为目的的旅游活动，强调游客获得真正的身心放松，也是一种目的地旅游业发展模式，与观光旅游相比，它的层次更高，呈现丰富性、深入性和舒适性特征，与度假旅游相比，它更侧重于以文化作为核心吸引要素①。休闲旅游的迅猛发展是旅游业发展到高级阶段的必然产物，与国民收入水平的提升、教育文化水平的提高等社会环境因素相关，与文旅融合等产业发展趋势有内在的同构性。

海洋因其天然所具有的闲适、辽阔以及与城市生活的距离等特质，日渐成为休闲旅游的目的地，海洋休闲旅游迅猛发展。需要注意的是，海洋休闲旅游多呈现融合性、辐射性发展趋势，围绕旅游业态形成范围更广的海洋休闲产业。具体来说，主要有帆船、赛艇、摩托艇、冲浪、潜水等运动类海洋休闲产业；特色餐饮、民宿、酒吧、咖啡、娱乐设施等商业类海洋休闲产业；海钓、矶钓等垂钓类休闲产业；水疗、温泉等康养类休闲产业。此外，还包括近年来越来越受到关注的游学类海洋休闲、豪华游轮休闲等。

（三）海洋文化创意产业快速升温

伴随国民收入水平的提升，民众对美好生活的追求不断加强，以文化和创意提升生活品质的理念越来越得到彰显，文化创意融入日常生活已成为公众追求美好生活的表现形式，而"海洋"作为生命之源，也越来越成为文化创意的灵感之源，海洋文化创意产业快速升温。

海洋文化创意的快速升温既与日渐迅猛的需求增长相关，也与相关主体的直接推动相关。首先是在海洋强国、"一带一路"倡议引导之下，沿

---

① 陈永昶、郭净、徐虹：《休闲旅游——国内外研究现状、差异与内涵解析》，《地理与地理信息科学》2014年第6期。

海地区政府部门、博物馆以及海洋馆等相关场馆越来越意识到海洋文创产品在宣传海洋文化、提升海洋意识层面的重要意义，推动一批海洋文创产品的设计与流通；其次，颇具创意元素的海洋工艺品一直是以滨海旅游业为主体的产业体系中不可或缺的部分，近年来，文创热的升温也刺激滨海旅游业产业主体看到海洋文创产品在旅游目的地营销、特色旅游产品等方面的潜力。

（四）数字海洋文化产业方兴未艾

当前，数字文化产业正在成为我国文化产业发展中最具增长潜力的门类。国家统计局发布的《文化事业繁荣兴盛，文化产业快速发展——新中国成立 70 周年经济社会发展成就系列报告之八》指出文化新业态发展势头强劲。文化产品和服务的生产、传播、消费的数字化和网络化进程加快，数字内容、动漫游戏、视频直播、视听载体、手机出版等基于互联网和移动互联网的新兴文化业态成为文化产业发展的新动能和新增长点。2016 年、2017 年，全国规模以上文化信息传输服务业营业收入分别增长30.3% 和 34.6%，远高于 2005—2018 年文化产业增加值年均增速 18.9%。

数字技术与文化生产、传播以及消费的融合是一个持续进行的过程。早在 20 世纪初，世界范围内便掀起文化遗产数字化的热潮，而数字文化产业在"十三五"时期呈现爆发式增长也是长期以来技术不断迭代与渗透，文化消费市场逐渐成熟，特别是国家政策的直接引导等多种因素共同促成。同样，"十三五"时期，海洋文化产业数字化也超越海洋文化遗产的数字化保护与传承等议题，在文化传播、商业模式、治理模式、消费体验等多层面的全面数字化，呈现一种方兴未艾的态势。

四 海洋文化产业发展的制约性因素

文化产业的发展得力于国民收入水平的提升所引致的文化消费需求的蓬勃以及数字技术的迭代驱动，特别是文化强国等的政策效应，但需要注意的是，具体到海洋主题的文化产业仍面临着较多的制约性因素，既有我国文化产业发展的一般性困境，也有海洋领域的特殊性因素。具体包括：

（一）海洋文化产业结构不合理

整体而言，目前我国海洋文化产业仍以文化旅游为主，基于海洋意象、传说、故事等海洋文化资源现代化开发而成的、附加值更高、更适宜全产业链开发，且更能彰显我国海洋文化特色与精神的影视、出版等文化内容产品较少。现有的海洋文化内容产品的影响力也多局限在特定区域，尚未有全国范围内有影响力的影视作品等。海洋文化产业结构不够合理，即现有发展格局以海洋产业文化化为主，而海洋文化产业化的路径尚未建立。

即使在海洋文化旅游行业，文化与旅游深度融合的进程仍有较大的空间。现有的政策文件以及统计标准中仍以滨海旅游为主，文化在滨海旅游业、休闲旅游业乃至其他海洋产业门类中的作用尚未得到充分彰显。这与我国文化产业的整体状况较为一致，主要原因在于文化内容产品对创意人才、资本等要素的要求更高，且风险更大，而文化旅游则因周期短、风险小而成为市场主体的优先选择。这既不利于海洋文化产业做大做强，也不利于满足人民群众文化需求、真正让人民群众感受到我国海洋文化的精神力量。

（二）海洋文化资源缺乏深度挖掘

目前对于海洋文化资源的挖掘仍然处于较为初级的阶段，以旅游为主，即使在现有的文化+滨海旅游发展模式中，也以海洋文化元素的直接展示或简单堆砌为主，缺乏基于深层次地挖掘与现代化转化的旅游产品开发，真正基于地方海洋文化内涵的体验式产品更为缺乏，导致陷入同质化困境，难以形成文化对旅游真正的引领作用。

海洋文化资源缺乏深度挖掘的原因是多方面的：第一，产业主体运营模式的不足。即地方特色海洋文化资源多业态、全产业链开发不足，既不利于多轮增值性开发实现良好的盈利，单一产品开发模式市场风险也更大。第二，人才、技术等要素的缺乏导致海洋文化创意基础薄弱。我国海洋文化资源原生性、地方性、传统性较强，距离现代化文化需求尚有一定的差距，因此需要借助文化创意实现现代化转化与产业化开发，这对于人才、技术等要素有较高的要求，而这也是目前我国文化产业整体发展中较为缺乏的要素。第三，机制不畅导致的海洋文化资源挖掘障碍。与其他优秀的传统文化相类似，我国丰富的海洋文化遗产保留在博物馆以及科普馆等各类机构内，目前尚缺乏合作、授权以及独立开发等的有效机制，这也制约了海洋文化资源的有效挖掘。

（三）海洋文化资源开发与保护存在矛盾

文化产业的发展固然离不开创意、技术等现代化生产要素的转化，但更需要作为产业基础性要素的文化资源。在文化强国战略与地方经济竞争加剧之下，沿海各省市越来越重视海洋文化资源的产业化开发。特别是，当前我国海洋文化产业尚处于严重依赖海洋文化资源的阶段，主要业态是以海洋文化资源的直接性开发为主的文化旅游、文化节庆等。此种发展模式面临着保护与开发的矛盾。

首先是海洋文化遗产特别是由沿海居民以口头、技艺、习俗等方式传承的各类非物质海洋文化遗产在现代化、全球化与城市化的浪潮中面临着保护与传承的困境，这些正在逐渐消失的文化遗产是海洋文化产业的基础性生产要素。其次，既有的海洋文化资源开发方式存在着过度化、同质化、庸俗化等问题，既不利于增强海洋文化产品的价值，也不利于海洋文化的传承发展，简单粗暴的开发方式也在透支或损害海洋意境与内涵，不利于海洋文化产业的可持续发展。

(四) 顶层设计支持不足

海洋文化在人类文化体系之中占据独特的位置，其神秘、浪漫与自由的特质与人类亲水的天性相契合。无论是文化强国战略中文化产业的进一步发展，还是海洋经济的转型升级，海洋文化产业皆是必要的战略选择。虽然沿海各省市对海洋文化产业的重视程度越来越高，也多将其作为"十四五"时期的发展内容，但整体而言，我国海洋文化产业的政策支持仍有很大的不足，特别是中央部委和省级地方的顶层设计层面的支持还很缺乏。文化和旅游部发布的《"十四五"文化和旅游发展规划》仅在"丰富旅游产品供给"部分提及"发展海洋及滨海旅游"。沿海各省市也多将海洋文化产业作为海洋现代服务业的一部分内容对待。

顶层设计的缺乏直接导致人力、资金、政策等的支持不到位，沿海各地区也缺乏一种明确发展海洋文化产业的意识，相关的学术研究团队也难以成长壮大，更严重的是顶层设计的缺位不利于我国沿海各省市走出同质化竞争，走向区域良性平衡发展的格局，也无法在全国范围内统一规划、协同开发如妈祖文化等的海洋文化资源。

五　海洋文化产业发展对策分析

海洋文化产业的发展对策应立足现状，面向《第十四个五年规划和2035年远景目标规划纲要》，对标《"十四五"文化和旅游发展规划》《"十四五"文化产业发展规划》等要求。具体来说，应该做好基础工作、瞄准整体方向、夯实路径选择、找准具体抓手。

（一）基础工作：强化海洋文化内涵的梳理与挖掘

独特的海洋文化内涵是产业发展的原动力，各地海洋文化特质也是科学有效开发相关产品的基础，更是打破当下我国海洋文化产业同质化、低附加值发展的基本抓手。当前，海洋文化内涵的梳理、挖掘等基础性工作还有待加强，特别是在如何有针对性地挖掘出可与出版、影视、演艺、短视频、直播等现代化文化产品有效对接的文化内涵方面有很多工作尚未开展。

　　各沿海地区相关政府部门应充分调动海洋历史与文化研究机构的积极性，支持一批搜集、整理海洋民间故事、传说以及口述历史的专门项目，注重培养兼具现代化产业思维与历史文化基础的人才团队，真正把海洋文化的"家底"梳理好、挖掘好。

　　此外，还需要特别加强海洋文化资源的数字化建设，积极对接国家文化大数据体系建设，按照统一的技术标准与要求认证，实施海洋文化遗产标本、海洋文化基因、海洋文化素材的采集、清理、标注、关联和解构工作，建立海洋文化大数据体系。同时，通过国家文化大数据平台中的交易、结算与支付管理系统，对接到文创企业、体验园（厅、馆）、个人用户以及其他网络共享平台等，真正将海洋文化资源借助数据流转到文化产业生产、消费、交易、展示、储存等流程中去，为海洋文化产业的创新发展提供基础性要素。

（二）整体方向：推进海洋文化产业创新发展

　　当前，新一轮科技革命和产业变革深入发展，不断催生新产品、新业态和新模式，为文化产业转型升级提供强劲动力。海洋文化产业也应该坚持创新驱动，特别注重落实数字化战略，推动海洋文化产业全面转型升级、实现高质量发展。

　　现代科技、创意与商业化运营是海洋文化产业化的动能，也是创新发展的方向。首先，注重发展新型海洋文化业态。推进5G、大数据、云计算、人工智能、超高清、物联网、虚拟现实、增强现实等技术在海洋文化产业中的应用。促进海洋文化与网络直播、短视频等数字经济相融合。其次，运用现代科技改造提升海洋文化产业传统业态。通过现代科技与数字技术的运用，增强海洋文化的表现力、感染力与传播力。再次，围绕创意要素构建创新发展生态体系。创意是将海洋文化从沿海人民的口口相传中、文物与博物馆展柜中以及书本中挖掘出来，完成从文化资源到文化产品转换的关键要素。围绕创意要素布局产业链、围绕产业链布局创意链，推动创意要素、资本要素等的合理集聚，实现创意要素高效服务产业发展。最后，强化沿海地区产业主体商业化运作能力，探索各类有力的运营模式。基于同一文化资源的全产业链开发、以"文化+"为载体的多产业融合式发展既是做大文化产业的必要路径，更是降低风险、做强文化产业的有效抓手，同时也是文化产业独特产业特征的内在要求，应作为增强运营能力的必要选择。

（三）路径选择：激发海洋文化市场主体发展活力

文化企业是文化产业发展的主体。整体而言，当前我国海洋文化产业发展中企业的主体地位尚不够彰显，大批海洋文化节庆、海洋文化特色街区以及海洋文创产品多为沿海地区政府主导，其定位多为地方经济发展的催化剂，或者以海洋文化传播、海洋意识宣教等为目的，而真正以企业为主体的海洋文化市场化开发还不够显著，现有的相关企业也呈现散、弱、小的发展状况，这也导致了海洋文化资源开发中的诸多问题以及海洋文化产业发展的整体性困境，也不利于我国海洋文化产业真正实现持续化、良性化壮大。因此，需要充分激发海洋文化市场主体发展活力。

具体来说，坚持分类指导，一方面着力培育骨干企业，形成一批以海洋文化产业化为主营业务的，具有核心竞争力与影响力的文化企业集团；另一方面，鼓励沿海地区小微文化企业朝着特色化与专业化的方向发展。同时，规范园区、孵化器、加速器等各类服务平台与空间载体，引导其创新服务方式，为小微企业的发展壮大提供良好的环境。

（四）具体抓手：打造一批海洋特色文化品牌

企业是产业发展壮大的主体，而产品则是直接面向消费端的抓手。当前，我国海洋文化产业在海洋经济以及文化产业整体版图中的显示度不够，相关的统计标准与统计数据尚未被纳入到官方认可之中，而品牌是引发关注，引起示范、辐射以及带动式发展的有力工具，也是真正让公众领略海洋文化独特魅力、让市场主体洞悉海洋文化独特价值、驱动海洋文化产业走出政府主导从而实现良性可持续发展的有效路径。因此，国家海洋局等相关部门应做好顶层设计、沿海各省份相关部门应做好对应工作，精心选择一批兼具海洋文化资源与产业化要素的海洋文化产业项目，着力打造一批海洋特色文化产业品牌、建设一批重大项目工程。此外，还应该相应地建设一批海洋文化产业智库团队、高峰论坛，通过定期发布海洋文化产业年度报告、召开高层次会议等形式引起关注，为海洋文化产业的发展营造良好氛围。

中国海洋文化教育及人才培养

王海涛　郭珍　霍玉东

一　中国海洋文化教育"十三五"发展概述

（一）海洋文化教育的背景

海洋是生命的摇篮、资源的宝库，中华民族的存续发展与海洋联系密切，中国文化与海洋息息相关。海洋文化重在多元与开阔，容纳万物，兼收并蓄。这是我国民族文化的特质，也是文化的优势所在。

我国海洋文化源远流长，拥有八千年乃至更长时间的历史。[①] 而到了近代，由于国内外共同的因素，海洋文化被轻视，海洋事业发展远远落后西方，整个国家因此付出惨痛代价。当今各国综合国力竞争日趋激烈，不仅包括经济、科技、军事等硬实力的竞争，更包括民族文化、思想观念、意识情感等软实力的竞争。种种海洋硬实力激烈竞争的背后，海洋意识、海洋理念等海洋文化问题显得更加重要，海洋文化在海洋发展竞争中的地位和作用越来越突出。[②]

近年来，中国坚定不移地实施海洋强国战略。2012 年，党的十八大报

---

① 参见曲金良《中国海洋文化史长编》，中国海洋大学出版社 2013 年版。

② 洪刚：《新时代背景下中国海洋文化理论研究的基础性认识探析》，《中国海洋经济》2018 年第 2 期。

告首提"建设海洋强国"，为我国海洋事业发展确定了战略目标①。习近平总书记多次强调海洋的重要性，2013 年 7 月，习近平总书记在中共中央政治局第八次集体学习时强调"要进一步关心海洋 认识海洋 经略海洋"②。2017 年 10 月，习近平总书记在党的十九大报告中明确要求"坚持陆海统筹，加快建设海洋强国"③，2019 年 4 月，习近平总书记在青岛集体会见应邀出席中国人民解放军海军成立 70 周年多国海军活动的外方代表团团长时提出海洋命运共同体重要理念④。

文化传承不仅要靠个人的文化自觉，更要靠学校、靠教师、靠学生，依靠系统的海洋文化教育。只有将海洋文化教育推广普及，才能有效传承与发展海洋文化。如今，中国政府尤其重视海洋文化教育的推广普及，在海洋强国战略和相关政策指导下，沿海省市在海洋文化教育的道路上劈波斩浪，率先作为。

2016 年，我国颁布《全民海洋意识宣传教育和文化建设"十三五"规划》，提出全面打造海洋新闻宣传、海洋意识教育和海洋文化建设三大业务体系，以提升全民海洋意识，发扬海洋文化⑤。

在海洋强国战略背景下，我国部分省市，尤其是沿海地区，先后出台支持开展海洋文化教育的各种政策，并开展形式多样的海洋文化教育实践。其中，具有代表性的地区如山东青岛、浙江舟山、海南省、台湾地区等。

青岛市提出"海洋攻势"，发布《关于加快建设全国海洋教育示范城特

---

① 《十八大报告首提"海洋强国"具有重要现实和战略意义》，《河南日报》2012 年 11 月 11 日，第 5 版。

② 《习近平：要近一步关心海洋、认识海洋、经略海洋》，中华人民共和国中央人民政府网，2013 年 7 月 31 日，www.gov.cn/ldhd/2013-07/31/content_ 2459009. htm。

③ 习近平：《决胜全面建成小康社会 夺取新时代中国特色社会主义伟大胜利——在中国共产党第十九次全国代表大会上的报告（2017 年 10 月 18 日）》，人民出版社 2017 年版，第 42 页。

④ 《习近平集体会见出席海军成立 70 周年多国海军活动外方代表团团长》，中华人民共和国中央人民政府网，2019 年 4 月 23 日，http：//www. gov. cn/xinwen/2019-04/23/content_ 5385354. htm

⑤ 中华人民共和国自然资源部：《全民海洋意识宣传教育和文化建设"十三五"规划》，2016 年。

色市的实施方案》，在全市学校普及实施海洋文化教育；浙江省积极推进《海洋教育发展行动方案》，宁波、舟山等地的海洋教育成果突出；海南省则充分利用区域优势开展特色海洋意识教育，从幼儿园开始抓起，推动海洋文化教育的普及；我国台湾地区自 2001 年开始，相继发布《海洋白皮书》《海洋政策白皮书》和《海洋教育政策白皮书》等文件，为海洋文化教育提供政策支撑。尤其是 2007 年颁布的《海洋教育政策白皮书》，为海洋教育制定详细的目标与策略，推动我国台湾地区终身海洋教育体系的形成。

（二）海洋文化教育的内涵

20 世纪 90 年代后，国内对海洋教育、海洋文化、海洋意识、海洋素养等理论进行研究和探讨，从不同角度揭示海洋文化教育的内涵。

"海洋教育"是内容比较宽泛的词汇，虽然当前学术界对海洋教育还没有形成统一的权威定义，但是对于海洋教育的表述却有共通之处。黄建钢认为"海洋教育就是对国民进行海洋意识、知识和能力的教育"[1]，马勇认为，凡是增进人的海洋文化知识、增强人的海洋意识、影响人的海洋道德、改良人的海洋行为的活动都应归属于广义的海洋教育。[2] 台湾地区学者吴靖国将海洋教育定义为"通过引导学生接近海洋、探寻海洋、关注海洋，增强人文、科学、生态等方面认知的发展，从而解决海洋环境资源问题的教育过程"，同时提出了"认知海洋、亲近海洋、关爱海洋"的海洋教育主题。[3]

海洋意识教育是海洋教育的一部分，如下图所示，海洋意识教育是在特定国情条件下提出的教育活动，强调唤醒和增强民众对海洋的认识，从而进一步实施与海洋相关的积极行为。同时，国内外有关海洋教育的基本

---

[1] 黄建钢：《论"中国国家海洋战略"——对一个治理未来发展问题的思考》，《浙江海洋学院学报》（人文科学版）2007 年第 1 期。

[2] 马勇：《何谓海洋教育——人海关系视角的确认》，《中国海洋大学学报》（社会科学版）2012 年第 6 期。

[3] 吴靖国（Chin-Kno Wu）、施心茹（Hsih-Jn Shih）《"国小"海洋教育"关怀"课程内涵之建构》，《市北教育学刊》（台北）2010 年第 35 期。

概念与原理的研究指向"海洋素养"，它在一定程度上规定了海洋教育中的知识和能力范畴。海洋文化教育，与海洋教育、海洋意识教育、海洋素养教育相比而言，更加注重基础海洋科学知识和人文知识教育范畴内容，明确文化育人的导向。本文综合相关的理念和实践经验，认为海洋文化教育是"纵向以人的发展为维度包括与海洋相关的知识、情感、意识、行为，横向以教育内容领域为维度，将自然海洋、人文海洋、社会海洋三大领域作为核心。融合人的发展与海洋教育内容，以此培养关心海洋、认识海洋、经略海洋的全面发展的人"。

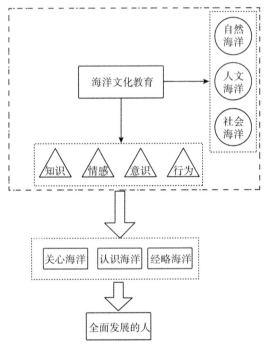

图1　海洋文化教育的内涵

（三）海洋文化教育的内容

当前，美国、日本等国家和地区的海洋文化教育以基础教育为重点，将海洋基础知识融入中小学学科教学体系，通过政策构建、知识融合以及协同合作等形式，逐步形成了相对成熟的海洋教育经验。

在海洋文化教育的内容体系构建方面，应当借鉴众多专家学者的研究成果，并在其基础上进行完善后加以运用。

根据实施内容，海洋文化教育可划分为自然、人文、社会三类，并在融入中小学海洋基础知识、中职海洋职业技术、大学海洋科学研究同时，充分考虑知识、能力、过程、方法、情感、价值观的阶段性培养，以学校为基点，将家庭、社区等微型主体容纳进来，逐步向全社会推广，最终实现全国海洋文化教育普及工作，为全社会培养知、情、意、行兼具的海洋人才，构建和谐的人海关系，实现海洋强国梦。

（四）海洋文化教育的实践

1. 政策驱动

我国从国家战略高度重视海洋文化教育，持续颁布政策推广普及海洋文化教育。早在 1996 年，国家颁布《中国海洋 21 世纪议程》，在议程中提出"增加海洋教育投入，宣传和普及海洋教育"[1]；1998 年，国家颁布《中国海洋事业的发展》，强调"对青少年进行海洋知识教育，建设国家海洋信息中心"[2]。2006 年，颁布《国家"十一五"海洋科学和技术发展规划纲要》，提出"加强海洋科技普及教育"[3]；2008 年颁布《国家海洋事业发展规划纲要》，提出"普及海洋知识，在中小学开展海洋基础知识教育"；2010 年颁布《全国海洋人才发展中长期规划纲要（2010—2020）》，强调"在中小学开展海洋常识教育和海洋科学教育，社会组织开展海洋活动，营造环境，吸引青少年"；2011 年颁布《国家"十二五"海洋科学和技术发展规划纲要（2011—2015）》，提出"支持青少年参与海洋科普活动打造科普精品工程"；2013 年颁布《国家海洋事业发展"十二五"规划》，强调"制定指导意见推进中小学海洋基础知识教育"。到了 2016 年，

---

① 国家海洋局编：《中国海洋 21 世纪议程》，海洋出版社 1996 年版。
② 中华人民共和国国务院新闻办公室：《中国海洋事业的发展》，1998 年 5 月 26 日，www.gov.cn/zhengce/2005-05/26/content_ 2615749. htm。
③ 《国家"十一五"海洋科学和技术发展规划纲要》，中华人民共和国自然资源部，2009 年 9 月 17 日，gc. mnr. gov. cn/201806/t20180614_ 1796431. html。

国家颁布《全民海洋意识宣传教育和文化建设"十三五"规划》，从"海洋新闻宣传、海洋意识教育、海洋文化建设"三个角度增强全民海洋意识，其中重要途径就是对中小学开展海洋意识教育[①]；2017 年颁布《"十三五"海洋领域科技创新专项规划》，提出"注重对青少年的海洋创新培养教育"。

在国家政策引领下，地方出台相应政策予以实施。

表1　　　　　　　　　　**海洋文化教育地方政策汇总**

地区	相关政策
北京	2016—2018 年北京学生海洋意识教育主题系列活动方案
广东	（2015）广东省教育厅关于地方课程教材初审结果的通知（粤教基函〔2015〕150 号）
海南	（2015）海南省教育厅 海南省海洋渔业厅关于加强中小学生海洋意识教育的通知 （2015）海南省教育厅关于 2015 年海南省海洋意识教育教材选用结果的公示 （2017）海南省教育厅关于参加全国中小学海洋意识教育经验交流会的通知 （2017）海南省教育厅关于公布海南省海洋意识教育特色学校（幼儿园）的通知 （2017）海南省教育厅关于举办 2017 年海南省中小学海洋意识教育地方课程教师培训班的通知 （2018）海南省教育厅关于公布"我的海洋梦想"海南省中小学生绘画大赛获奖结果的通知
山东	《山东海洋强省建设行动方案》 省级海洋意识教育示范基地管理暂行办法 （2020）省海洋局｜省自然资源厅、省教育厅共同举办"海洋意识进课堂 海洋书籍进校园"活动
上海	（2019）上海市海洋局关于开展首批上海市海洋意识教育基地创建申报工作的通知
浙江	（2015）浙江省教育厅关于印发《积极推进浙江省海洋教育发展行动方案》的通知
中国台湾	（2007）海洋教育政策白皮书 96-100 年海洋教育执行计划 101-105 年海洋教育执行计划 106-110 年海洋教育执行计划

[①] 《全民海洋意识宣传教育和文化建设"十三五"规划》，中华人民共和国自然资源部，2016 年 3 月 15 日，gc. mnr. gov. cn/201806/t20180614_ 1795138. html。

在国家与地方政策的驱动下，我国海洋文化教育蓬勃开展，有的已形成较为丰富的经验，生成多彩的教育成果，主要表现在：形成丰富的海洋文化教育资源；认可、支持和推动海洋文化教育普及的组织越来越多；教育信息化成为推动海洋文化教育的重要力量；我国初步形成终身海洋文化教育体系。

2. 实施领域

（1）基础教育领域的海洋文化教育

分析总结"十三五"期间国内海洋文化教育普及的实践可知，国内积极在基础教育领域（幼儿园、中小学）推动普及海洋文化教育的省份有北京市、山东省、浙江省、海南省、台湾地区。其中，海洋文化教育在海南省和台湾地区为全区域覆盖的地方课程，在青岛市和舟山市是市级地方课程，在其他区域，海洋文化教育以校本课程的方式开展。在北京市等地，除校本课程之外，举办系列海洋意识活动是提升学生海洋意识的重要方式。海洋文化教育环境的建设对学生海洋意识的提升具有重要意义，海洋场馆、海洋公园、海洋意识教育基地等环境对学生具有很强的吸引力，有利于学习海洋知识，感受海洋文化，提升海洋意识。

（2）高等教育领域的海洋文化教育

除专业学习海洋课程的学生之外，面向大学生开展海洋文化教育的实践主要有海洋通识课的开展、海洋志愿团体的组织，以及海洋活动开展等。

目前，海洋通识课除了涉海院校外，主要由自然资源部、海洋类高校、国家开放大学等机构开展。海洋通识课的学习促进了大学生对海洋的了解，激发了对海洋的兴趣，提升了大学生的海洋意识。

海洋志愿组织也是大学生与海洋互动的方式之一，如非政府公益组织——蓝丝带海洋保护协会建立了"蓝色志愿·海洋保护网络"[1]，有三十多所大学参与其中，学生们组织团队在全国范围内定期开展沙滩清理、环境教育等海洋保护活动，是促进海洋环境保护与可持续发展的新生力量。

---

[1] 栾彩霞：《蓝丝带海洋保护协会》，《世界环境》2021年第2期。

参与海洋实践活动是开展海洋文化教育的重要方式。其主要的形式是开展海洋重要节日活动、海洋知识竞赛、海洋创业比赛等。例如每年的世界海洋日暨全国海洋宣传日活动，号召大学生的参与；全国大学生海洋知识竞赛已经持续13届，越来越多的大学生参与其中；全球、国际的海洋创新创业比赛，也吸引众多的大学生参与。

（3）社会教育领域的海洋文化教育

面向政府工作人员实施海洋文化教育。对政府部门工作人员开展海洋文化教育，主要通过学习国家海洋战略的相关政策文件，并在贯彻和落实相关法律、政策的过程中进行。另外，海洋相关培训是政府工作人员学习海洋、提升海洋意识的重要方式，如上海市2015年对水务、海洋行业职工进行教育培训，提升海洋行业工作人员在海洋法律、海洋管理、海洋生态等方面的业务水准。[①]

面向企事业单位实施海洋文化教育。对企事业单位工作人员开展海洋文化教育主要是通过普及国家和地方海洋法律、政策的颁布和执行。省市发布海洋类"十三五"规划、海洋具体行业的管理办法、海洋经济发展报告等，对企事业单位工作人员海洋意识的提升具有重要作用。如广东省发布《广东海洋经济发展报告（2020）》，在其中总结海洋经济发展的基本状况，对重点工作进行介绍，对广东不同地区的海洋经济发展进行介绍，并且对2020年的海洋经济重点工作进行规划，对政府部门、企事业单位乃至对社会公众海洋意识提升具有重要意义。

面向社会公众实施海洋文化教育。更多是通过海洋文化教育环境的建设以及海洋文化活动的开展。海洋文化教育的环境主要有海洋场馆、海洋公园、海洋意识教育基地等。以天津市为例，国家海洋博物馆为游客普及海洋科学知识，提升社会公众的海洋意识。全国和地方性海洋民俗节庆活动、海洋文化艺术活动，吸引大量民众参与，体验海洋文化、海洋艺术的魅力，学习海洋文化知识。

[①] 上海市水务局：《关于印发2015年度水务、海洋行业职工教育培训计划的通知》，2015年4月23日。

3. 路径构建

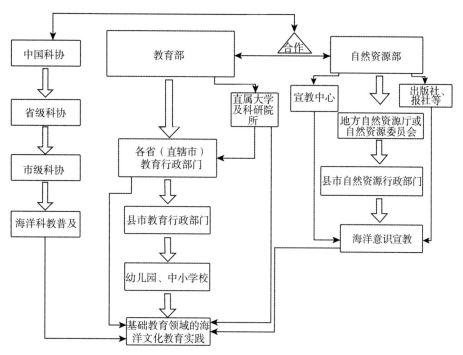

图2 在基础教育领域开展海洋文化教育的国家机构及实施路径

通过政策驱动，推进海洋文化教育实践，如图 8-2 所示，当前对基础教育领域海洋文化教育实践进行统筹开展的政府部门主要是我国教育部、自然资源部、国家科协。通过自上而下的方式，出台政策，统领地方政府，结合区域的出版社、教科研、学校等机构，开展海洋教育教学实践；科学技术协会在海洋科教普及中也发挥了重要影响力。

对高等教育、职业教育，主要由国家教育部、人社部等部门来统筹进行规划管理。对社会教育，目前由政府、科研院所、大学、企业、公益组织等多元主体来参与实施。

二 "十三五" 海洋文化教育实施概况

（一）基础教育领域：提升海洋素养

1. 学前海洋文化教育

我国学前教育阶段的海洋文化教育，正处在区域试点运行的阶段，对地域依赖性较强，其研究和实践主要集中在青岛、江苏、厦门、海南等沿海地区，将海洋文化教育作为幼儿园乡土教育的一部分。学前海洋教育的形式主要以海洋文化环境的创建为主，也出现了图像化、实物化等新的海洋文化教育方式。

2019 年 10 月，在中国教育学会会员日活动暨"海洋教育"学术研讨会上，由青岛市市南区教体局组织编撰的《基础教育海洋特色课程汇》丛书正式发布。以"学科+海洋"为路径，丛书聚焦海洋教育与学科课程的有机整合，实现海洋教育与学科核心素养的完美对接。推出学前教育专用海洋教育教材《海之蒙》（小班、中班、大班版）。

2. 中小学海洋文化教育

20 世纪 80 年代后，国家开始探索中小学校实施海洋文化教育，实施的重点在于海洋意识的提升。1988 年，舟山市普陀区虾峙中心小学成立"未来渔民学校"；1998 年，青岛市市南区实验小学成立国内首家"少年海洋学校"。1998—2020 年间，中小学海洋教育逐渐从校本探索走向区域整体实施。2006 年，我国台湾地区颁布《海洋教育白皮书》，整体规划台湾海洋教育发展；2011 年，山东省青岛市、浙江省舟山市普陀区出台政策，在中小学全面普及海洋文化教育；2015 年，海南省以全省中小学为实施范围，推广普及中小学海洋意识教育。当前，实施海洋文化教育较好的区域有北京、青岛、舟山、台湾以及海南等。

（1）台湾地区构建终身海洋教育体系

台湾地区自 2001 年颁布《海洋白皮书》开始，进一步注重提升民众海洋意识，可分为初始期（2001—2005）、发展期（2006—2012）和优化期（2013— ）三个阶段。20 年间，通过海洋政策、规划的实施，设立专门的管理机构，与多元主体进行通力合作，建设海洋教育资源网络，在幼儿园、中小学、职业学校、高校、社会普及海洋文化教育，渐渐形成实施海洋文化教育、提升民众海洋意识的有效路径。

（2）海南省：在基础教育领域实施海洋意识教育

海南省将海洋意识教育以地方课程的形态纳入基础教育课程体系，设定固定课时加以落实和保障，实现全省 2500 多所小学、490 多所中学、18 所高校开设海洋意识教育课程。海南省是全国第一个将海洋意识教育纳入全省大中小学地方课程的省份。① 从 2015 年秋季学期起，在义务教育阶段三年级、七年级启用海洋意识教育教材，开始在全省义务教育学校统一开设海洋意识教育地方课程，2016 年秋季学期高一年级开设该地方课程。省教育厅要求省内各高等学校、省属中等职业学校结合各校实际，加强对学生的海洋国情、海洋权益、海洋文化、海防建设等海洋意识教育。

（3）青岛市：建设全国海洋教育示范城特色市

青岛市海洋教育起步较早。1998 年 5 月 30 日，全国首家"少年海洋学校"在青岛市市南区实验小学挂牌成立。② 2011 年开始，青岛市在全市中小学推广普及海洋教育，将海洋教育纳为地方课程，统一供给教材《蓝色家园》，并在 2013—2015 年评选出 100 所"青岛市中小学海洋教育特色学校"。2019 年，青岛市教育局发布《关于加快建设全国海洋教育示范城特色市的实施方案》，2020 年又发布了《关于推进高水平海洋教育特色校建设的通知》，增强中小学海洋教育质量。青岛市中小学海洋教育在海洋教育开展的主要形式、海洋课程体系创建及教材编写、海洋教育内容构成、海洋教育特色学校建设、海洋教育师资结构组成、海洋教育课题研究、海洋教育科普基地建设等方面做出积极探索。

（4）舟山市：在中小学推广实施海洋意识教育

浙江省舟山市以建成优秀的"海洋教育科教基地"为发展目标，近几

① 钟昌红、姚锐、陈力：《中小学海洋意识教育的探索与实践——以海南省为例》，《基础教育课程》2021 年第 1 期。
② 陆安：《青岛市中小学海洋教育现状及发展对策》，《海洋开发与管理》2005 年第 3 期。

年不断进行海洋教育的普及与深化。舟山的海洋教育最早起步于普陀区虾峙中心小学，该校于 1988 年开设了"未来渔民学校"，1993 年改为"少年海洋学校"，先后从社会实践活动课到海洋教育活动课再到海洋教育（校本）课程，探索如何对学生实施海洋教育。2011 年，舟山市普陀区全面普及推广海洋教育①。舟山市教育教学研究中心、普陀区陶行知研究会定海区教育教学研究中心等单位，组织开展"区域中小学海洋教育实践与研究"课题。舟山市在课题研究、海洋教育特色校建设、基地示范、地方教材开发等方面取得良好成果②。

（5）北京市：海洋意识教育系列活动开展

北京推出海洋意识教育经典系列活动。开展 2014—2015 年度"北京学生海洋意识教育年"，2016—2018 年度开展"北京学生海洋意识教育主题系列活动"，以丰富多彩的系列活动促进学生和教师的海洋意识提升。

另外，厦门、大连、广州、上海等一些沿海城市的部分学校，也都在实施海洋文化教育，并各具特色，有的被评为"全国海洋意识教育基地"，有的自发组成海洋教育联盟学校，探索以校本课程的方式实施海洋文化教育。

3. 特色成果

基础教育领域的海洋文化教育已经取得一些代表性成果，体现在机制、课程、教师、环境、技术、活动方面。

在机制方面，呈现出多元共治的特色，首先是多政府部门的跨界协同。以海南省为例，海洋文化教育由教育厅和海洋渔业厅联合推进。其次是政府与非政府领域的协同，在政府的主导下，大学、科研机构、公益组织、企业、幼儿园、中小学、社区、家庭等主体共同参与海洋文化教育推广普及，多元化展现出社会各个主体对海洋文化教育的认可和支持。在这一机制的运行过程中，海洋文化得到传播，也得到民众的海洋意识。

在课程建设方面，形成了多份教材和一份理论专著。教材有国家版本

① 舟山市普陀区人民政府：《我区全面实施"现代海洋教育"》，2011 年 6 月 13 日，www.putno.gov.cn/art/2011/6/13/art_ 1416233_ 15720638. html。
② 马勇、马丹彤：《中小学海洋教育的进展、偏差及矫正》，《宁波大学学报》（教育科学版）2019 年第 3 期。

的《我们的海洋》，地方版本的《蓝色家园》（青岛）、《千岛海韵》（舟山）、《海洋+系列》、《齐鲁海韵》等。专著方面，形成《中小学海洋教育理论与实践》（海洋出版社 2019 年版）。

在教师队伍建设方面，教师以各科教师兼任为主，形成专兼职、校内外教师组成的队伍，实施教师培训。同时，学校外部师资也得到挖掘，家长、专家、公益人士、志愿者等人员到学校开展海洋文化科普宣传教育，不仅为学校补充师资力量，而且将海洋文化教育传播到社会领域，提升周边民众的海洋意识。

在环境方面，政府各部门积极为海洋文化教育创设教育环境。自然资源部门利用场馆、公园、学校等资源建设诸多海洋文化教育基地，并出台《海洋意识教育基地管理暂行办法》（全国、省级），为海洋文化教育创设环境。教育部门出台政策规定海洋教育研学实践基地，学校与科研院所、场馆等基地积极进行联通，并积极建设校园海洋文化，为海洋文化教育创设良好的环境。文旅部门统筹旅游力量，与教育领域展开合作，为中小学生提供丰富的研学旅游机会。

在技术平台建设方面，以互联网平台为主，北京建设"蛟龙计划"（http：//www.jiaolongedu.org.cn/）平台，中国海洋大学建设"海洋文化教育公共服务平台"（haiyangqiangguo.cn），台湾地区构建"海洋教育资源中心网络"（https：//tmec.ntou.edu.tw/），为基础教育领域的海洋文化教育提供平台支撑。

在活动方面，举办了丰富多彩的海洋文化教育活动，其中北京海洋意识教育系列活动和青岛中小学海洋节是较为成熟的教育活动系列，值得各地借鉴。同时，国家开展多彩的海洋文化节庆活动，如世界海洋日暨全国海洋宣传日，基础教育领域与这些活动进行联动，构成丰富的教育资源。

（二）职业与专业教育领域：培养海洋人才

1. 职业教育工作开展状况

海洋职业教育领域，主要由海洋中专院校和大专院校来推进。

（1）高职高专

利用在线教育平台搜索当前涉海大专院校，以"海洋"为关键词搜索，呈现出"威海海洋职业学院、厦门海洋职业技术学院、泉州海洋职业学院"；对"海洋"专业进行检索，主要呈现"海洋渔业技术、船舶与海洋工程装备类、海洋工程装备技术、海洋工程技术、海洋化工技术"，又检索出"青岛港湾职业技术学院、武汉海事职业学院、江苏海事职业技术学院、江苏航运职业技术学院、武汉船舶职业技术学院、渤海船舶职业学院、天津海运职业学院、日照航海工程职业学院、山东海事职业学院、浙江国际海运职业技术学院"，共计13所"海"字牌高职院校名单。

（2）中专院校

使用中职网检索平台，对海洋类中专进行梳理，获得中专学校数据列表，分别为：广东省海洋工程职业技术学校、日照市海洋工程学校、大连海洋学校、福建海洋职业技术学校、荣成市好当家集团海洋学校、烟台海洋工程职业中等专业学校、辽宁省大连海洋渔业集团公司技工学校、青岛西海岸航海职业学校、烟台海员职业中等专业学校、天津海员学校、上海海运学校、青岛海运职业学校、日照航海技术学校、上海市临港科技学校、上海船厂技工学校、威海市水产学校、株洲海事职业学校、上海海事大学附属职校、秦皇岛兴荣海事中等职业学校、莆田航海职业技术学校、厦门市航海技术学校、九江远东海事学校、上海港湾学校、常德海乘职业学校、泉州海事学校、舟山航海学校、惠安县崇武航海水产职业学校、忻州海运技校、上海航政管理职工中等专业学校、秦皇岛市山海关船厂技校、渤海船舶重工有限责任公司技工学校、北海市水产技术学校、忻州市海运职业高级学校、北海市铁山港区水产职业学校、泉港区前亭航海水产学校，共计35所。

相对大专院校而言，中专院校的数量较多，并且不仅在沿海地区开设，在内陆也有相关的尝试，如九江远东海事学校、株洲海事职业学校等。但从全国范围来看，在教育部备案的7686所中专院校中，海洋类中专占比为0.49%，占比较小。

（3）海洋职业教育人才培养发展

"十三五"期间，海洋职业教育领域人才培养有了较大变化，突出变化就是招生专业和人数增多。随机抽选 3 所海洋大专院校和 3 所海洋中职院校，取 2016 年与 2021 年涉海专业招生数据，对学校培养进行统计分析，结果见下表。

表 2　　3 所海洋大专、中职院校 2016 年与 2021 年海洋类专业招生数据

序号	大专院校（2016）	大专院校（2021）	中职院校（2016）	中职院校（2021）
1	660	1273	350	1050
2	588	890	200	240
3	891	1235	1360	2280
合计	2139	3398	1910	3570

根据上表，2016 和 2021 年，大专院校与中职院校的涉海专业招生人数均有所上升，上升幅度为 159% 与 187%，涉海高职专科院校与中等职业院校的人才培养规模呈上升趋势。

在统计的过程中，发现海洋职业教育院校呈现出以下三个特点：高职专科院校与职业教育连通的力度越来越大；专业领域主要集中在海运、船舶、海事、水产、食品、港口等方面；海洋类职业中专的信息化建设较为薄弱。

2. 专业教育领域开展状况

（1）高等教育本科层次院校中海洋文化教育

海洋是多学科研究领域，涉及的学科范围非常广泛。从事海洋高等教育的高等学校类型很多，大致可分为以下四类①：

海洋大学：在中国以海洋命名的海洋类院校有：中国海洋大学、大连海洋大学、上海海洋大学、广东海洋大学、浙江海洋大学、江苏海洋大

---

① 钟凯凯、应业炬：《我国海洋高等教育现状分析与发展思考》，《高等农业教育》2004 年第 11 期。

学、海南热带海洋学院、台湾海洋大学等。其中，中国海洋大学最具海洋特色与综合实力，海洋类学科设置较为齐全。

海事大学：如大连海事大学、上海海事大学等。

海洋军事院校：中国人民解放军海军工程大学、陆军边海防学院、海军潜艇学院、海军指挥学院、海军士官学校等。

一般高校中开设涉海专业的院校：如北京大学、上海交通大学、华东师范大学等。近年来许多高校也纷纷增加建设海洋学院，开设海洋科学专业。其中仅开设海洋学院的"双一流"大学有北京大学海洋研究院、清华大学海洋工程研究院、中国地质大学（北京）—海洋学院、厦门大学海洋与地球学院、武汉大学海洋研究院、中山大学海洋科学学院、南京大学地理与海洋科学学院、上海交通大学海洋研究院、天津大学海洋科学与技术学院、大连理工大学海洋科学与技术学院、哈尔滨工业大学（威海）海洋科学与技术学院、哈尔滨工业大学（威海）海洋工程学院、哈尔滨工业大学（威海）海洋科学与工程国际学院、山东大学（威海）海洋学院、山东大学海洋研究院、复旦大学大气与海洋科学系、同济大学海洋与地球科学学院、华东师范大学海洋科学学院、南京大学地理与海洋科学学院、浙江大学海洋学院、华中科技大学船舶与海洋工程学院、西北工业大学航海学院、国防科技大学气象海洋学院。

综上，在42所双一流高校中，除中国海洋大学之外，共有20所学校开设23个海洋学院。

（2）本科院校人才培养情况

根据《中国海洋统计年鉴（2017）》，2016年全国涉海专业在校本科人数为70603人，在校涉海硕士研究生人数为10226人，在校涉海博士研究生人数为4723人。

由于2017版之后的统计年鉴没有继续编制，特使用抽样调查的数据对涉海高校海洋专业本科到博士阶段的人才培养进行调查。对3所海洋大学涉海专业招生人数情况进行统计，对比2016年与2021年招生数据，涉海人才培养状况。

表 3   **3 所海洋大学 2016 年与 2021 年海洋类专业招生数据**

序号	本科（2016）	本科（2021）	硕士（2016）	硕士（2021）	博士（2016）	博士（2021）
1	705	1039	165	486	18	50
2	485	1050	314	491	—	—
3	450	517	180	596	360	464
合计	1640	2606	659	1573	378	514

总体而言，涉海专业本科、硕士、博士的学生培养人数都有所提升，就 3 所学校而言，本科涉海人才招生上升 159%，硕士上升 239%，博士上升 139%，其中，硕士提升的幅度是最大的。

（3）海洋科研院所工作开展状况

经过统计分析①，主要海洋科研院所共计 39 所。

青岛市（16 所）：中国科学院海洋研究所；自然资源部第一海洋研究所；山东海洋生物研究所；青岛海洋地质研究所；山东社会科学院海洋经济研究所；山东省科学院海洋仪器仪表研究所；海洋腐蚀研究所；海洋化工研究院；中国船舶集团海洋装备研究院；国家海洋科研中心；青岛国际海洋传感器研究院；青岛海洋生物医药研究院；天津大学青岛海洋工程研究院；国家海洋设备质量监督检验中心；青岛海洋科学与技术试点国家实验室；中国水产科学研究院黄海水产研究所。

厦门市（6 所）：福建海洋研究院；厦门市海洋与渔业研究所；自然资源部第三研究所；南方海洋研究中心；福建水产研究所；厦门民盟海洋研究及科技成果转化基地。

杭州市（1 所）：自然资源部第二海洋研究所。

北京市（7 所）：河流海洋研究所（清华大学）；自然资源部海洋发展战略研究所；中海油研究总院；海洋信息技术研究院；海洋医学与救援联合研究中心；国家卫星海洋应用中心；国家海洋环境预报中心。

广州市（1 所）：中国科学院南海海洋研究所。

---

① 此处以"百度地图"作为数据库，以"海洋研究所"作为检索词得出的全国范围内的数据。

北海市（1 所）：广西海洋研究所。

上海市（7 所）：中国海洋水产研究院东海水产研究院；上海市海洋规划设计研究院；上海东海海洋工程勘察设计研究院；上海海洋石油工程院；上海海洋动物疫苗工程技术研究中心；海洋高性能计算与仿真实验室；国家远洋渔业工程技术研究中心。

随机在其中抽选 3 家科研单位，统计其涉海专业招生人数。

表 4　　　　3 所海洋研究所 2016 年与 2021 年海洋类专业招生数据　（单位：人）

序号	硕士（2016 年）	硕士（2021 年）	博士（2016 年）	博士（2021 年）
1	61	74	46	27
2	17	70	—	—
3	60	80	42	49
合计	138	224	88	76

与涉海高校对比，研究所招生数量相对较少，以 3 所学校为例，总体而言近年来硕士招生数量有所上升，博士招生数量略微下降。

综上，在海洋强国战略驱动下，"十三五"期间海洋高等教育与专业科研领域的海洋文化教育与人才培养获得快速发展，越来越多的专业机构建设海洋学院，开设海洋专业，培养海洋人才，投身海洋事业发展，也为海洋文化教育作出了贡献。

（三）社会教育领域：提升全民海洋意识

社会教育领域比较宽广，从环境、内容、技术等方面来看，当前已经形成较为多元的教育环境、丰富的教育内容及技术平台。

教育环境多元。通过政府和市场构建的海洋场馆、公园、基地等环境，大众可以感受海洋文化教育的氛围，学习海洋文化教育知识，提升海洋文化教育素养。国家海洋博物馆是场馆、基地教育的典型代表，人们可以通过线下参观博物馆，或者线上观馆，参与活动，感受海洋文化熏陶。

教育内容丰富。海洋主题的教育素材越来越丰富，包括海洋文学、音乐、美术、工艺、电影、视频、动漫、游戏等，随着自媒体与短视频的推广流行，海洋相关信息可以迅速传播到大众，近年来优秀的影视、书籍、游戏等资源层出不穷，例如纪录片《蓝海中国》，动画片《泡泡美人鱼》等。

技术逐渐升级。借助数字技术等手段，人们可以更加便利地接受海洋文化教育，利用网络平台学习海洋文化知识；借助人工智能、虚拟现实等技术，感受身临其境的海洋。同时，互联网为人们提供交流沟通的手段，人们不仅是接受海洋文化教育，也可以作为海洋文化教育素材的创造者和宣传者。

海洋文化教育平台已经逐步搭建。如中国海洋大学海洋文化教育公共服务平台，汇集课程、研学、书籍、专家、学校等资源，人们可以通过平台学习海洋文化知识，参与海洋文化教育活动。台湾地区海洋教育资源中心网络，有 24 个资源中心①，展示出 24 处特色的海洋文化，汇集当地海洋文化教育的成果，倡导人们参与海洋文化活动。

（四）"十三五"期间海洋文化教育实施经验总结

1. "十三五"期间海洋文化教育取得的成效

"十三五"期间我国海洋文化教育取得突出成效，参与规模扩大，质量得到提升，形式不断创新，基本形成了沿海地区为主力，其他地区积极推进的发展格局。

规模不断扩大。随着《全民海洋意识宣传教育和文化建设"十三五"规划》发布，海洋文化教育逐渐推广普及，参与实施海洋文化教育的地方和机构越来越多。在"十三五"期间，积极普及海洋文化教育的省级地区有北京市、上海市、山东省、浙江省、江苏省、福建省、广东省、海南省等，具有代表性的城市有北京市、青岛市、舟山市等，参与海洋文化教育普及的机构有涉海大学、涉海研究所、博物场馆、研学基地、企业、社区等。沿海地区全民参与海洋文化教育的模式初步形成，并开始有向内陆扩

---

① 包括 22 个县市资源中心与 2 个学校资源中心。

展的趋势，例如，青海、贵州等内陆省份建设海洋科普馆，建设全国海洋意识教育基地，提高民众对海洋的关注。

质量不断提升。海洋文化教育在基础教育、职业教育、高等教育、社会教育等领域的质量均有所提升。在基础教育领域，改革教育教学方法，积极由课堂讲授制转变为项目式学习、研究性学习等注重体验、发现和创造的教学方式，并出版"海洋+学科"等系列教材，注重海洋文化教育课程与国家课程标准的结合；在职业教育领域，注重体验与实操的教学方法，积极探索海洋职业中专与海洋职业高校的衔接，打通职业人才晋升的渠道；在高等教育领域，海洋高校不断提升教育教学水平，在2017年国家"世界一流大学和世界一流学科"建设高校及建设学科名单中，1所涉海高校入选"双一流"，3所涉海高校入选"一流学科建设"，并有2所高校由"海洋学院"升格为"海洋大学"；在社会教育领域，建设了一批具有影响力的海洋博物场馆与基地，如家海洋博物馆于2019年投入运营，以其丰富的藏品资源、创新的教育方式、丰富多彩的活动吸引民众，推广普及海洋文化教育。

形式不断丰富，内容向深向实。学校教育不断丰富课程的实施方式，积极探索项目教学法（PBL）、综合教育（STEAM）、研究性学习、人工智能、虚拟现实等创新教学方式；活动开展系列化、周期化，活动方式丰富多彩，采取巡展、讲堂、赛事、表演、公益、训练营等方式倡导全民参与；场馆教育与研学教育逐渐兴起，注重沉浸式、体验式、探究式教学，引领学生走出校园，深入探索；融媒体广泛参与，自媒体、出版物、音视频等成为普及海洋文化教育的有效途径，打破时空限制，让学生与公众随时随地可以认识海洋，了解海洋。

2. "十三五"期间海洋文化教育存在的问题

"十三五"期间，在海洋文化教育和人才培养方面也存在一些共性问题。

第一，在教育领域缺少对海洋文化教育的顶层设计和统筹规划。海洋文化教育普及推广的核心主体不明确，缺少可持续推进海洋文化教育实施的专门机构；缺乏全国统领性的政策文件，相关政策发布往往局限于省级或市级，效力范围有限；缺乏协同机制，多元主体、不同区域尚未形成整体合力，海陆之间发展不平衡，与海洋的距离依然是影响海洋文化教育普及的重要因素；基础教育、职业教育、高等教育、社会教育等领域联系松散，尚未形成高效的人才培养机制。

第二，在实践领域缺少海洋科学、海洋文化与海洋教育的专业引领和理论引领。缺乏由教育领域与海洋领域专家构成的专委会，目前教育领域参与较少，海洋领域参与较多；缺乏海洋文化教育的核心理论，学校实施海洋文化教育停留在实践经验的层面，较少进行基于相关教育教学理论的提炼总结；缺乏科学课程指导方案，课程与教学设计基本以校本与地方课程形式开展，侧重实践层面，缺乏科学标准依据，难以真正融入学校课程体系；在师资培训、文化创建、研学实践、特色学校等方面尚未形成实施标准，教育资源利用效率不高。

第三，在普及推广上缺少海洋文化教育公共服务平台支撑和实施保障。在配套的支持服务方面，还存在缺失，缺乏师资和专业的教师培训，尚未形成专业素养较高的海洋文化教育教师队伍；缺乏资源数据库，对于学校、专家、场馆、基地、课程、教师、教案、作品等，均缺乏归纳全面、呈现直观、便于检索的海洋文化教育资源数据库；缺少专门的海洋文化教育公共服务平台，缺少明确统一的国民参与渠道与宣传推广路径。

第四，海洋文化教育发展不均衡。在区域方面，主要集中在沿海区市，内陆地区由于地理位置限制及海洋意识较为淡薄，发展滞后。在学段方面，主要以小学为主力，幼儿园初始探索实施海洋启蒙教育，初中、高中由于升学压力，发展较为迟缓，职业教育与高等教育集中在海洋专业人才培养，缺乏海洋通识教育。在内容方面，学校海洋文化教育集中于海洋科学知识普及，局限于自然海洋领域，缺乏社会海洋和人文海洋领域的教育。

总体而言，海洋文化教育的发展还存在诸多问题和挑战，全民海洋意识尚处于较低的层次。相关调查表明，2017 年国民海洋意识综合指数为 63.71（指数区间值 0—100），相比 2016 年的 60.02 虽然有所提升，但仍处于"勉强及格"的水平，总体来看我国国民海洋意识发展指数得分仍然偏低①。并且，内陆地区与沿海地区仍然存在较大的差距。当前国民海洋

---

① 国民海洋意识发展指数课题组：《国民海洋意识发展指数报告·2017》，海洋出版社 2019 年版。

意识还无法满足我国海洋强国建设的需求，与世界海洋强国相比，公众海洋意识淡薄的情况仍未从根本上改变。

三 "十三五"海洋文化教育：走出校园

（一）场馆教育

1. 全国海洋博物馆统计

根据博物馆属性、内容、举办方，将海洋博物场馆划分为海洋类博物馆、一般博物馆、社会性场馆。通过网络检索，梳理、汇总三类海洋博物馆的基本信息。

（1）海洋类博物馆

表 5 　　　　　　　　　　　海洋类博物馆统计

地区	名称	启动时间	重点教育内容
天津	国家海洋博物馆	2019	海洋历史、海洋科学、海洋文艺
上海	上海海洋大学博物馆	2002	海洋生命
	上海中国航海博物馆	2010	航海事业
	江海生态文化馆	2019	海洋生态
香港	香港海事博物馆	2003（暂停）	航海事业 香港海事历史
海南	西沙海洋博物馆	1989	海洋生命
浙江	三门岩下 海洋生物博物馆	2018	海洋生命
	中国港口博物馆	2014	港口航运
福建	中国船政文化博物馆	2004	船政文化
山东	中国海洋大学 海洋生物博物馆	——	海洋生命
广西	北部湾海洋文化博物馆	2012	海洋文化
广东	广东海洋大学 水生生物博物馆	1991	海洋生命

地区	名称	启动时间	重点教育内容
台湾	海洋生物博物馆	2000	海洋生命
	海洋科技博物馆	2013	海洋科技、海洋文化
湖北	中国科学院 水生生物研究所白豚馆	1992	海洋生命

（2）一般博物馆

对 400 所一般博物馆中的海洋内容进行统计，共得出 12 所明确包含海洋文化教育的场馆。场馆（启动时间/年）名单如下：

天津自然博物馆（2014）；中国（海南）南海博物馆（2018）；海南省博物馆（2008）；广东博物馆（1959，新馆 2010）；深圳博物馆（1988）；广西壮族自治区博物馆（1978）；烟台市博物馆（1984）；青岛市博物馆（2001）；浙江自然博物馆（2009）；舟山博物馆（2014）；泉州海外交通史博物馆（1991）；江西博物馆（1959，新馆 1991）。

（3）社会性场馆

表 6   **社会性海洋馆统计表**

地区（省、 自治区、直辖市）	社会性场馆
北京	北京海洋馆（4A）；奇幻海洋馆；富国海底世界（5 星）
上海	太平洋海底世界；上海长风海底世界；上海海洋水族馆；彭新嘉定海底世界；上海海昌海洋公园
天津	天津海昌极地海洋世界（4A）；天津国际游乐港海洋世界
重庆	重庆汉海海洋公园；重庆幻太奇海洋馆；重庆欢乐海底世界；重庆兴澳海底世界；长嘉汇海洋乐园；加勒比海水公园
香港	香港海洋公园；拟 2010 年内地兴建主题公园
台湾	台湾海洋生物博物馆；台北海洋馆 . yoyo（2007 停业）
海南	海之语海洋世界；大白鲸·三亚海洋探索世界；三亚海昌梦幻海洋不夜城；三亚亚特兰蒂斯；三亚市亚龙湾海底世界 3A；陵水富力海洋公园（规划中）；三亚市天涯海洋动物（停业）；琼海市博鳌海洋馆 2A（停业）；海口热带海洋世界 4A（休业 3 年）

地区（省、自治区、直辖市）	社会性场馆
辽宁	大连圣亚极地海洋世界；东戴河银泰水星海洋乐园；沈阳海洋世界；营口北海海洋公园；大连老虎滩极地海洋馆；大连老虎滩海洋公园；沈阳皇家极地海洋馆；抚顺皇家极地海洋科普世界
广东	广州海洋馆；深圳小梅沙海洋世界（停业）；珠海长隆国际海洋度假区；广州正佳极地海洋世界
广西	北海海底世界（海洋公园）；南宁海底世界（3A）；北海海洋世界（4A）；桂林海洋馆
山东	青岛海底世界（原青岛水族馆）；青岛极地海洋世界；蓬莱海洋极地世界；日照海洋馆；德州市泉城海洋极地世界；大明湖海底世界；潍坊欢乐海底世界
山西	迎泽公园海底世界；山西海立方海洋公园；临汾尧庙海洋馆
陕西	西安幻太奇海洋馆；华夏文旅海洋公园；西安曲江海洋馆
四川	成都海昌极地海洋世界；成都南湖梦幻岛海洋馆；壹乐·海洋世界；成都浩海海洋立方馆
江苏	南京海底世界；苏州海洋馆；南通海底世界；常州金鹰海洋世界；连云港海底世界；大丰港海洋世界；无锡海底世界；张家港梦幻海洋王国；苏州乐园海底世界；苏州奇趣海洋世界
浙江	宁波海洋世界；嵊泗海洋生物馆；杭州市极地海洋公园；杭州海底世界；舟山海洋科技馆；义乌海洋世界；千岛湖海洋馆；台州市海洋世界；温州福海水族馆（已倒闭）
湖南	长沙海底世界；长沙海立方海洋公园
湖北	武汉海昌极地海洋馆；长江水族世界；武汉新世界水族公园；襄阳深梦海底世界；鄂州武汉东海洋世界；宜昌欢乐海底世界；武汉东湖海洋世界
河北	秦皇岛新澳海底世界；山海关的海洋公园—乐岛；德轩海洋馆；邯郸海洋馆；圣蓝海洋公园；石家庄动物园海洋馆；富民海底世界；石家庄海洋馆
河南	郑州海洋馆；洛阳龙门海洋馆；大连圣亚海洋世界锦艺城海洋馆；开封东京极地海洋馆；王城公园—海底世界；新乡市人民公园海洋馆；大连海洋世界濮阳馆
福建	厦门海底世界；福州罗源湾海洋世界旅游区；贵安海洋世界；福州永泰欧乐堡海洋世界；福州左海海洋世界；武夷山极地海洋公园
江西	南昌万达海洋乐园；南昌海洋公园

地区（省、自治区、直辖市）	社会性场馆
安徽	六安梦幻海洋大世界；芜湖新华联大白鲸海洋公园；蚌埠海贝海洋乐园；铜陵北斗星城极地海洋世界；安庆市海洋馆；合肥汉海极地海洋世界
黑龙江	波塞冬海洋王国；哈尔滨极地馆
新疆	乌鲁木齐盛贝特海洋馆
云南	海巢海洋馆；昆明花都海洋世界；石林冰雪海洋世界
吉林	中泰海洋世界
贵州	多彩贵州城极地海洋世界（首个）
甘肃	兰州极地海洋世界（海德堡极地海洋世界）
青海	西宁野生动物园海洋馆；西宁海洋世界

据不完全统计，社会性海洋场馆共133家，一般博物馆12家，海洋类博物馆15家。总体而言，我国海洋相关的场馆资源较为丰富，无论是沿海还是内陆地区，都有相应的海洋场馆，对开展海洋文化教育而言，是良好的基础，需要将这些海洋场馆聚合起来，协同开展海洋文化教育活动，展现更强的宣传影响力。

2. 研学教育

2016年12月2日，教育部等11部门印发了《关于推进中小学生研学旅行的意见》，并指出"各地教育行政部门要将研学旅行纳入中小学教育教学计划，加强指导和帮助"。从此开启了全国研学旅行的新纪元。

（1）海洋研学概念

研学，即研究性学习，是指学生在教师指导下，根据自身兴趣，从自然科学、社会科学和自身生活中选择并确定研究专题，用类似科学研究的方式，主动地获取知识、应用知识、解决问题的学习活动①。

海洋研学是研学的一个分支，海洋研学是对占地球表面积约71%的海洋立体空间，囊括海洋科学、技术、工程、数学、博物、文化及思辨等进

---

① 杜鹃：《海洋研学的基本问题研究》，《中国海洋学会海洋学术（国际）双年会论文集》，2019年，第141页。

行的一种全方位与全面的系统性和引导性的教育方式，以此探索提升受教育者科学认知与实践能力的创造性教育①。

海洋研学可定义为学生在教师的引导和专业人士的指导下，围绕海洋自然科学、海洋生产生活、海洋人文艺术等方面提出研究问题，并通过类似科学研究的方式，主动获取知识、应用知识、解决问题的学习方式。海洋研学是研学教育的一个重要领域，与传统的系统教育相辅相成，有助于加强对系统教育下所灌输知识的内化和深化②。

（2）海洋研学目标

以立德树人、培养人才为根本目的，以预防为重、确保安全为基本前提，以深化改革、完善政策为着力点，以统筹协调、整合资源为突破口，让广大中小学生在研学旅行中感受海洋自然历史的时空变迁；感受地球、海洋、生命、人类之间互相依存、和谐共生的关系；感受我国博大精深、生生不息的海洋文明；一起来感受海洋文化的魅力。树立海洋国土意识，增强对坚定"四个自信"的理解与认同；同时学会动手动脑，学会生存生活，学会做人做事，促进身心健康、体魄强健、意志坚强，促进形成正确的世界观、人生观、价值观，培养他们成为德智体美全面发展的社会主义建设者和接班人。③

（3）海洋研学课程构建

海洋研学课程的构建应具备立足教育性、加强融合性、突出体验性的特点，基于此，关于海洋研学课程的开发和构建正在不断探索和更新中，梳理现有的文献和资料发现，海洋研学课程的开展形式主要有四大类：主题式、问题式、项目式以及场馆式海洋研学课程。

主题式海洋研学课程：主题式研学课程是指教师引导学生围绕某一主题进行实践探究，通常采用资料查阅、场馆活动、实地考察、师生研讨等方法，探究某一主题下包含的主要内容和问题等。研学的主题灵活多变，

---

① 参见李明春《海洋研学讲堂——规范推动海洋研学基础性教育》，海洋财富网，2021年7月20日，http://www.hycfw.com/Article/228443。

② 杜鹃：《海洋研学的基本问题研究》，《中国海洋学会海洋学术（国际）双年会论文集》2019年，第142页。

③ 教育部等11部门：《关于推进中小学生研学旅行的意见》，2016年12月19日。

教师在充分考虑学情，选取现有的海洋研学基地，紧密贴合具体知识点的基础上确定研学主题与目标并设计相关研学活动。

例如，2019 年 6 月 14 日，青岛大学附属实验中学 2019 级 STEM 课程班的 150 多名师生在即墨鳌山卫开启了一天的"海洋科技·蓝色"主题研学之旅，选取深潜基地为研学地点，为同学们科普有关中国深海潜水的发展历程，使同学们领悟中国深潜力量的逐渐强大，并意识到深海所蕴藏的丰富资源是人类未来发展的蓝色空间，进而引导学生关注人类的生存与发展，提升海洋文化意识。

研学活动前，STEM+课程项目组在充分调查论证基础上制定研学方案，印制研学手册，以保证学生们在过程中能感受、发现、思考、探究、分析、总结，带着问题出门，带着成果和思考归来，让学生从中有所收获、有所成长。本次研学活动总共包括研学方案设计与研学手册制作、研学活动准备、研学活动内容和问题设计、研学总结汇报四个方面①。

问题式海洋研学课程：核心素养和研学实践都强调问题意识，问题驱动是教育实践探索的一个重要方向。因此，问题式研学课程以突出学生的核心素养为目标，通过问题驱动式的方案设计，引导学生主动提出问题、分析问题、运用方法、收集数据、解决问题，并且该形式的研学课程遵循"提出问题—分析问题—解决问题"的基本研究步骤，使学生在解决问题的过程中丰富海洋文化知识储备、提高海洋文化意识。

例如，泉州市一所中学在围绕"守护蔚蓝海洋：我们在行动"主题，聚焦核心问题，着眼于垃圾的"减量化、资源化、无害化"治理问题。教师预先给出五大主题领域：海洋垃圾溯源、海洋垃圾监测、海洋垃圾分类管控、海洋微塑料、减少海洋垃圾的行动、海洋垃圾全球治理，让小组为单位，就某一感兴趣的领域提出具体问题，每个小组的同学依据具体的问题进行资料查阅、小组讨论、实地走访、问卷调查等，收集数据并整理出问题答案。研学实践结束后，各组需要对收集到的证据进行论证，回应先前的问题或假设，得出结论，并进行成果分享交流，教师则将同学们的研

---

① 山东校园快讯：《"海洋+课程"主题性研学，丰厚创设引领学生成长》，搜狐网，2019 年 6 月 19 日，https://www.sohu.com/a/321568924_100282739。

学成果装订成册，便于同学之间的观摩学习①。

综上所述，问题式研学课程中问题的提出至关重要，教师要注意探究的问题符合学生当前的认知水平，且具备可行性。以便研学实践能够顺利开展，并能够获得研究成果。

项目式海洋研学旅行课程：研学旅行作为中小学综合实践育人教育模式的一种补充，日益受到关注与重视。将项目式学习引入研学旅行中形成项目式研学旅行，能够使同学们置身于真实的生活情境中，基于自身已有的知识和经验，对复杂和真实的问题进行主动探究。项目式研学旅行的内容选择要满足项目实施和研学旅行开展这两方面的要求，从内容上可以分为研学路线的选择和研学体验的选择。从路线选择上来看，研学资源要丰富且质量要高，要具备充足的安全保障设施，以及要满足项目主题大方向的内容要求。从研学体验上来看，要选择学科特色突出的区域，利用具有学科特色的实践活动和探究性活动开展研学体验。项目式研学的关键环节可以概括为项目选定、制定计划、项目实施和成果评价②。

例如，2019 年厦门举行了项目式研学旅行夏令营活动，旨在通过创设有趣的课程环境去激发孩子的好奇心。使孩子融入有趣的师生团队中，尝试出海体验、捕鱼野炊、制作海洋笔记。进而激发孩子的探索欲和创造力。此外，通过完成 PBL 活动，能够培养学生探索实践能力与独立学习意识。

此次研学旅行的地点是海洋渔村，在实地探索中感知蓝色生态，体验渔港文化。该活动也是围绕着上述四大关键环节展开，首先，在项目选定阶段，教师需结合学生的兴趣和实际认知水平选取兼备可行性和创新性的项目主题。例如美丽的海洋渔村建设、减少渔业的捕捞等项目。其次是制定计划环节，教师将学生划分成不同的小组，以便分工合作对项目进行探究实践。再次是项目实施阶段，同学们走入海洋渔村，可以对渔民们进行采访，或者开展实地调查，收集相关项目资料。最后是成果评价环节，学

① 杜鹃、卢灵：《以问题式研学推动海洋教育发展——核心素养下的海洋研学方案设计》，《地理教学》2020 年第 23 期。
② 董艳、和静宇、王晶：《项目式学习：突破研学旅行困境之剑》，《教育科学研究》2019 年第 11 期。

生将整个营期所有的经历记录下来，各个小组需制作营期汇报，并进行成果的展示①。

场馆式海洋研学课程：场馆教育可以使参观者以非正式学习的方式来获取知识，提高技能并改变态度。场馆教育具有鲜明的情境性、自主选择性、主动探究性以及学习结果的多元性等特点，对学生的全面发展具有重要意义。② 场馆式海洋研学课程是依托于各类海洋研学基地、海洋博物馆以及海底世界等实体场所的丰富展览资源。通过参观、实验、动手操作等手段，进一步加强学生对海洋的了解和认识，提高学生的动手探究能力，帮助学生形成知海、爱海的情感态度与价值观。

学校可以与场馆合作研发包含目标、内容、实施、评价在内的特色课程，并纳入学校的地方或者校本课时；参观之后需要延伸学习，延伸学习的目的在于"活化"知识。"活化"知识需要还原知识的形成过程，让知识贴近学生的生活实际，将学科课堂延伸到场馆，从而让学习走向真实而深刻。场馆形式的海洋研学课程可以充分激发学生的学习欲望和动手操作的意愿，可以作为其他形式课程的补充。

海洋科普展馆对学生进行教育和宣传之后，从而进一步通过学生来辐射周边的家人和朋友，可以利用全国科普日、科技周、海洋日、国际博物馆日、世界文化遗产日、海洋节、"六一"儿童节等各类节庆活动开展海洋科普活动，使海洋知识和海洋文化深入到城市的各个角落，发挥流动性科普的辐射作用，为提高全民海洋科学素养作出贡献。③

除了上述的四种主要形式，海洋研学课程的构建试图打造多元化和创新性，因此，其形式正在不断更新。目前，随着信息技术的革新，网络环境日益成为课程开展的主流环境，因此，海洋研学"云"课堂正初露锋芒。一些学校积极探索开发适用于线上教学的海洋课程和教学资源，精心

① 《厦门航海之旅让你的孩子更有勇气面对未来》，搜狐网，2021 年 6 月 30 日，https：//www. sohu. com/a/318408267_ 618348.

② 王凯：《场馆教育，让学习走向真实而深刻》，搜狐网，2021 年 6 月 30 日，https：//www. sohu. com/a/396086599_ 494598.

③ 齐继光：《发挥海洋科普场馆优势，促进中国海洋科普教育发展》，中国科学技术协会、云南省人民政府主办第十六届中国科协年会——分 16："以科学发展的新视野，努力创新科技教育内容论坛"论文集，昆明，2014 年 5 月，第 157—159 页。

设计丰富多彩的海洋研学指南，指导学生居家独立研究，主动探索，做海洋的探秘者。

四 "十四五"海洋文化教育展望

建设海洋强国是中国特色社会主义事业的重要组成部分。自党的十八大提出建设海洋强国战略以来，海洋资源开发、海洋经济发展、海洋科技创新、海洋生态文明、深海大洋科学、极地科学研究、海洋权益维护等领域全面加快发展。党的十九届五中全会指出，在全面建成小康社会之后，我国开启了全面建设社会主义现代化国家新征程。当前我国发展仍然处于重要战略机遇期，但机遇和挑战都有新的发展变化。

"十四五"时期，海洋强国和21世纪海上丝绸之路建设将实现新的跨越，也是海洋文化教育推广普及的关键时期，必须审时度势，抓住机遇，提升海洋文化教育的规模和质量，切实提高海洋人才储备，增强全民海洋意识，增强海洋强国软实力。以海洋强国战略为引领，践行习近平"海洋命运共同体"理念，牢固树立创新、协调、绿色、开放、共享五大发展理念，全面推进实施海洋文化教育，提高海洋人才储备，增强全民海洋意识，弘扬海洋文化，树立海洋文化自信，提升海洋强国软实力。

从教育科学研究的角度，要对海洋文化教育进行顶层设计和统筹规划，重点突破阻碍海洋文化教育发展的核心问题。

（一）建设新时代海洋文化教育高质量发展新体系

1. 构建海洋文化教育核心理论体系

组建海洋文化教育专家委员会或专业委员会，围绕海洋强国战略，对海洋文化教育的战略意义、教育目标、概念、内涵、原则等方面进行研讨，结合"立德树人"理念与中国学生发展核心素养，确定海洋文化教育的权威概念和相关理论，形成"构建中国特色的海洋文化教育核心理论体系"共识。

2. 创建海洋文化教育课程体系

编制具有中国特色的海洋文化教育课程标准，明确不同学段的海洋文化教育目标、标准和内容，建设面向学前儿童的"海洋启蒙课"，面向中小学生的"海洋素养课"，面向大学生的"海洋通识课"，建设面向公众、普及性的"海洋公开课"，逐步形成终身海洋教育课程体系。针对不同学段学生年龄特点和认知规律，借鉴国内外先进经验，科学规划设计海洋文化教育的方式方法，开发实践活动、场馆与研学教育的课程标准与实施规范。

3. 构建海洋文化教育教师培训体系

研制中小学海洋文化教育师资培训标准，积极支持开展基于国家课程标准的学科+海洋文化教育，以及跨学科学习的项目式学习和 STEAM 教育。培训侧重教师主动学习，开展讲座、观摩、实操、展示等参与式培训。建设拓展与激励机制，支持鼓励参培教师对学校及区域的海洋文化教育起到引领作用，持续推动区域海洋文化教育的发展。

4. 建设全国海洋文化教育公共服务体系

建设海洋文化教育公共服务平台，打造海洋文化教育推广普及的主营地。通过平台，发布重要信息，为实施海洋文化教育的各类主体提供政策信息等支持，对优秀教育成果进行宣传推广。对专家、教师、课程、素材、教材、场馆、基地等资源数据进行归纳整理，构建教育资源数据库，设计简便易行的资源数据检索系统，以便于各类主体充分使用海洋文化教育资源，提高资源的利用效率。充分利用平台，形成联通各类组织机构的"桥梁"，构建共建、共享、共兴的合作交流机制，协同社会各类主体，聚力推进海洋文化教育发展进程。

5. 完善海洋文化教育评价体系

根据教育科学研究和教学实践需要，完善海洋文化教育评价体系。面向学生，开展以过程性评价与终结性评价相结合的评价机制，注重对学生在学习过程中反映出的各项素养指标进行测评，同时对学生的学习成果进行综合评价。面向教师，基于教育理念、专业能力测评、教育教学过程、教育教学成果等指标构建海洋文化教育教师的评价标准。面向地区或学校，建立系统的、分层分类的立体评价标准，通过教育理念、课程体系建设、文化环境创建、教育成果、组织保障等维度，对育人目标的实现程度进行评估。通过系统综合评价，对表现优异的学生、教师、学校、地区，提供相对应的荣誉评选与激励，加强宣传，推广卓越成果，发挥影响力。

（二）建设海洋文化教育支持服务机制

有效构建新时代海洋文化教育高质量发展新体系，推动海洋文化教育科学、可持续地发展，还需配套提供系统的支持服务机制。

1. 做好顶层规划，构建多元主体共同治理机制

国家教育部、自然资源部等要谋划顶层规划制度设计，高等院校、科研院所等组织构成的海洋文化教育专业机构发挥专业引领作用，形成地方政府积极落实、示范引领，学校、企业、社区、家庭、媒体、公益组织等社会多主体参与的共同治理机制。发挥好全国海洋文化教育公共服务平台等信息化平台的"桥梁"作用，协同多元主体参与，协同各地区共同推进，优化海洋文化教育资源供给模式，推动海洋文化教育高质量发展新体系运转，不断提升海洋文化教育的规模与质量。

2. 扩大教育规模，实施省市全域推广机制

实施海洋文化教育启航计划，积极推进全国海洋文化教育示范省市建设，鼓励支持有热情的省市先行先试。配套建设评估机制，鼓励各级教育主管部门把海洋文化教育纳入对地市和学校的综合督导评估体系，促进海洋文化教育推广普及工作的提升。

3. 贯通培养路径，构建海洋人才培养机制

通过海洋文化教育课程体系建设，将学前教育、基础教育、职业教育、高等教育、社会教育衔接起来。增强基础教育与职业教育、基础教育与高等教育、职业教育与高等教育的互动与衔接。鼓励中小学与职业学校、高等教育联动，开展海洋职业生涯教育；鼓励高校专家面向中小学开设科普讲座，加强海洋拔尖人才贯通培养。

4. 营造社会氛围，建立教育成果宣传机制

多种形式组织实施海洋文化教育交流活动，对海洋文化教育的优秀成果进行宣传推广。定期举办国际、全国、地方海洋文化教育成果报告会，

分享理论探索和实践经验，宣传推广优秀的海洋文化教育课程开发、实施和创新案例。对在海洋文化教育推进工作中贡献卓越的个人和机构进行嘉奖，推出"年度海洋文化教育人物"等荣誉奖项，打造中国海洋文化教育品牌，提升国际影响力。

通过构建新时代海洋文化教育高质量发展新体系，力争到"十四五"末，初步建成全方位、多层次、全覆盖的海洋文化终身教育体系，建构海洋文化教育课程标准体系、内容体系、资源体系和保障体系，形成海洋特色鲜明、内容丰富新颖、形式多种多样、社会影响突出、组织保障有力、公众广泛参与的海洋文化教育建设工作格局，逐步建成面向全国海洋文化教育的公共服务体系，使广大青少年儿童以及公众关心海洋、认识海洋、经略海洋的意识显著提高。

中国海洋历史文献整理与研究的进展

纪丽真　凡康城

中国海洋历史文献浩如烟海，对其进行整理和研究具有十分重要的意义。自 2000 年以来，当代学者立足于我国卷帙浩繁的海洋类史料，对各种海洋文献的分类、价值等提出了自己的见解，并按照相关专题进行分类整理，出版了一大批海疆、海岛、海关、海外交通、海洋民俗等丛书和资料汇编，极大地推动了中国海洋历史文献、海洋历史文化的研究。但同时也存在着重复辑录、专题研究不均衡等现象。学界应在摸清中国海洋文献家底、强化薄弱专题研究、重视数据库建设等方面加强合作，使海洋史研究、海洋历史文化研究更趋深入。

一　中国海洋文献的分类整理与研究现状

早在 2007 年，郑杰文的《海洋文献的类别及研究意义》，将流传至今的海洋文化典籍分为海洋古典文献及其佚文、海洋方志资料、海关物流文献、海洋科技文献四大类别，其中又将海洋古典文献以及佚文分为海外交通、海关邦交、海防海战、海外风情类等。[①] 他是国内较早对海洋文献进行分类的学者。而由程继红主持的国家社科基金重点项目"中国海洋古文

---

① 郑杰文：《海洋文献的类别及研究意义》，《中国海洋大学学报》（社会科学版），2007 年第 4 期。

献总目提要"则将海洋古文献分为军政类、邦计类、交通类、地理类、邦交类、生物类、文学类、方志类八大类。学者们还通过专题丛书影印、校注等形式，对我国海洋历史文献进行整理和研究。面对浩如烟海的海洋历史文献，按照一定专题和类别进行影印，是对其整理研究的基础。同时，对单种文献，撰写提要，进行点校、整理，以更有利学界的研究、利用。我们按照海疆文献、海岛文献、海关文献、海外交通文献、海洋民俗文献及综合文献进行梳理，时间上以进入 21 世纪以来，尤其是"十三五"期间的资料文献。

（一）海疆文献

全国图书馆文献缩微复制中心在 2005 年出版的《中国边疆史志集成·海疆史志》，收录元、明、清时期珍稀善本五十余种，包括《宝庆四明志》《岛夷志略》《筹海图编》《东西洋考》《皇明海防纂要》《海防图论》《库页岛志略》《浙江海运漕粮全案重编》《康熙台湾府志》《威海卫志》《厦门志》《海录台湾舆图》《海防录要》《海国图志》《征实洋防说略》《浙江沿海图说》《长江炮台刍议》《边事续钞》《防守江海要略》《历代舆地沿革险要图》《海军大事记海运图说》《清光绪三十年航海通书通商口岸及各租界图》《库页附近诸岛考》《上海县续志》《江防日记》《崇明县志》《光绪甲午新修台湾澎湖志》《海东逸史防海节要》《海口图说》《广东海图说》《旅顺炮台图表》《海国公余辑录》《海国公余杂著新译》《中国江海险要图志》《河海昆仑录》《东北海诸水编》《俄罗斯水道记》《俄属海口记》《海参崴埠通商论（户部新增）》《海防例铨新补章程》《长江水师全案筹》《海军刍议》《海滨文集》《海错百一录海防事例铨补章程》《海关常关地址道里表》《西域南海史地考证译丛》《续编万历三大征考》《中国海南古代交通丛考》《民国上海县志》《海南诸岛地理志》《略澎湖群岛志稿》等。该集成汇集了中国海洋、海疆、海防、海上贸易、海上航线等方面的大量记载，回顾了前人对海疆的研究成果，为当代学者深入研究中国海疆问题提供了参考，同时对完善中国边疆史地研究体系也起到了推动作用。①

蛎池书院在 2006 年出版的《中国海疆旧方志》辑录了明代嘉靖和清代康熙、雍正、乾隆、嘉庆、光绪、宣统以及民国时期的沿海地区的旧方志。② 这些旧方志对于了解中国海疆的形成、发展和演变，海疆的行政管辖，海疆政区的沿革，海疆的经济发展，海疆的军事防务，海港的建设和管理，市舶司和海关、海塘建设，开发和保卫、建设过程中的著名人物等，都有重要的参考价值。其中，《中国海疆旧方志（增编）第一辑》收集了东北地区、直隶—天津、部分山东旧方志共 21 种，成书 50 册。③《中国海疆旧方志（增编）第二辑》收集的旧方志全部为山东沿海地区地方志，共 17 种，时间跨度为清代乾隆朝至民国时期，成书 50 册。④《中国海疆旧方志（增编）第三辑》从内容上分为两部分，第一部分补充了第二辑未完成的山东沿海地区地方志 9 种，如《海阳县志（乾隆）》《海阳县续志（光绪）》《利津县续志》等，收集底本的时间跨度为清代乾隆朝至民国时期；第二部分按照中国海岸线由北到南的顺序，收入了江苏沿海地区方志 14 种，如《扬州府志（万历）》《扬州足征录》《松江府志（正德）》等。第三辑收集明代、清代和民国的版本，成书 75 册。⑤《中国海疆旧方志（增编）第四辑》继续收集整理江苏沿海地区地方志 37 种，加上第三辑已经出版的江苏沿海地区方志 17 种，江苏地区沿海地区方志已经基本整理出版。⑥《中国海疆旧方志（增编）第五辑》把上海地区单列为一辑，共收集当地地方志 19 种，其中除去《嘉定县志（万历）》为明代

① 天龙长城文化艺术公司：《中国边疆史志集成·海疆史志》，全国图书馆文献缩微复制中心，2005 年版。

② 《中国海疆旧方志》编委会：《中国海疆旧方志》，蛎池书院出版公司 2006 年版。

③ 《中国海疆旧方志》编委会：《中国海疆旧方志（增编）第一辑》，蛎池书院出版公司 2017 年版。

④ 《中国海疆旧方志》编委会：《中国海疆旧方志（增编）第二辑》，蛎池书院出版公司 2017 年版。

⑤ 《中国海疆旧方志》编委会：《中国海疆旧方志（增编）第二辑》，蛎池书院出版公司 2017 年版。

⑥ 《中国海疆旧方志》编委会：《中国海疆旧方志（增编）第四辑》，蛎池书院出版公司 2017 年版。

底本外，其余大部分为清代地方志。① 由此可见，《中国海疆旧方志（增编）》基本是按中国海岸线由北至南的顺序收集整理各沿海地区旧方志的。

知识产权出版社在 2011 年出版的《中国边疆研究资料文库·海疆文献初编（第一二三辑）：沿海形势及海防》，其内容包括以下专题：中国近海总体形势；岛屿及重要沿海港口地区；古代先民海上交通；航海针路及海道经验；明代抗倭战事；清代海防及水师、海军建设；琉球与中国关系；东南亚与中国关系。②

知识产权出版社在 2012 年出版的《中国边疆研究资料文库·中国海疆文献续编》包括《中国海疆文献续编·沿海形势》（上，全 26 册），主要收录清代和民国时期文献③；《中国海疆文献续编·沿海形势》（下，全 20 册），主要收录明清和民国时期文献④；《中国海疆文献续编·海运交通》（全 26 册），主要收录唐、宋、元、明、清时期文献⑤；《中国海疆文献续编·海防海军》（全 15 册），主要收录明清时期文献⑥；《中国海疆文献续编·明代倭患》（全 19 册），所收录文献除清代黄遵宪的《日本国志》外，都是明代文献。⑦《中国海疆文献续编·台湾琉球港澳》（全 18 册），主要收录明清时期文献。⑧

----

① 《中国海疆旧方志》编委会：《中国海疆旧方志（增编）第五辑》，蝠池书院出版公司 2017 年版。

② 《海疆文献初编：沿海形势及海防》编委会：《中国边疆研究资料文库·海疆文献初编：沿海形势及海防》，知识产权出版社 2011 年版。

③ 《中国海疆文献续编》编委会：《中国海疆文献续编·沿海形势》，知识产权出版社 2012 年版。

④ 《中国海疆文献续编》编委会：《中国海疆文献续编·沿海形势》，知识产权出版社 2012 年版。

⑤ 《中国海疆文献续编》编委会：《中国海疆文献续编·海运交通》，知识产权出版社 2012 年版。

⑥ 《中国海疆文献续编》编委会：《中国海疆文献续编·海防海军》，知识产权出版社 2012 年版。

⑦ 《中国海疆文献续编》编委会：《中国海疆文献续编·明代倭患》，知识产权出版社 2012 年版。

⑧ 《中国海疆文献续编》编委会：《中国海疆文献续编·台湾琉球港澳》，知识产权出版社 2012 年版。

王颖、方堃、梁春晖主编的《中国沿海疆域历史图录》共 7 册，分为"总图编""黄渤海编""东海编""南海编"等四编，收录现存具有代表性的海疆地图 450 余幅，配以 30 余万字的学术性文字，介绍了中国海疆的历史发展进程。① 该图录所选的舆图主要包括三个种类，一种是专门的海疆地图；另一种是古代海防、海运、航线、口岸岛屿等专题地图；还有一种是航海航线图，包括海运图、针路图等。该书对所收录地图的作者、年代、馆藏加以考证，对一些比较重要的地图撰写提要加以介绍。

（二）海岛文献

蝠池书院在 2013 年出版的《中国古代海岛文献地图史料汇编》共 70 册。该汇编不仅收录了一些涉及古代沿海岛屿的帝王本纪，如《秦始皇本纪》、《汉高祖本纪》等，还收集了一些曾被禁毁的书，以及其他关于古代沿海岛屿的重要史料文献。该书所影印的古代海图，包括了广义的涉及海洋的古代地图和以航海为目的绘制的航海专图，以及海防地图，包括最早绘出大海的汉代帛书地图、最早完整描述中国海疆并绘出海上航线的宋代石刻地图，以及明清以来的海防、海运和远洋舰等经典的古代海洋地图。② 黄润华主编的《国家图书馆藏琉球资料汇编》出版于 2000 年，收录了明清两朝派往琉球官员的行记即册封使录、琉球来华留学生所作诗集等，是研究中琉关系、日琉关系、琉球历史的珍贵资料。③ 黄润华主编的《国家图书馆藏琉球资料续编》出版于 2006 年，分上下两册，其中上册收录《使琉球录》《琉球入太学始末》《琉球地理小志并补遗附说略》《中山纪略》《中山见闻辨异》《使琉球记》《琉球实录》《琉球形势略》《琉球朝贡考》《琉球向归日本辨》《琉球国向克让等禀》《琉球国中山世鉴》；下册收录《中山世谱》《琉球往来》《琉球诗录》《古琉球吟》等史料。④ 黄

---

① 王颖、方堃：《中国沿海疆域历史图录》，黄山书社 2017 年版。
② 《中国古代海岛文献地图史料汇编》编委会：《中国古代海岛文献地图史料汇编》，蝠池书院出版公司 2013 年版。
③ 黄润华：《国家图书馆藏琉球资料汇编》，北京图书馆出版社 2000 年版。
④ 黄润华：《国家图书馆藏琉球资料续编》，北京图书馆出版社 2006 年版。

润华主编的《国家图书馆藏琉球资料三编》出版于 2006 年，分上下两编，作为正编、续编的补充，收录了出使琉球的册封使所作别集 11 部，其中有 1 部明人文集和 10 部清人文集，这些文集中常常保存册封使出使时所作诗文，生动细致地记录了琉球地方风物民俗，比册封使录在一些领域更加具体，是使录的重要补充，是研究琉球历史的重要参考资料。① 后来又陆续出版相关文献，总计达到 7 种。

海南出版社在 2006 年出版的《海南地方志丛刊》辑录了自宋代至新中国成立前的海南府志、州志、县志、乡土志、以及南海诸岛的若干历史资料共 70 多种，正史中涉及海南的地方志资料及 8 种《广东通志》中的琼州府部分也都列入其中。该书共 68 册，包括《二十五史中的海南》《地理志·海南（六种）》《一统志·琼州府（四种）》《嘉靖广东通志·琼州府（二种）》《万历广东通志·琼州府》《康熙广东通志·琼州府》《正德琼台志》《康熙琼郡志》《康熙琼州府志》《乾隆琼山县志》等，是研究古代和近代海南人口、赋税、土地、风土民情等的重要文献资料。②

台湾大通书局和人民日报出版社在 2009 年出版《台湾文献史料丛刊》，该书收录自宋至明清时期有关台湾的各种文献共 309 种，分别是宋代著述 1 种、明代著述 53 种，清代著述 229 种，民国著述 26 种。该书所收录文献包括大量的台湾地区府县方志，明代关于台湾的各种著述，记述明亡后"南明"政治活动的重要史料，明清交替之际关于郑成功的丰富著述，以及民国时期编纂的关于台湾的诗集、文集等。③

陈支平主编的《台湾文献汇刊》在 2004 年出版，全书共 100 册，分为郑氏家族与清初南明相关史料专辑、康熙统一台湾史料专辑、闽台民间关系族谱专辑、台湾相关诗文集、台湾舆地资料专辑、台湾事件史料专辑、林尔嘉家族及民间文书资料专辑等七辑。该书是《台湾文献丛刊》的补充，凡《台湾文献丛刊》已经收入的文献，除了少量有明显差异的原稿本、传抄本之外，《台湾文献汇刊》基本上都不再收录。该书所收录文献

---

① 黄润华：《国家图书馆藏琉球资料三编》，北京图书馆出版社 2006 年版。
② 海南地方文献丛书编纂委员会：《海南地方志丛刊》，海南出版社 2006 年版。
③ 周宪文、杨亮功、吴幅员：《台湾文献史料丛刊》，台湾大通书局、人民日报出版社 2009 年版。

资料绝大多数是分藏于中国大陆各地的图书馆、档案馆以及散落于民间的孤本、珍本、抄本，也有一部分是近年在我国台湾及日本等地新发现的珍贵史料文献。①

方宝川、谢必震主编的《台湾文献汇刊续编》于 2016 年出版，收录了《台湾文献史料丛刊》《台湾文献汇刊》未收入的史料文献，是《台湾文献史料丛刊》《台湾文献汇刊》的补充。全书分为："诗文别集""平台、抚台文献史料""台湾舆志风俗""文书、契约""'二二八'事件史料""台湾近代教育资料""谱牒家乘""稀见台湾刊物汇编"等 8 个专辑，凡一百五十一种（不含附作）、精装一百册。汇录了大量明清以来有关台湾的诗文集、专题文献史料、舆志风俗、公私文书、民间契约、谱牒家乘、稀见台湾刊物等。②

陈支平主编的《闽台族谱汇刊》于 2009 年出版，共收集赵、李、吴、王等姓氏家谱 106 部，包括最早的族谱《水美王氏族谱》，它是明代隆庆四年（1570 年）编纂的，最晚的则是 20 世纪 90 年代抄写而成的，版本年代跨越 400 余年。该汇刊收集的族谱，不仅仅是一个姓氏或一个家族的历史记录，更是闽台关系的真实写照，是研究古代闽台关系、大陆迁往台湾的移民、民俗文化的传播等的重要文献资料。③

陈支平主编的《闽南涉台族谱汇编》于 2014 年出版，全书共 100 册，收录陈、林、黄、张、李等闽南涉台族谱 100 种，均是在台湾地区人数众多且有重要影响的姓氏。该书反映了海峡两岸人民血脉相连的关系，以及文化的一脉相承。④

厦门大学出版社在 2014 年出版《台海文献汇刊》，全书共 100 册，分"台湾义勇队档案文献集成""台海诗文集""海疆文献丛编""民国时期台湾稀见刊物丛编"四辑。该书受到《台湾文献丛刊》等的影响，从更广阔的领域挖掘和整理涉台史料文献。⑤

---

① 陈支平：《台湾文献汇刊》，九州出版社、厦门大学出版社 2003 年版。
② 方宝川、谢必震：《台湾文献汇刊续编》，九州出版社、厦门大学出版社 2017 年版。
③ 陈支平：《闽台族谱汇刊》，广西师范大学出版社 2009 年版。
④ 陈支平：《闽南涉台族谱汇编》，福建人民出版社 2014 年版。
⑤ 萧庆伟、邓文金、施榆生：《台海文献汇刊》，厦门大学出版社 2014 年版。

（三）海关文献

《中国旧海关史料》大致由两部分构成，第一部分为贸易统计，第二部分为贸易报告，涉及的省份有黑龙江、吉林、辽宁、河北、天津、山东、江苏、上海、浙江、福建、广东、广西、西藏、云南、湖南、湖北、江西、安徽、台湾、海南、四川、重庆、新疆、甘肃、陕西等，多达 60 余个港埠。贸易统计方面，以贸易年刊为主，主要内容涉及当时贸易、汇兑、关税、金融等方面，且按年、关口、国别分列进出口贸易和转口贸易资料，准确地记载了清政府、北洋政府、南京国民政府和汪伪政权、伪满洲国政权各统治时期各关各种进出口货物的数量、货值、税收额及减免税等。①

《中国旧海关稀见文献全编》各分册如下：1.《五十年各埠海关报告 1882—1931》（全十四册），汇编了清光绪八年至民国二十年（1883—1932 年）间，各埠海关送交总税务司署所编具的通商各口岸的十年报告，内容涉及各关所在省和地区的社会变迁、发展和工商贸易情况。2.《民国时期各国海关行政制度类编》（上、下卷），汇编了 1929 年至 1935 年间，民国政府派员对英、美、德、法、比、日、加和澳洲联邦八国海关行政制度进行考察后形成的考察报告。3.《民国时期关税史料之一：修改税则始末记》（上、下卷），详细记述了近代海关修改关税的全过程，内容包括修改关税会议录、修改关税始末记附件、修改关税始末记各表附件和税则新旧比较等。4.《民国时期关税史料之二：中国关税史》，是一部民国时期出版的、专门研究中国关税史的重要论著。所述内容始于秦汉对外航路的开启及对外贸易的进行，以及早期关税制度的逐渐形成过程，直至民国关税特别会议即关税自主之争结束。5.《民国时期关税史料之三：中国关税史料》（上、下卷），汇集了民国初期的有关中国关税方面的史料，取材时间为辛亥革命之年（民国元年）至民国十八年九月，搜全国公私各机关出版

---

① 中国第二历史档案馆、中国海关总署办公厅合编：《中国旧海关史料》第 1 册，京华出版社 2001 年版。

的杂志四百余种，选取其中学术水平较高的一百七十余种杂志中的有关论文和纪事，并按照类别分编汇集成册。6.《民国时期关税史料之四：关税纪实》（上、下卷），记述了民国元年起至民国二十三年止，关税征收和存储的各种情形，以及总税务司为应对民国初年政局不稳和财政混乱的情况，所采取的应对办法和实施的政策。①

《五十年海关各埠报告（1982—1931）》汇编清光绪八年至民国二十年间，各埠海关送交总税务司署所编具的通商各口岸的十年报告，内容涉及各关所在省和地区的社会变迁、发展、进步和工商贸易情况。② 该书共 14 册，其中的 1—9 和 13、14 册均是英文报告，10—12 册为中译本报告。

《美国哈佛大学图书馆藏未刊中国旧海关史料》为国家哲学社会科学基金重大项目"中国旧海关内部出版物的整理与研究"的阶段性成果，由复旦大学历史地理研究中心吴松弟教授主持编辑整理，自 2014 年起由广西师范大学出版社陆续推出。这是新中国建立以来对旧海关内部出版物规模最大的一次发掘和整理，其内容包括统计、特种、杂项、关务、官署、总署、邮政等七大系列，以及七大系列之外、由海关编辑或出版的书刊。这些文献基本上未在国内外正式出版过，尤其是统计系列以外的六大系列，更少为人所知晓，除了贸易、税收、航运等核心数据与文字外，还包括各地的度量衡、货币、鸦片产销、走私、厘金、邮政、医学报告、文化（例如中国音乐、语言学词典）、中国商业习惯、世界博览会报告、中外经济关系等。另外，各类书刊中大量的彩色地图，信息丰富，多数是经过科学测绘的近代全国或区域地图，全部按照原色、原大的原则，由精密机器扫描并彩色印刷。③

（四）海外交通文献

张星烺主编的《中西交通史料汇编》，共 4 册，分 9 编，20 世纪 50 年

---

① 刘辉：《中国旧海关稀见文献全编》，中国海关出版社 2009 年版。

② 刘辉：《五十年海关各埠报告（1982—1931）》，中国海关出版社 2009 年版。

③ 方书生：《〈哈佛大学图书馆藏未刊中国旧海关史料〉丛书出版》，《史林》2014 年第 4 期。

代以前曾由辅仁大学多次重印，中华书局于 1977 年请朱杰勤先生重新校订出版，2003 年重印。① 重印本除改正排印中的错字外，还恢复了 1977 年版中被删去原书中的朱希祖序、自序和前编《上古时代之中外交通》（汉武帝以前的中外交通）。该书收录了古代中国与欧洲、非洲、中亚、印度等地区通过海陆进行往来的重要文献史料。②

朱鉴秋、陈佳荣、钱江、谭广濂主编的《中外交通古地图集》于 2017 年出版，选录 100 余幅涉及中外交通的中国古地图，包括各历史时期的全国舆图、航海图、沿海图及有代表性的其他古地图。并对每一幅或几幅地图的绘制过程、流传情况、历史意义等进行介绍，对一些重要地名等详加注释，同时配置相近年代的外国古地图作比照。③

钟叔河主编的《走向世界丛书》于 20 世纪 80 年代出版，湖南人民出版社和岳麓书社在 2008 年再次推出《走向世界丛书（修订本）》。岳麓书社 2016 年又出版《走向世界丛书续编》，续编作为补充，收录文献 65 种，仍由钟叔河主编。续编继承和发扬了之前的个性和特色，与之前所收录的 35 种文献形成合璧之作。④

（五）海洋民俗文献及其他

早在 2003 年，中国历史第一档案馆主编的《清代妈祖档案史料汇编》出版，辑录清康熙二十三年至光绪三十三年共二百余年间有关妈祖的档案史料 146 件，所选档案包括内阁全宗的题本、史书、起居注，宫中全宗的朱批奏折，军机处全宗的录副奏折、上谕档，内务府全宗的活计档等；同时选取台湾"故宫博物院"出版《宫中档雍正朝奏折》五件。⑤ 2007 年，

---

① 顾钧：《中西交通史料汇编的"Preface"》，载《中华读书报》2018 年 1 月 3 日，第 15 版。

② 张星烺编、朱杰勤校注：《中西交通史料汇编》，中华书局 2003 年版。

③ 朱鉴秋、陈佳荣、钱江、谭广濂：《中外交通古地图集》，中西书局 2017 年版。

④ 李缅燕：《走向世界的历史见证，"走向世界丛书"续编正式出版》，《全国新书目》 2017 年第 4 期。

⑤ 中国历史第一档案馆等合编：《清代妈祖档案史料汇编》，中国档案出版社 2003 年版。

蒋维锬、郑丽航等主编的《妈祖文献史料汇编》共三辑，其中第一辑分碑记卷、散文卷、档案卷、诗词卷；第二辑分著录卷、史摘卷、匾联卷；第三辑分绘画卷、方志卷、经籤卷。三辑共辑录 1400 多篇相关妈祖文献史料，为方便史料理解和利用，每篇史料另附"校记"，包括考证史料成文年代及相关的历史背景、不同版本的异文、同一史事与多种史料之间的关联、碑刻或孤本所藏单位、史料的点评、史料原文的失误或矛盾之处、作者生平简介等。①

2009 年，孙光圻主编的《中国航海史基础文献汇编》共四卷，分别为"正史卷""别史卷""杂史卷""学术卷"四卷。其中《正史卷》《史记》到《清史稿》二十五史中将与航海相关的活动、事件、人物、地区、航海工具以及航海的管理机构和管理政策等辑录，共 1000 余万字，全卷分 4 个分册，另有 1 册为索引。《别史卷》辑录自二十五史外具有代表意义和重要学术价值的史料文献，选用的文献分为编年体、政书体和文征体三类。《杂史卷》辑录自"正史卷""别史卷"所选文献以外的具有重要学术价值的基本史料文献，主要来源于《四库全书》《续修四库全书》《四库全书存目丛书》三大丛书以及《玄览堂丛书》《借阅山房汇钞》《历代史料笔记丛刊》等。②《学术卷》收录的对象主要为 1912—2011 年间国内外出版和发表的相关著作和论文。

二　中国海洋历史文献校注与整理

自 2000 年以来，中华书局的《中外交通史籍丛刊》陆续重印了一些重要的海洋文献校注，如：《入唐求法巡礼行记校注》《大唐西域记校注》《唐大和上东征传》《日本考》《西域行程记》《西域番国志》《咸宾录》《熙朝崇正集》《熙朝定案》等。学者们对这些文献并非只是重印，还对其

---

① 蒋维锬、郑丽航：《妈祖文献史料汇编》，中国档案出版社 2007 年版。
② 孙光圻：《中国航海史基础文献汇编·正史卷》，海洋出版社 2007 年版；《中国航海史基础文献汇编·别史卷》，海洋出版社 2009 年版；《中国航海史基础文献汇编·杂史卷》，海洋出版社 2012 年版。

加以修订。2009 年，王邦维先生对《大唐西域求法高僧传》和《南海寄归内法传》重新加以增订，《大唐西域求法高僧传》（校注本 1988 年首版）增加德国学者宁梵夫（Max Deeg）撰《评王邦维〈大唐西域求法高僧传校注〉》一文，《南海寄归内法传》（校注本 1995 年首版）增加王邦维撰《〈南海寄归内法传校注〉佚文辑考》《玄奘的梵音"四十七言"和义净的"四十九字"》二文和德国宁梵夫教授（Max Deeg）撰《评王邦维〈南海寄归内法传校注〉》一文。《法显传校注》收入"中外交通史籍丛刊"，依据作者亲笔校订的原书作了修改，并对业已发现的其他讹误也一并改正。此外，徐文堪、芮传明参考德国学者宁梵夫的著作《作为宗教史料的〈高僧法显传〉——中国最早赴印佛僧之行记翻译》，并尽可能检索国内及欧美、日本学者的一些论著所作"补注"附于书后，方便读者了解原版《校注》出版 20 年来国内外学术界有关《法显传》研究的新成果。① 另有汉代杨孚编撰、吴永章辑佚校注的《异物志辑佚校注》在 2010 年出版，主要分为人、地、兽、虫鱼、食果、草木、玉石七部分，有助于了解汉代岭南地区的对外交流。②

陈佳荣、朱鉴秋主编的《渡海方程辑注》在 2013 年出版，分上下两编，上编为"汉文古籍所载的海道针经"，除略举《武经总要》《萍洲可谈》等八九种初载罗盘导航的记载外，主要从 30 多种古籍中辑录了中国至海外的针路；下编为"吴朴及《渡海方程》资料"，是有关吴朴及《渡海方程》一书的资料辑佚，包括明清载籍所记的吴朴及《渡海方程》、吴朴《龙飞纪略》中的有关中外陆海交通史料，以及现代报刊论述吴朴及《渡海方程》的资料。该书还有古航海图选、引用古籍举要、参考文献目录、中国古代海路交通大事表四种附录。③ 这项工作受到学界高度评价。

---

① 孙文颖：《中国经典古籍的文本价值挖掘——谈谈"中外交通史籍丛刊"的编辑出版》，《出版广角》2012 年第 2 期。

② 杨孚撰、吴永章校注：《异物志辑佚校注》，广东省出版集团、广东人民出版社 2010 年版。

③ 朱鉴秋：《"方位不易指南篇"——从编著〈渡海方程辑注〉谈古代海道针经》，《海交史研究》2013 年第 2 期。

厦门大学出版社在 2013 年出版陈峰辑注的《厦门海疆文献辑注》，其中包括清代陈伦炯的《海国闻见录》，李增阶的《外海纪要》，李廷钰的《海疆要略必究》和《靖海论》，林郡升的《舟师绳墨》，窦振彪的《厦门港纪事》等，是研究海疆问题的重要文献资料。

梁二平主编的《中国古代海洋文献导读》，选取了先秦至晚清的 140 种中国古代海洋文献，对所收录文献的作者及成书、内容及体裁、版本及流传和文献价值等进行了介绍，便于读者初步了解和掌握古代海洋文献。[①]

海洋出版社在 2006 年出版了柳和勇主编的《中国海洋文化资料和研究丛书》，包括《中国古代海洋诗歌选》《中国古代海洋小说选》《中国古代海洋散文选》等，从文体的角度整理海洋历史和文化。

2016 年解登峰、宋旅黄等人主编的《中国涉海图书目录提要·民国卷》出版，该书收录了从 1911 年至 1949 年 9 月间我国出版的涉海中文图书 3000 余种，按《中国图书馆图书分类法》分类编排。介绍了所录文献的题名、作者、出版单位及时间、主题词和中图法分类号等信息，围绕所收录文献的涉海内容撰写内容提要，方便读者快捷地查阅该书与涉海相关的内容。[②] 接着，在 2020 年解登峰、齐晓晨等人主编的《中国涉海图书目录提要·古文献卷》出版，该书收录 4000 余种古代涉海文献的题名、作者及卷册、版本等信息，对所收录文献的作者进行研究，考证、记叙其生平和主要事迹。撰写了反映海洋学术价值的内容提要，以及存佚情况、重要或常见版本。[③]

王会均主编的《南海诸岛史料综录》在 2014 年出版，该书将所收录文献分为南海史志、南海考古、南海舆图、南海档案、南海书录、南海研究、学位论文等七大部分，是研究南海诸岛的重要文献资料。[④]

门贵臣、张伟、谢宇鹏主编的《民国报刊载南海史料汇编》收录的史

① 梁二平、郭湘玮：《中国古代海洋文献导读》，海洋出版社 2012 年版。

② 解登峰、宋旅黄：《中国涉海图书目录提要·民国卷》，中国社会科学出版社 2016 年版。

③ 解登峰、齐晓晨：《中国涉海图书目录提要·古文献卷》，中国社会科学出版社 2020 年版。

④ 王会均：《南海诸岛史料综录》，（台湾）文史哲出版社 2014 年版。

料为民国部分报刊刊载的有关南海问题的新闻、报道、通讯、评论等，档案文献不在该书收录之列。① 马骏杰、吴峰敏、张小龙主编的《民国报刊载海军史料汇编》收录的史料为民国部分报刊刊载的有关海军问题的新闻、报道、通讯、评论等。这两部书所收录史料均是全文登录，以报刊名称排列，同一报刊刊载史料以发表时间排列。②

为清楚起见，兹将上文提到的丛书及资料汇编列表如下：

表1　　　　　2005 年以来主要涉海丛书及资料汇编一览表

	名称	主编	出版社	出版时间
1	中国边疆史志集成·海疆史志	天龙长城文化艺术公司	全国图书馆文献缩微复制中心	2005
2	中国海疆旧方志	《中国海疆旧方志》编委会	蝠池书院出版公司	2006
3	中国海疆旧方志增补	《中国海疆旧方志》编委会	蝠池书院出版公司	2017
4	中国边疆研究资料文库·海疆文献初编	编委会	知识产权出版社	2011
5	中国边疆研究资料文库·中国海疆文献续编	续编委会	知识产权出版社	2012
6	中国古代海岛文献地图史料汇编	编委会	蝠池书院出版公司	2013
7	中国沿海疆域历史图录	王颖、方堃等	黄山书社	2017
8	中国航海史基础文献汇编	孙光圻	海洋出版社	2009
9	中国旧海关史料（1860—1949）	中国第二历史档案馆	京华出版社	2007
10	中国旧海关稀见文献全编	刘辉	中国海关出版社	2009
11	五十年海关各埠报告（1182—1931）	刘辉	中国海关出版社	2009
12	美国哈佛大学图书馆藏未刊中国旧海关史料（1860—1949）	吴松弟	广西师范大学出版社	2014

---

① 门贵臣、张伟、谢宇鹏：《民国报刊载南海史料汇编》，山东画报出版社 2020 年版。

② 马骏杰、吴峰敏、张小龙：《民国报刊载海军史料汇编》，山东画报出版社 2020 年版。

续表

	名称	主编	出版社	出版时间
13	国家图书馆藏琉球资料汇编（上中下，2000）	黄润华	北京图书馆出版社	2000
14	国家图书馆藏琉球资料续编（上下）	黄润华	北京图书馆出版社	2006
15	国家图书馆藏琉球资料三编（上下）	黄润华	北京图书馆出版社	2006
16	琉球文献史料汇编（明代卷、清代卷）	方宝川、谢必震	海洋出版社	2014
17	台湾文献史料丛刊（190册）	周宪文、杨亮功、吴幅员	台湾大通书局、人民日报出版社	2009
18	台湾文献汇刊（100册）	陈支平	九州出版社、厦门大学出版社	2004
19	闽台族谱汇刊（50册）	陈支平	广西大学出版社	2009
20	闽南涉台族谱汇编	陈支平	福建人民出版社	2014
21	台海文献汇刊	萧庆伟、邓文金、施榆生	厦门大学出版社	2014
22	台湾文献汇刊续编（100册）	方宝川、谢必震	九州出版社	2016
23	海南地方志丛刊	海南地方文献丛书编纂委员会	海南出版社	2006
24	清代妈祖档案史料汇编	蒋维锬、杨永占	中国档案出版社	2003
25	妈祖文献史料汇编	蒋维锬、郑丽航	中国档案出版社	2007
26	郑和下西洋资料汇编（增编本）	郑鹤声、郑一钧	海洋出版社	2005
27	影印原本郑和家谱校注	李士厚	台湾晨光出版社	2005
28	咸阳世家宗谱：郑和家世研究资料汇编	郑自海、郑宽涛	台湾晨光出版社	2005
29	中西交通史料汇编（重印）	张星烺编，朱杰勤校注	中华书局	2003
30	中外交通古地图集	朱鉴秋、陈佳荣等	中西书局	2017
31	走向世界丛书（修订本）	钟叔河	湖南人民出版社、岳麓书社	2008
32	中国古代海洋文献导读	梁二平、郭湘玮	海洋出版社	2012
33	厦门海疆文献辑注	陈峰	厦门大学出版社	2013
34	走向世界丛书续编	钟叔河	岳麓书社	2016
35	南海诸岛史料综录	王会均	台湾文史哲出版社	2014

	名称	主编	出版社	出版时间
36	中国涉海图书目录提要·民国卷	解登峰、宋旅黄	中国社会科学出版社	2016
37	中国传统海洋图书的历史变迁	潘茹红	厦门大学	2018
38	中国涉海图书目录提要·古文献卷	解登峰、齐晓晨	中国社会科学出版社	2020
39	民国报刊载南海史料汇编	门贵臣、张伟、谢宇鹏	山东画报出版社	2020
40	民国报刊载海军史料汇编	马骏杰、吴峰敏、张小龙	山东画报出版社	2020

由上可见，进入 21 世纪以来特别是"十三五"以来，海洋类文献的分类、整理、出版步入了新的发展时期。既有宏观，也有微观；既有整体，也有区域。海洋类丛书的整理和出版也出现了递增的趋势，且资料的广度也不断加大，同时更加注重资料的细化分类。其原因主要有两个方面。

第一，深入研究海洋历史文化的客观需要。随着"海洋强国"战略和"21 世纪海上丝绸之路"倡议的实施，海洋合作越来越密切，海洋竞争也越来越激烈，各个方面对海洋愈发重视，研究海洋历史文化、解决涉海现实问题越来越需要海洋历史文献的支持，对海洋历史文献的整理和研究更显迫切。

第二，国家及各级政府及行业的重视和支持。国家社科基金项目、国家出版基金项目的资助额度越来越大，为影印出版多卷本海洋文献创造了更好的条件，海关等部门也对区域性海洋文献、海关类文献给予支持，使得相关工作得以顺利开展。自 2011 年以来，相继获批的海洋历史文献类国家社科基金重大或重点项目有吴松弟主持的"中国旧海关内部出版物整理与研究"，张先清主持的"闽台海洋民俗文化遗产资源调查与研究"，程继红主持的"中国海洋古文献总目提要"，王琦主持的"百年南海疆文献资料的发掘与整理研究"，刘义杰主持的"中国古代海上丝绸之路图像资料的收集、整理与研究"，林枫主持的"华侨谱牒搜集整理与海上丝绸之路研究"，杨海平主持的"南海疆文献资料整理中的知识发现与维权证据链建"等；国家社科基金一般项目，有姚永超主持的"中国旧海关海图的整理与研究（1868—1949）"，陈海忠主持的"晚清民国时期潮海关档案文献整理与研究"，佳宏伟主持的"近代中国海关文献中环境史资料搜集与研究"等；国家社科基金青年项目，有何源远主持的"香港海上丝绸之路历史遗存整理与研究"，吴留营主持的"明清中国与琉球交往诗歌文献整理研究"等，推动了海洋文献的整理与研究。

二　中国海洋历史文献整理和研究今后的展望

（一）存在问题

近年来一大批影印出版的海疆、海岛、海洋民俗、海关、海外交通丛书和类书以及海洋校注文献，这极大地推动了海洋史的研究。但是，也出现了诸如重复辑录、专题性整理不平衡等问题。

1. 重复影印、收录

丛书整理中对某一海洋文献重复辑录。如《诸蕃志》《岛夷志略》、《台湾郑氏始末》《海国闻见录》《海上见闻录》（定本）、《粤海关志》《琉球国志略》《夷艘入寇记》《瀛寰志略》等，同时见于《中国航海史基础文献汇编》和《中国古代海岛文献地图史料汇编》两部丛书中。与针经路簿、海运相关的书籍如《海道经》（金声玉振集本）、《海运编》《海运新考》《海运续案》《大元海运记》等，则同时收录于《中国航海史基础文献汇编》《中国古代海岛文献地图史料汇编》和《海疆文献初编》三部丛书中。而《妈祖文献史料汇编》和《妈祖文献整理与研究丛刊》重复辑录《天妃娘妈传》《天妃显圣录》《天后显圣录》；涉及妈祖相关的史籍如诸本明清使琉球录，既见于《妈祖文献整理与研究丛刊》，《中国航海史基础文献汇编》及《中国古代海岛文献地图史料汇编》同样部分择录。① 出现重复收录现象主要有两个原因：一是海洋历史文献的分类还未在学界形

_____

① 潘茹红：《"一带一路"视野下的海洋历史文献整理》，《闽南师范大学学报》（哲学社会科学版）2019 年第 2 期。

成共识，分类容易交叉，部分海洋文献涉及多专题；二是对海洋历史文献的整理现状缺乏全面了解和把握，某些常见书、易搜辑到的书就容易被重复收入。

2. 专题性研究不平衡

对于海疆、海岛、海关、妈祖类史料的整理学者关注较多，而海洋渔业、海洋盐业等专题的文献整理则相对较少。对海洋历史文献各个专题的关注缺乏平衡，不利于展开相对全面的系统研究。

3. 区域性研究不均衡

例如陈峰的《厦门海疆文献辑注》，张杰、程继红的《明清实录舟山史料辑要》和《明清时期浙江海洋文献研究》等，都是区域性海洋历史文献整理研究的成果，其关注区域主要是江浙和福建等东南沿海地区，相比较而言，北方地区的海洋历史文献研究尚较薄弱，有待于进一步的整理。

4. 海洋文献数据库建设滞后

近年来，学界对海洋历史文献的整理和研究陆续出版了一些成果，在这个基础上建设海洋历史文献数据库是十分必要的，既可以为海洋文献的保存和利用提供便利，也可以利用数字技术推动海洋历史文献的新发展，但目前数据库建设相对缓慢，尽管一些公共图书馆和高校开发了一些海洋文献数据库，但这些数据库资源分散，彼此之间相互独立。①

（二）未来展望

未来对海洋历史文献的整理和研究有赖于各研究机构、高校的学者、出版单位等的共同努力。海洋文献的重复收录，既耗费了学者们的精力，也是对学术资源的浪费。为尽量避免这种现象，需要学者们在海洋文献的分类和整理上达成共识，并在以下方面共同努力，促进海洋文献、海洋史

---

① 厦门大学图书馆构建了独具特色的"东南海疆研究数据库"；华南师范大学南海校区图书馆建设了"南海历史名人及南海籍院士数据库"；海南师范大学图书馆已建成"渡海解放海南岛战役"数据库、"海南历史文献"数据库等8个特色资源库，由该馆牵头建设"南海及南海诸岛"数据库具有地缘优势、资源优势和经验优势；谢必震主持的"两岸关系族谱资料数据库"已基本建成。

的深入研究和海洋文化的健康发展。

第一，要摸清我国海洋历史文献的"家底"。这类文献虽然浩如烟海，卷帙繁多，但是数量总是有限的，对其总量需要整体把握。具体说来，可以分成若干区域，由区域再到整体，使其更科学、准确。摸清家底可以采用提要形式，对作者、卷数、内容、版本等，一一考证清楚。

第二，要关注丛书中未收录的其他专题的海洋文献。例如，海洋渔业、海洋盐业在古代都是重要的海洋产业，明清民国时期也保留下来许多相关的文献，但是，迄今为止，尚没有这两个专题的丛书。

第三，加快海洋历史文献的数据库建设步伐，整合各类数据库资源。关于海洋历史文献的数据库建设，已有学者提出建议：韩真、张杰等的《浙东沿海渔文化数据库建构研究》，提出浙东渔文化数据库应由浙东渔文化主题数据库和浙东渔文化区域数据库两大核心数据库组成①；黄洁清在《浙江古代海洋文献数据库建设思路初探》中也提出了建设浙江古代海洋文献数据库的初步思路，提出在数据源的选取上，以浙江省为样本，选择最有代表性的文献进行详细考察，结合史实，与福建、广东等地海洋古文献做比较研究，并且将浙江古代海洋文献分为海上交通文献、海外交流与贸易文献、海防海战文献等②。

第四，对海洋历史文献的整理应注重在前人的成果上加以校点、整理。如 2000 年以来，中华书局的《中外交通史籍丛刊》陆续重印，其重印的《大唐西域求法高僧传》《南海寄归内法传》《法显传》等都结合了学界最新的研究成果加以修订，湖南人民出版社和岳麓书社在 2008 年再次推出《走向世界丛书（修订本）》，也是在 20 世纪 80 年代版本的基础上作的修订，这些书籍的再版都吸取了学界的新成果，更便于学者们利用。

---

① 韩真、张杰、刘红艳、黄萍：《浙东沿海渔文化数据库建构研究》，《浙江海洋学院学报》（人文科学版）2015 年第 5 期。

② 黄洁清：《浙江古代海洋文献数据库建设思路初探》，《浙江海洋学院学报》（人文科学版）2016 年第 5 期。

中国海洋文化发展大事记（2016—2020）

周淑芬　吴玉璋　整理

2016 年

政策法规

1 月　国家海洋局出台《全国海洋文化发展纲要》，提出加快发展海洋文化公共服务，加快发展海洋文化产业，保护海洋文化遗产，促进海洋文化传播与国际交流合作，构建海洋文化理论体系，积极推动海洋文化事业发展。

3 月　8 日，国家海洋局与教育部、文化部、国家新闻出版广电总局、国家文物局联合印发《提升海洋强国软实力——全民海洋意识宣传教育和文化建设"十三五"规划》（以下简称《规划》）。《规划》提出，到 2020 年我国将初步建成全方位、多层次、宽领域的全民海洋意识宣传教育和文化建设体系。

16 日，十二届全国人大四次会议闭幕，批准了"十三五"规划纲要，发挥妈祖文化作用被写入国家"十三五"规划纲要。

学术会议

5 月　21 日，由广西社会科学杂志社、钦州市社会科学联合会和钦州学院主办的"海洋文化与广西北部湾发展论坛"在钦州学院召开。此次联合举办"海洋文化与广西北部湾发展论坛"，围绕广西海洋文化发展、海洋文化与海上丝绸之路、广西海洋文化资源的开发利用等问题进行研讨，以弘扬广西北部湾海洋文化精神，助推"21世纪海上丝绸之路"建设，践行"广西海洋强区"战略。

10月 23日，由国家海洋局机关党委组织的"中国海洋文化丛书"出版座谈会在京召开。国家海洋局党组成员、副局长石青峰出席座谈会。他指出，要研究海洋强国背景下海洋文化的创新和发展路径，建立完善、具有鲜明中国特色，并顺应国际发展趋势的海洋文化理论体系，提升海洋文化在学术界的影响力，推动海洋文化繁荣发展。

11月 1日下午，妈祖文化与海洋精神国际研讨会在妈祖文化发祥地福建省莆田市湄洲岛举行。国家海洋局党组成员、副局长石青峰，福建省副省长黄琪玉，莆田市代市长李建辉，中国侨联原主席、中华妈祖文化交流会第二届副会长林兆枢在主论坛分别致辞，并举行了湄洲岛国家级海洋公园授牌仪式。此次国际研讨会会期两天，分为主论坛和"妈祖文化与海上丝绸之路""妈祖文化与海洋民俗遗产""妈祖文化与海洋生态文明"3个分论坛，来自中国内地和韩国、加拿大、马来西亚、新加坡、日本等国家以及港澳台地区的有关专家发表演讲。

17日，以"协同开放共享共赢——21世纪海上丝绸之路与新海洋文明"为主题的第十届中国海洋文化论坛在浙江海洋大学隆重举行。论坛旨在推进浙江海洋经济发展示范区、浙江舟山群岛新区和浙江舟山自贸区的快速发展，增加大陆与台湾地区的文化交流，打响浙江海上丝绸之路港口节点的品牌，树立良好的国际形象。

19日，为了开展与深化《更路簿》的系列研究，促进广泛合作，共享研究成果，由海南大学、海南省社科联（社科院）、海南省文体厅、海南出版社等联合主办的"更路簿"暨第二届海洋文化研讨会在海南博鳌举行。来自中国社会科学院、中国科学院、国家海洋战略研究所等二十多个大学和社科院的专家学者100多人参加了会议。与会专家带来近60篇高水平、高质量学术论文，在会议上进行专题研讨《更路簿》。研讨内容丰富，涵盖关于南海自然、地理、地名、气象、历史、造船、航海技术等大量文化信息。

22日，第五届中国东海（国际）论坛在浙江海洋大学开幕，在为期一天的论坛中，来自中日韩三国的50多位专家探讨东亚海洋文化和东亚青瓷文化。

29日，第十届深圳海洋文化论坛在大梅沙国际水上运动中心开幕。来自全国各地的海洋文化研究学者以及来自全国各地的十余家图书馆代表，围绕"一带一路文献建设"进行了深入探讨。在论坛上，盐田区图书馆以及金陵图书馆、浦东图书馆、杭州图书馆等来自"一带一路"长三角地区的十余家图书馆代表，现场签署了《"一带一路"公共图书馆联盟倡议》，结成长期、全面的共建伙伴关系，促进公共图书馆间"一带一路"文献的互联互通。

12月 12日，首届"南方丝绸之路发展论坛"在昆明召开。来自中国和南亚、东南亚各国的政府官员、企业家、学者、媒体以及海外侨领共300余位嘉宾，从政治、经济、文化、生态、旅游等领域展开讨论，共谋南方丝绸之路发展。

29日，由中国生态文化协会、全国政协人口资源环境委员会、国家海洋局联合主办的《中国海洋生态文化》研究成果汇报会在深圳举行。《中国海洋生态文化》一书全面梳理了中国海洋生态文化成果，系统介绍了中国海洋生态文化发展的传统智慧，科学分析了中国海洋生态文化发展现状，研究并提出了中国海洋生态文化发展战略，是不可多得的海洋生态文化"百科全书"。

研究机构

6月 26日，江苏省中华文化促进会海洋文化专业委员会成立大会在南京举行。来自国内和省内知名的海洋文化专家、学者共50余人参加了成立大会。江苏省中华文化促进会海洋文化专业委员会由省中华文化促进会副主席、著名海洋文化专家赵志刚担任主任，聘请刘迎胜、华涛、贺云翱、姚亦峰、孙治国等专家学者担任顾问。江苏省中华文化促进会成立海洋文化专业委员会，将为普及海洋文化，增强全民海洋意识，更好地推动海上丝绸之路建设起到积极作用。

12 月 8 日，青岛市海洋文化研究会成立大会在中国海洋大学举行。青岛市海洋文化研究会将立足于青岛、面向世界，广泛开展以海洋文学为基础，围绕海洋经济、海洋科技、海洋管理、海洋影视等文化内容进行研究创作、普及推广和服务工作。

科研项目

1 月 21 日，海洋文化国家社科基金重大项目子课题验收会在青岛举行，《海洋意识内涵、现状及评价体系研究》和《海洋文化产业内涵、结构、边界及统计指标体系和统计制度研究》两个课题通过专家评审。专家一致认为，两个课题内容丰富、框架合理、应用性强，对于推动海洋文化基础理论体系建设、做好海洋文化建设工作具有积极的作用。

9 月 29 日，集美大学"福建省高校人文社科研究基地——海洋文化与创意产业研究中心"项目通过验收。

节庆赛事

2 月 20 日（农历正月十三），辽宁省大连市高新区龙王塘沿海渔民们共同庆祝海神娘娘生日，举办了放海灯祭祀活动，祈求新一年的平安丰收。据了解，在辽南黄海沿岸以放海灯的形式祭拜海神娘娘的民间习俗距今已有 200 多年的历史。2011 年 1 月，龙王塘海灯节正式列为辽宁省省级非物质文化遗产。在世界各地，祭祀妈祖生日的方式多种多样，不过用放海灯这种形式来祭祀的，只有大连这里才能见到，其中又以龙王塘地区和庄河石城岛规模最大，保留的传统基因最多，是研究中国北方妈祖文化和海洋文化的"活化石"。

3 月 19 日，娄底首届海洋文化节在娄底市五江·碧桂园城市广场售楼部拉开帷幕，本次活动旨在邀请全市人民共襄盛会，开启零距离海洋文化之旅。海洋文化节历时 2 天，吸引近 3000 名市民到营销中心参观体验。

4 月 24 日，沿海地区具有 600 多年历史的"辞沙"祭妈祖仪典在深圳市南山区赤湾天后宫举行。"辞沙"祭妈祖仪典是赤湾天后宫特有的一项汉族传统民俗文化。"辞沙"即辞别沙滩，投入茫茫大海，去开辟生产或国事的新领域。据史料记载，从明代开始，凡在赤湾过往的渔民或出使各国的朝廷官员都要停船靠岸，到天后宫进香，以"太牢"大礼祈神保佑，以求出海平安顺利。他们将猪、牛、羊的肚子挖空，填上草，放在海边沙滩上祭拜妈祖，祭拜完毕将牲口沉入海底。后来，"辞沙"成为经赤湾出海者起航前一种固有隆重仪式的名词，寄托着汉族劳动人民对美好生活的祈求。

5月　28日至29日，全国大中学生第五届海洋文化创意设计大赛作品评审会暨"创意海洋大家谈"论坛在中国海洋大学举行，来自清华大学、南京艺术学院等多所知名高校评审专家到会，对570多所高校和中学的参赛作品予以点评。此次大赛是2016年"世界海洋日暨全国海洋宣传日"期间举办的活动之一，由国家海洋局宣传教育中心、中国海洋大学、国家海洋局北海分局共同主办，中国海洋大学管理学院承办，大赛主题是"创意海洋"，作品涵盖品牌、平面、造型、包装、景观、视频动画等类别。本届大赛共有502所高校、76余所中学参赛，共征集作品13781件。

6月　7日，第八届海峡论坛·妈祖文化活动周开幕式在福建莆田湄洲岛举行，来自海峡两岸的妈祖信众、青年歌友和基层民众共5000多人欢聚一堂。福建省副省长、莆田市委书记周联清出席并致辞。妈祖文化活动周是本届海峡论坛的重要组成部分，本届妈祖文化活动周以"中华妈祖情、两岸一家亲"为主题，凸显民间基层，紧扣青年交流，展现两岸共同的人文文化和美好追求。

18日，第四届"秦皇岛之夏"海洋文化节暨北戴河新区渔岛薰衣草文化旅游节在渔岛海洋温泉景区正式拉开帷幕。本届海洋文化节共安排主题文化活动、品牌文化活动、群众文化活动、公益惠民活动四大类85项7000余场次的各级各类演出。本届海洋节以"蔚蓝力量、关爱海洋"为主题，策划"海岸蔚蓝跑、海洋风筝汇、海上渔家乐和海洋盛装秀"等系列主题活动，全力打造北戴河新区海洋文化主题节庆活动品牌。

7月　6日，大连圣亚海洋世界第二届"海洋文化节"正式启幕。本届海洋文化节以"鲸彩圣亚，奇幻海洋"为主题，依托互联网+，以线上探索+线下体验相结合的形式，带领游客深度了解海洋文化。

8月 2016年中国·汕尾海洋文化旅游节开幕式暨开渔节在广东省汕尾市区罗马广场举行。本次汕尾海洋文化旅游节围绕"海陆丰绕，人文汕美"的主题，以海洋为主旋律，开展开渔节、沙滩狂欢节、海鲜美食节等10个影响力较大的特色活动。通过政府支持、引导，激发社会参与热情，为汕尾树立城市新形象、加快经济社会全面发展增添更大动力。

5日至14日，青岛举办了第八届青岛国际帆船周·青岛国际海洋节活动。以"帆船之都助推城市蓝色跨越"为主题，着力培育融蓝色经济、海上运动、海洋文化旅游、海洋科技、节能环保于一体的海洋盛会。

10月 19日，第九届徐福故里海洋文化节暨2016金秋经贸洽谈会在连云港市赣榆区拉开序幕。旨在以弘扬徐福文化为纽带，促进赣榆对外开放及旅游、文化以及经贸等诸多方面发展，推动赣榆实现"经济实力强、人民群众富、生态环境美、文明程度高的全面小康新赣榆"的奋斗目标。文化节共分两个阶段进行，主体活动由六项活动构成。

26日，集美大学首届海洋文化节开幕。本届海洋文化节以"我爱这蓝色的海洋"为主题，由海洋学术活动、海洋文化活动和海洋技能展示三个模块，21个主题文化活动组成，历时一个月，为全校师生奉献了一场海洋文化盛宴。

11月 4日至10日，2016厦门国际海洋周在厦门市举行。本届海洋周主题为"共建海上丝绸之路：新愿景新格局"，包括国际海洋论坛、海洋专题展览和海洋文化活动在内的系列活动。

16日，集美大学举办首届海洋文化节"我爱海洋"体验嘉年华活动。嘉年华活动由两个主展区和两个体验区共四个区域组成，以其鲜明的海洋特色、新颖的展示形式、多样化的趣味体验，得到了全校师生的热烈响应和积极参与。

文旅展演

3月 10日，由交通运输部南海航海保障中心主办，海口航标处、西沙航标处、南沙航标处承办的"丝路灯塔·海洋梦"航标文化展，在海南省博物馆 1 号展厅开展。

6 月 24 日，中央人民广播电台《清晨有约》栏目在奏响一段充满海洋气息的背景音乐后，《蓝色梦想》《精卫填海》《奔向大洋》《琅琊起航》等一段段来自青岛的原创诗朗诵与歌曲交替播出。此次由青岛演讲与演唱协会出品，青岛词曲作家侯希平、智树春创作，青岛众多歌唱家、朗诵家以及青岛演讲合唱团、七彩风合唱团等参与演出的《海洋强国颂》系列作品，以音乐史诗的方式吟诵中华民族五千年辉煌海洋史，歌唱新中国海洋事业成就、歌唱人民海军、一带一路和海洋强国战略，时代性强、创意新颖、内涵丰富，在原创性与唯一性方面填补了全国海洋音乐演出空白。

10 月 25 日，文化部 2016 年度对港澳文化交流重点支持项目，由浙江省宁波市文化广电新闻出版局、香港康乐及文化事务署与中国文物交流中心联合主办，蓬莱、扬州、宁波、福州、泉州、漳州、广州、北海以及香港 9 个海上丝绸之路主要城市共同参与的"跨越海洋——中国海上丝绸之路"展览在香港历史博物馆正式开展。

11 月 24 日至 27 日，由国家海洋局和广东省人民政府共同主办的 2016 中国海洋经济博览会在湛江奥体中心举办。本届中国海博会将以"创新、绿色、开放、合作"为主题，突出展示中国经济发展新常态下，我国 21 世纪海上丝绸之路建设和海洋科技创新的最新成果，"海洋+科技""海洋+创意""海洋+金融""海洋+旅游"等跨界融合的新兴业态发展趋势。

学术出版

1 月 出宝阳、陈建中编写的《海丝申报世界文化遗产与东亚海洋考古研究》一书由厦门大学出版社出版。本书分两部分，第一分析当前"海上丝绸之路"申报世界文化遗产取得的成效，探讨了联合推动"海上丝绸之路"申报世界文化遗产的有效途径，深刻阐释了海上丝绸之路的时代价值和世界性。第二论述各自业务范围内的水下考古成果。该书为 2014 年世界文化遗产申报与东亚海洋考古研讨两个论坛交流论文的汇编。

3 月 王崇敏主编，阎根齐、王秀卫副主编的《南海海洋文化研究》由北京海洋出版社出版。该书是 2015 年 6 月在海口召开的《首届南海海洋文化研讨会》的论文选集，共收录论文 30 余篇，内容共分为 7 章，其中第一章为"中国南海发现、命名、经营开发和管辖"，第二章为"南海的保护与开发"，第三章为"古代南海海上丝绸之路"等。

5 月　莆田学院妈祖文化研究院专家编撰的《妈祖与海洋文化》由中国文史出版社出版发行，这是国内外第一部较全面系统地研究总结妈祖与海洋文化关系的专著。《妈祖与海洋文化》共 11 个章节，以宗教学、海洋学、政治学、社会学、民俗学、音乐学、美术学等理论为指导，结合典型区域进行田野调查和现场访谈式调研，收集第一手资料，探索妈祖信仰与海洋有关的政治、经济、文化、生活方式、行为方式等方面的关系，并就推动海洋发展战略特别是建设"21 世纪海上丝绸之路"，如何发挥妈祖文化的精神纽带和精神家园，提出建议与对策。该书为我国发展海洋战略科学决策提供了参考和依据，具有重大研究价值和现实意义。

7 月　海洋出版社出版发行了"中国海洋文化丛书"，这是我国出版的第一部大型海洋文化系列丛书。于 2010 年 10 月由国家海洋局牵头，沿海各省（区、市）海洋行政主管部门参与，组织 200 余位历史文化专家、学者编撰完成，共分《福建卷》《广东卷》《海南卷》《香港卷》《澳门卷》和《台湾卷》等 14 卷。该套丛书首次较为系统地挖掘了我国沿海各地海洋文化中的亮点，包括海洋事业发展、海洋历史沿革、海洋文学艺术、海洋风俗民情和沿海名胜风光等，梳理了我国海洋文化的历史渊源、发展脉络和基本走向。

国际交流

7 月　26 日，2016 东亚海洋合作平台黄岛论坛在青岛西海岸新区开幕，国家海洋局与山东省人民政府在论坛开幕式上签订东亚海洋合作平台共建协议，标志着东盟与中日韩（10+3）在海洋领域的合作平台正式启动建设。

其他

8 月 20 日，湖南首个主题文化海洋公园落户株洲。

2017 年

政策法规

6 月 我国发布《"一带一路"建设海上合作设想》，提出我国将与沿线国家在推进海上互联互通、提升海运便利化水平、开展海上联合搜救等方面加强合作。

学术会议

5 月 14 日至 15 日，第一届"一带一路"国际合作高峰论坛在北京举行，29 位外国元首、政府首脑及联合国秘书长、红十字国际委员会主席等 3 位重要国际组织负责人出席高峰论坛。

6 月 24 日，2017 浙江海洋文化传承发展座谈会在舟山举行，与会人员学习了《关于实施中华优秀传统文化传承发展工程的意见》，探究了浙江海洋文化当前定位和未来一个时期的发展趋势，商讨了举办第 11 届中国海洋文化论坛的可行性，以及普陀山申报世界文化遗产的思路与举措。

7 月 14—15 日，由中国海洋大学韩国研究中心与韩国高丽大学民族文化研究院共同主办的"海洋文明与东亚发展"国际学术研讨会在中国海洋大学崂山校区图书馆举行。

8 月 8 日，国际海底管理局第 23 届会议召开。上海交通大学极地与深海发展战略研究中心提交的申请材料准备充分，获得大会的一致通过，正式成为国际海底管理局观察员，我国在国际海底管理局的观察员席位获得"零"的突破。

9月7日，以"东亚联通、青年友好"为主题的"2017东亚海洋文化教育合作论坛"在青岛西海岸新区举办，本届论坛旨在搭建面向东盟和东亚国家双向开放合作的创新性平台，加强中国与东盟和日韩国家相关机构在海洋教育、科学技术和文化方面的合作，促进各国青少年在海洋文化教育方面的友好往来。相关国家的教育机构、研究机构和涉海企业齐聚青岛西海岸新区，开展了交流和对接活动。

19日，第三届南海海洋文化研讨会暨更路簿高端论坛在海口召开。会议由海南大学主办，海南省南海政策与法律研究中心、海南大学更路簿研究中心承办。研讨会以国内更路簿的历史及法理研究为主题，针对"南海更路簿"与海洋文化的关联，以及在维护南海权益方面的重要作用开展了深入的探讨，突出历史学研究与法学研究的跨学科交叉和碰撞。与会专家还就海南大学更路簿研究中心的进一步发展提出了建议和意见。

10月12日，2017年"中国—东盟海洋文化国际学术研讨会"在钦州学院举行。来自北京、上海、中国台湾和泰国、马来西亚、菲律宾等国内外数十名专家学者齐聚一堂，共同研讨中国—东盟海洋文化。

19日至21日，由中国华侨历史博物馆与广西防城港市文化委员会联合主办、防城港市博物馆承办的"海丝寻踪——华侨华人与海洋文化"学术研讨会在广西防城港举行。此次研讨会的主题是"华侨华人与海洋文化"。

11月3日，以"海上丝绸之路与观音文化"为主题的第十一届中国海洋文化论坛在舟山市行政中心举行。本届论坛围绕"21世纪海上丝绸之路"与观音文化这一主题，开展了跨区域、跨行业的交流研讨。

11日，第16届中琉历史关系国际学术研讨会在福州举行。本届会议主题是"守礼之邦：中琉关系与亚洲文明"，内容涉及中琉关系史上的政治、经济、宗教、艺术及民俗等方面。

15日，由国家文物局水下文化遗产保护中心与韩国国立海洋文化财研究所联合举办的"第5届中韩水下考古学术研讨会"在水下中心召开。

17日，第十一届海洋文化论坛暨"海上丝绸之路"国际研讨会在扬州市举行，与会嘉宾围绕如何推动"一带一路"建设展开学术交流。海洋文化论坛是在"一带一路"倡议背景下召开的学术研讨会议，旨在通过畅谈海洋文化、研讨"海上丝绸之路"相关文献，搭建"一带一路"沿线国家、城市间的沟通渠道和合作平台。

29 日，首届海上丝路文明与文化遗产保护论坛在西北工业大学友谊校区国际会议中心开幕。

12 月 2 日，第二届世界妈祖文化论坛"海上丝绸之路文化遗产保护"主题论坛举行，交流探讨海丝文化遗产保护经验做法。论坛上，8 名中外学者围绕海上丝绸之路的缘起与中国视角、海洋观念与海上丝绸之路、水下考古与海上丝绸之路等论题展开论述。

2 日，第二届世界妈祖文化论坛"妈祖文化与海洋减灾"主题论坛在福建省莆田市举办。

8 日，海洋文化挖掘保护与传承应用研讨会在宁波市顺利举行。来自高校、研究机构、政府、民间团体、企业等相关专家和业内人士参加了会议。

研究机构

4 月 青岛市海洋文化研究会成立。作为青岛市唯一围绕海洋文化展开研究的社会团体，该研究会将立足于青岛，面向全国和世界，广泛开展以海洋文学为基础，围绕海洋经济、海洋科技、海洋管理、海洋影视等文化内容进行研究创作、普及推广和服务。

节庆展演

4 月 29 日至 5 月 3 日，青岛市举办首届妈祖文化节。以"天下妈祖，祖在湄洲，恩泽青岛，福佑中华"为主题，旨在依托妈祖文化平台和青岛独特的文化体系，深挖海峡两岸共通的妈祖文化渊源，推动海上丝路沿线国家友好往来，传承弘扬妈祖文化。

6 月 8 日，南京举行了主题为"扬波大海，走向深蓝"的"2017 世界海洋日暨全国海洋宣传日"主场活动，国家海洋局局长王宏出席了活动并接受了采访。

8 日，大连市 2017 年 6.8 世界海洋日主场宣传活动暨首届大连海洋文化节开幕式在大连海洋大学举行。此次世界海洋日主题为"扬波大海走向深蓝"。

16 日，以"勇立潮头·汇通天下"为主题的 2017 舟山群岛·中国海洋文化节在浙江岱山拉开帷幕。

18 日，第五届"秦皇岛之夏"海洋文化节暨北戴河新区渔岛薰衣草文化旅游节在北戴河新区渔岛海洋温泉景区开幕。本次活动由秦皇岛市委宣传部主办，北戴河新区工作委员会、管理委员会承办。海洋文化节包括主题文化活动、品牌文化活动、群众文化活动、公益惠民活动四大类 100 多个项目。渔岛薰衣草文化旅游节作为其中一个重点活动，将在 6 月 18—26 日期间举办渔家乐、海洋文化欢乐季等系列主题活动。

7 月 28 日，首届广州南沙国际帆船节在广州南沙游艇会开幕。此次帆船节以"帆起广州南沙，共续丝路新情"为主题，一连 3 天，推出 4 大板块、十余项表演和活动。

9 月 23 日，以"海生万物·有鱼方长"为主题的苍南·霞关首届海洋文化节在霞关海滨开幕，此次海洋文化节除了海洋主题文艺表演、开渔祭仪式，"还开展了"护渔杯"造船工艺邀请赛、"霞海之光"书法摄影、"和美霞关"书法创作展、"网开渔长"织网表演赛等一系列活动。

10 月 13 日，红海湾工委宣传部、光明日报出版社《关雎诗刊》等单位联合举办以"喜迎十九大，永远跟党走"为主题的红海湾海洋文化节·诗歌朗读会。

27 日至 29 日，第十届徐福故里海洋文化节在连云港市赣榆区成功举办。本届徐福故里海洋文化节邀请日本驻华大使馆特命全权公使、韩国前政要李世基等日韩嘉宾十余人。日本前首相鸠山由纪夫特意为本届徐福节题写了"徐福故里、中国赣榆"，是"中国赣榆·徐福文化节"日韩政要为徐福节题字的第一人。本届论坛还邀请日韩相关专家 40 余人。论坛主题特色鲜明。本届徐福节的论坛主题为"徐福文化与健康世界"。

11 月 3 日，以"积极参与全球海洋治理，共同推进蓝色经济发展"为主题的 2017 厦门国际海洋周在福建厦门开幕。此次海洋周为世界各海洋城市政府、海洋科技组织、海洋相关企业等搭建了交流合作的平台。作为东道主的海沧区，聚集了世界各地的海洋同仁，展现了国际一流海湾城区的形象，谋划了一批海洋创新项目，也让广大市民享受到海洋欢乐嘉年华。

12 月 27 日，由国家海洋局主办、东海分局和浙江海洋大学共同承办的"爱在这片海"———海洋文化下基层元旦慰问演出在浙江海洋大学举行。

30 日，由中国驻马来西亚大使馆、马六甲郑和朵云轩艺术馆以及马来西亚多个华人社团和文化团体共同举办的"郑和海洋文化周"在马来西亚古城马六甲开幕。本次"郑和海洋文化周"于 2017 年 12 月 30 日至 2018 年 1 月 6 日在马六甲郑和朵云轩艺术馆举行。活动内容丰富多彩，包括郑和主题画展、海上丝绸之路论坛、古城艺术家作品展等。

学术出版

1 月 曲金良主编的《中国海洋文化史长编（典藏版）》由中国海洋大学出版社出版。全书分上、中、下三卷，是以中国海洋文化史为体例框架，广泛搜集汇总、梳理辑纳学界有关中国海洋文化的研究成果，编纂集成的一部较为完整系统的中国海洋文化史长编，展示了中国海洋文化发展历史上极其丰富多彩的面貌。

3 月 崔凤、宋宁而主编的《中国海洋社会发展报告（2016）》由社会科学文献出版社出版。本书主要由总报告、分报告和专题篇三部分组成，主要内容包括：中国海洋社会发展总报告、中国海洋文化发展报告、中国海洋公益服务发展报告、中国海洋环境发展报告等。

海上丝绸之路研究中心主编的《中国海上丝绸之路研究年鉴（2015）》由浙江大学出版社出版。本书主要围绕学术界对"海丝"文化的研究展开。深入发掘和弘扬光大这份宝贵的历史文化遗产，有利于提升人们对"海丝"文化的认知，并在大力实施海洋发展战略的当下有着特别重要的意义，也必将成为推动海洋经济发展的有力支撑和保障。

6 月 国家海洋局办公室主编的《妈祖文化与海洋精神》由海洋出版社出版。本书是 2016 年 11 月在福建举办的世界妈祖文化论坛的文章汇集，汇集了本次国际研讨会部分领导致辞、学者主旨报告及分论坛演讲文章，以展示此次"妈祖文化与海洋精神"国际研讨会的成果，推动妈祖文化研究的深入开展，对于公众了解妈祖文化与海洋精神也有一定裨益。

中国海洋年鉴编委会编写的《2016中国海洋年鉴》由海洋出版社出版。这是我国海洋界综合性、资料性、史册性的工具书，旨在客观记载、全面反映我国海洋事业发展状况以及国家涉海各部门、各行业、各地区每年度的新进展和主要成就。

其他

8月 16日，中国第八次北极科学考察队结束在北冰洋公海区的最后一次CTD采样作业，"雪龙"船驶入挪威渔业保护区。这是我国考察队首次成功穿越北冰洋中央航道，并在该海域开展作业，填补了该区域的作业空白。

28日，"向阳红01"船从位于山东青岛的国家深海基地中心码头起航，开始执行为期260天的中国首次环球海洋综合科学考察，首次整合大洋与极地科考，集环境、资源、气候、生态等考察于一体。国家海洋局党组成员、副局长林山青为航次授旗并在起航大会上讲话，中国大洋矿产资源开发协会办公室、国家海洋局极地考察办公室等参航单位有关领导以及科考队员家属前往码头送行。

9月 国家海洋局完成我国首次沿海大规模警戒潮位核定。该工作历时五年，首次对全国沿海11个省、自治区和直辖市的沿海警戒潮位值进行了重新核定。近年来，我国海洋经济发展迅速，沿海地区的岸线特征、开发状况和防潮设施等情况变化较大，原警戒潮位值已无法适应新形势下海洋灾害预警和防灾减灾工作的需要。因此，在本轮核定工作中，国家海洋局首次将我国全部大陆岸线科学划分为259个警戒岸段，系统地核定了警戒潮位值，填补了以岸段警戒潮位值为基准的预警报业务空白。

11月 22日，哈尔滨工程大学海洋文化馆建成开馆。这是我国首座由高校建设的以海洋文化为主题的展馆。

2018 年

政策法规

11 月 5 日，交通运输部发布了《中华人民共和国海商法》（修订征求意见稿）。

12 月国家发展改革委、自然资源部联合印发《关于建设海洋经济发展示范区的通知》，支持 10 个设立在市和 4 个设立在园区的海洋经济发展示范区建设。

学术会议

3 月　18 日至 19 日，由中国海洋发展研究中心和中国海洋大学联合主办的"国际海洋形势及应对策略"学术研讨会在中国海洋大学崂山校区召开。本次会议是针对当前国际海洋形势的发展变化及出现的一些新情况和新问题而召开的，旨在聚焦国际海洋形势新变化，分析国际海洋秩序发展新趋势，为我国海洋事业发展提供新方略。来自中央党校、中国社科院、国防大学、海军学术所以及北京大学等单位的知名专家学者应邀出席会议并作精彩报告。

24 日，由中国海洋发展研究会和中国海洋发展研究中心联合主办的"海洋生态环境保护专题研讨会"在珠海召开。中国海洋发展研究会理事长王飞、国家海洋局南海分局副局长谢健、国家海洋局第四海洋研究所副所长樊景凤、国家海洋局海洋减灾中心处长谭骏、国家海洋局南海监测中心董艳红教授、天津大学张建伟教授、国家海洋局珠海海洋环境监测中心站黄根华高工、辽宁省海洋水产科学研究院宋伦副研究员、天津农学院毕相东副教授等专家学者出席了会议，中国海洋发展研究中心常务副主任高艳主持会议。

30—31 日，由中国海洋发展研究会和中国海洋发展研究中心联合主办的"南海地区形势分析与应对"学术研讨会在广州召开。本次会议是在有关课题研究的基础上召开的，旨在组织相关专家围绕当前南海地区形势的新变化、新问题进行全面分析，深入探讨如何妥善处理分歧，管控争议，为解决南海问题提供对策建议，为维护我国海洋权益，建设海洋强国贡献一分力量。

4 月 14 日，由中国海洋发展研究中心、中国海洋发展研究会联合主办、武汉大学国际法研究所承办的"维护中国海洋权益问题"学术研讨会在武汉召开。来自 20 多所高校和单位的 50 多位专家学者参加了会议。会上，来自武汉大学、南京大学、中国海洋大学、中南财经大学、西南政法大学、西北政法大学、中国地质大学及上海社科院等单位的 17 位专家分别从全球海洋治理、中国海洋权益的维护、海洋法与国际法的新发展等方面做了精彩的学术报告。

5 月 11—12 日，由中国海洋发展研究中心和上海社科院中国海洋战略研究中心共同主办的"中国海洋强国战略思想"学术研讨会在中国海洋大学举行。会议邀请了多位海洋研究领域的著名专家为大会作了精彩报告。海大师生及国内相关院所科研人员 130 余人参加了会议。

11—13 日，第四届"南海更路簿与海洋文化"学术研讨会在海南文昌顺利举办。研讨会以南海周边国家关系史、南海"更路簿"研究、南海海上丝绸之路研究和南海法律、政治、经济、文化等研究为主题，针对南海"更路簿"与海洋文化的关联，以及在维护南海权益方面的重要作用开展了深入的探讨。

24 日，中国南海研究院与中国国际法学会和美国弗吉尼亚大学海洋法律与政策中心联合举办的"亚洲—太平洋地区的合作与参与"主题研讨会暨弗吉尼亚大学海洋法律与政策中心第 42 届海洋法年会在北京召开。

6 月 "海洋生态文明建设"专题研讨会在中国海洋大学召开。

8—9 日，海上丝绸之路沿线及岛屿国家海洋空间规划国际论坛在舟山成功举办，此次论坛的主题为"开展海洋空间规划合作，助推可持续发展"。

23 日，中国海洋发展研究会与中国海洋发展研究中心在上海联合组织召开了"海洋防灾减灾体制机制建设"专题研讨会。会议邀请多位相关领域的领导、专家，围绕如何进一步健全完善海洋防灾减灾体制机制展开热烈讨论。

28日，第三届"一带一路高峰论坛"在香港举行，超过80位香港、中国内地及世界各国官员及商界领袖于论坛上分享"一带一路"倡议的最新发展，以及为不同行业带来的新机遇。

7月 5日，中国海洋发展研究会和中国海洋发展研究中心在青岛共同组织召开了"海洋生态文明建设理论研究"专题研讨会。

9日，由中国海洋发展研究中心主办的"纪念中日和平友好条约缔结40周年——中日关系新形势及海洋问题研讨会"在青岛召开。

27日，广东海洋发展研究会2018年换届选举大会暨第六届南海问题与区域发展论坛在广州召开，中国工程院金翔龙院士、南海分局副局长陈怀北、海岛中心副主任李瑞山、中国海洋发展研究会常务理事洪福忠，以及广东海洋协会领导、中国海洋发展研究会各分会领导、研究会会员单位代表、个人会员、行业专家、企业代表等约130余人参加了会议。

9月 6—7日，以"经略海洋，共建共享"为主题的2018东亚海洋合作平台青岛论坛在青岛西海岸新区举行。

14日，中国海洋发展研究中心组织召开了"十四五"规划海洋经济、资源与环境重大议题研讨会。国家海洋局原局长、国家"十三五"规划专家、中心主任王曙光出席会议并讲话。与会专家围绕海洋经济平衡发展、海洋空间布局调整、海洋产业政策、海洋生态补偿制度等议题发表了自己的观点，提出了"十四五"规划在海洋经济、资源、环境方面值得重视的关键问题，为我国海洋经济和社会发展的布局谋划提供建议。

10月 12日，由中国海洋发展研究会东海分会和上海海洋大学联合主办的"2018年长三角海洋经济合作论坛"在上海召开。会议主题为"依托海洋资源，以科技创新引领海洋经济发展"。来自高校、研究单位及相关企业的专家、学者等200余人齐聚一堂，共谋发展、共商合作。

11月 17—19日，第三届世界妈祖文化论坛暨第二十届中国·湄洲妈祖文化旅游节在福建莆田湄洲岛举行。本届论坛以"妈祖文化·海洋文明·人文交流"为主题，旨在助推文旅融合活态传承，策划妈祖文化旅游新产品，拓展妈祖文化旅游新意境，扩大妈祖文化旅游圈。6个平行论坛之一的第四届国际妈祖文化学术研讨会在莆田开幕，宣布中国海洋发展研究会妈祖海洋文化研究分会成立，研究探讨了妈祖文化的历史作用、国际影响力和海内外华人华侨对妈祖文化认同问题。

20—21 日，第九届海洋强国战略论坛暨 2017 年度海洋科学技术奖颁奖仪式在广西北海市举行。本届论坛由中国海洋学会、中国太平洋学会联合主办，主题为"新时代加快建设海洋强国的策略、措施与实践"。

26 日，第十二届海洋文化论坛在深圳盐田区图书馆举行。与会海洋文化研究学者围绕"新时代粤港澳大湾区海洋文化经济"主题，探讨如何把握粤港澳大湾区建设带来的机遇，更好地谋求发展等。

12 月 1 日，中华妈祖文化交流协会三届三次会员大会在北京宏福大厦召开，来自全球 45 个国家和地区的 800 多位妈祖文化专家学者、信众代表等参加会议。

4 日，第六届东亚岛屿海洋文化论坛在广东海洋大学湖光校区开幕。来自中国、日本和韩国等地的多所大学共 40 余名专家学者出席此次论坛。本届主题为"海洋文化的共通性"，包括主题报告、研讨交流、参观学习等环节。

9 日，中国海洋发展研究会与中国海洋发展研究中心共同组织召开了南北极发展战略学术研讨会。研究会理事长王飞出席会议并讲话。与会专家围绕极地安全、经济、资源、环境、气候等方面值得重视的关键问题开展了热烈讨论。

研究机构

8 月 25 日，深圳市海洋文化艺术研究会在深圳大学揭牌成立。研究会将助力粤港澳大湾区的海洋文化发展建设，在海洋文化历史文献、艺术创作、体育赛事、书籍出版以及"海洋艺术+科技"的跨界研发等领域开展一系列学术研究及项目活动。

9 月 18 日，我国首个海洋文化教育联盟在哈尔滨成立。该联盟是由哈尔滨工程大学牵头，联合多所高校、海洋科研院所等共同发起的联盟，旨在为海洋文化教育发展搭建交流平台和联系纽带，推动成员单位深度合作与资源共享，力求创新海洋文化教育模式，提升民众海洋意识。

26 日，南京大学海洋文化研究中心揭牌仪式暨海洋文化发展与海洋强国建设研讨会在南京大学举行。该中心由国家海洋局宣传教育中心、江苏省海洋与渔业局、南京大学合作组建。在研讨会上，相关学者围绕海洋文化研究、海洋强国建设等话题展开研讨。

10 月 25 日，中国海洋文化新媒体联盟成立大会在中国海洋大学崂山校区举行。教育部新闻宣传中心执行副主任、教育部政务新媒体执行总编辑余冠仕，国家海洋局宣传教育中心宣传策划处处长陈华明，校党委常务副书记张静，青岛海洋科学与技术试点国家实验室、中国海洋大学有关部门负责人，及涉海高校代表出席成立大会。

科研项目

4 月 21—22 日，中国海洋发展研究会和中国海洋发展研究中心于 2016 年联合设立的重点项目"美国在亚太地区海洋联盟体系研究""俄罗斯海洋战略跟踪研究""东海热点问题及钓鱼岛海域危机管控对策研究"结题评审会议在北京举行，三个项目顺利通过结题验收。

5 月 4 日，中国海洋发展研究会和中国海洋发展研究中心于 2016 年联合设立的重点项目"中俄蒙经济走廊建设视角下的图们江出海通道建设""江苏省海洋经济核算体系研究与实践"结题评审会议在青岛举行，项目顺利通过结题验收。

12 月 9 日，中国海洋发展研究会和中国海洋发展研究中心于 2016 年联合设立的重点项目"中国北极发展与安全战略问题"结题评审会议在青岛举行，项目顺利通过结题验收。

节庆展演

1 月 9 日，著名舞蹈艺术家杨丽萍导演的大型舞台剧《平潭映像》在福州福建大剧院进行了首场公演，现场座无虚席。《平潭映像》是海峡两岸名师大成之作，首次以艺术形式呈现台海文化人文积淀，以"人类与海洋"的场景表达海峡两岸的民俗文化与海丝文化。

5 月 11 日，以"海洋文化"为主题、旨在全面展示滨海文化与生活的第十四届文博会大梅沙国际水上运动中心分会在深圳开幕。主要展示滨海文化、海洋旅游及海洋休闲体育健康生活，加强海洋历史文化、海洋军事文化、海洋民俗文化、海洋文学艺术和海洋旅游文化等。

6 月 8—10 日，第二届大连海洋文化节在大连成功举办。

8 日，第十届中国海洋文化节在浙江舟山举办。30 多个海上丝绸之路沿线国家及岛屿国家的官员、专家齐聚浙江，共同关注蓝色经济的规划和发展。

8 月 10—19 日，2018 第十届青岛国际帆船周·青岛国际海洋节在青岛举行。

29 日，2018 第二届中国（青岛）国际海洋时尚节在青岛西海岸新区开幕。

11 月 30 日，第四届中国（宝安）诗歌论坛暨首届福海海洋诗歌文化节在福海街道立新湖公园举行。

22 日，被誉为"中国海洋第一展"的第六届中国海洋经济博览会在湛江举办。2018 中国海博会以"蓝色引领 合作共享"为主题，重点展览海工装备、海洋能源、海洋科技、港口物流、滨海旅游、海洋生物医药等新成果，并举办涉海产业论坛及系列经贸活动。

其他

2018 年 4 月 12 日上午，中共中央军委在南海海域隆重举行海上阅兵，展示人民海军崭新面貌，激发强国强军坚定信念。中共中央总书记、国家主席、中央军委主席习近平检阅部队并发表重要讲话。他强调，在新时代的征程上，在实现中华民族伟大复兴的奋斗中，建设强大的人民海军的任务从来没有像今天这样紧迫。①

---

① 《中央军委在南海海域隆重举行海上阅兵》，中华人民共和国国防部网，2018 年 4 月 12 日，www. mod. gov. cn/shouye/2018-04/12/comtent_ 4809295. htm。

5 月 4 日，由北京大学海洋研究院编制的《国民海洋意识发展指数（MAI）》研究报告在厦门国际海洋周上发布。结果显示，我国海洋意识发展指数平均得分为 60.02，报告认为，国民对海洋的关注、了解和实践总体偏弱，还有很大的提升空间，以上数据将为支撑政府海洋相关决策提供重要参考。

18 日，我国新一代海洋综合科考船"向阳红 01"圆满完成中国首次环球海洋综合科学考察，顺利返回山东青岛。

9 月 19 日，在天津举办的 2018 年夏季达沃斯论坛上，国家信息中心发布了《"一带一路"大数据报告（2018）》，为国内外各界了解、参与"一带一路"建设提供了更为丰富的信息。

2019 年

高层动态

4 月 国家主席、中央军委主席习近平 23 日上午在青岛集体会见了应邀出席中国人民解放军海军成立 70 周年多国海军活动的外方代表团团长，代表中国政府和军队向出席活动的各国海军官兵表示热烈欢迎，并首提构建"海洋命运共同体"。习近平指出，当前，以海洋为载体和纽带的市场、技术、信息、文化等合作日益紧密，中国提出共建 21 世纪海上丝绸之路倡议，就是希望促进海上互联互通和各领域务实合作，推动蓝色经济发展，推动海洋文化交融，共同增进海洋福祉。①

24 日上午，中国人民解放军海军成立 70 周年多国海军活动"构建海洋命运共同体"高层研讨会在青岛香格里拉大酒店举行。海军司令员沈金龙作了题为《秉持海洋命运共同体理念 共护世界海洋和平与繁荣》的主旨发言。近 60 个国家的海军代表团团长围绕"构建海洋命运共同体"主

---

① 《习近平集体会见出席海军成立 70 周年多国海军活动外方代表团团长》，中华人民共和国中央人民政府网，2019 年 4 月 23 日，http：//www.gov.cn/xinwen/2019-04/23/content_5385354.htm

题，共商海上安全大计、共话海军合作友谊、共谋海洋和平良策。此次高层研讨会分为"人类命运共同体与海洋——海军的角色与责任""共同应对海上威胁挑战——海军的实践与贡献""共商共建共享的全球海洋治理——海军的合作与行动"3个分议题。

学术会议

3月30日，"海洋与中国研究"国际学术研讨会在厦门大学举行，海内外近200名学者齐聚一堂，总结中国海洋史研究经验，并对未来如何深化该领域研究建言献策。本次研讨会由厦门大学人文学院、中山大学历史学系联合主办，分为大会演讲和分组报告与讨论两部分。6场大会演讲中，36位国内外知名学者就海洋史的理论方法、海洋中国制度框架变迁、中国海洋史学科体系、学术体系和话语体系创新等问题各抒己见。分组报告与讨论环节，与会学者主要围绕"台湾海峡与海洋史""中国东南区域海洋社会经济史""南中国海贸与海防""东北亚海域与海洋史""海洋史学视野下的中国与东南亚""海洋生活与文化传播"六个主题展开。

4月2日，由中国海洋发展研究中心和中国海洋大学共同主办的"海洋强国与海洋文化遗产"学术研讨会在中国海大崂山校区召开，此次会议为第八期中国海洋发展研究论坛。会上，北京大学历史学系教授王晓秋、厦门大学南海研究院教授李金明、国家文物局水下文化遗产保护中心水下考古研究所所长姜波分别做了题为《历史视野下的海洋文化研究》、《中国古代海上丝绸之路发展历程》、《水下考古与海上丝绸之路》的主旨报告。

12日，由中国海洋发展研究中心和中国海洋大学共同主办的"中国海洋强国战略治理体系"学术研讨会在中国海洋大学崂山校区召开，此次会议为第九期中国海洋发展研究论坛。中国海洋大学党委常务副书记张静出席会议。中心常务副主任高艳致辞并主持会议。

20日，由上海社科院、中国海洋发展研究会和中国海洋发展研究中心共同主办的"《联合国海洋法公约》与中国立法暨中国海洋发展研究论坛（第10期）"学术会议在上海社会科学院举行。上海社会科学院院长、国家高端智库单位首席专家张道根、中国海洋发展研究会理事长王飞、上海市法学会专职副会长施伟东出席论坛并致辞。

5月　由上海海洋战略研究所主办，上海社科院国际问题研究所、上海公共外交协会和上海交通大学出版社协办的第六届上海海洋论坛学术研讨会，在上海社科院举行。讨论话题涉及如何构建海洋命运共同体，积极推动海洋外交、海洋经济与海上安全良性发展，推进海上安全支点国家建设，深度参与全球海洋治理，维护海上通道安全，提出中国方案和中国主张，务实推动"蓝色伙伴关系"等内容。

6月　15—21日，第十一届海峡论坛在厦门举行，中共中央政治局常委、全国政协主席汪洋出席并致辞。该届论坛继续重点关注并服务基层民众和青年群体，安排了大会活动以及4大版块共33项活动。其中，青年交流版块为台湾青年来大陆追梦、筑梦、圆梦提供更多机会、更大舞台；基层交流版块加深两岸同胞互信和情感认同；文化交流版块推动中华文化创造性转化、创新性发展；经贸交流版块扩大两岸交流合作的行业和领域，共享发展机遇。两岸83家单位和社会团体参加了论坛。

22日，中国海洋发展研究会第二届会员代表大会暨第五届中国海洋发展论坛在北京举办，自然资源部总工程师张占海，中国海洋发展研究会理事长王飞，原国家海洋局党组书记、局长、中国海洋发展研究会第一届理事长王曙光，中国人民解放军原副总参谋长张黎等领导出席会议。

7月　13日，中国社会学会2019年学术年会第十届中国海洋社会学论坛在云南大学（东陆校区）文渊楼204举行。本届中国海洋社会学论坛是由中国社会学会海洋社会学专业委员会主办，上海海洋大学海洋文化研究中心和海洋文化与法律学院承办，论坛主题为"海洋社会学与沿海社会变迁"。

8月　2日，2019 S-Future City世界海洋城市·青岛论坛在青岛西海岸新区举行，论坛发布了《世界海洋城市·青岛论坛》宣言，并确立论坛每年夏季在西海岸新区举办。论坛上，来自全球的300余位海洋、经济等领域的专家、学者、企业代表和政府人士汇聚一堂，研判国内外海洋战略对城市发展的影响，共议全球海洋经贸合作对城市建设的需求，挖掘城市未来发展机会，探讨未来城市CBD核心区的建设理念，聚焦海洋活力新极核打造，为青岛海洋活力区发展建设建言献策。

27—28 日，"2019 中韩海洋可持续发展论坛"在山东省青岛市举行。论坛主题为"海洋与海洋观测技术"，来自中国、韩国的 150 余名科研工作者、海洋产业的企业代表与会。

9 月 27 日，海洋重大问题研讨会在青岛召开。中国海洋发展研究中心主任、国家海洋局原局长王曙光，中心顾问、国家海洋局原局长张登义，中国海洋发展基金会理事长、国家海洋局原局长孙志辉，军事科学院原副院长葛东升，全国政协文化文史和学习委员会副主任、中央党校原副校长孙庆聚，国务院发展研究中心原副主任侯云春，原国家海洋局纪委书记吕子耀，山东省海洋局局长宋继宝，吉林省政府图们江区域合作领导小组办公室主任、省政协副秘书长崔军，吉林省政府参事裴胜斌等出席会议并发言。

28 日，由中国海洋大学、中国海洋发展研究中心共同主办的中国海洋发展研究高端论坛在中国海洋大学召开。本次论坛主题为"百年大变局中的海洋担当"。中心主任、原国家海洋局局长王曙光，原国家海洋局局长张登义，中国海洋发展基金会理事长、原国家海洋局局长孙志辉，军事科学院原副院长葛东升，全国政协文化文史和学习委员会副主任、中央党校原副校长孙庆聚，国务院发展研究中心原副主任侯云春，原国家海洋局纪委书记吕子耀等出席论坛。

10 月 25 日，正值中国海洋大学 95 华诞之际，由青岛市人民政府和中国海洋大学联合主办的青岛"海洋·发展"大会在青岛国际会议中心召开。海洋领域专家学者、政产学界有关人士，重点企业负责人，青岛市各有关部门和区市负责人，外国友人，中国海洋大学优秀校友代表及师生代表 800 余人参会，共谋建设海洋强国之策。山东省委常委、青岛市委书记王清宪作主旨报告。自然资源部总工程师张占海致辞。中国海洋大学校长于志刚在会上作了《蓝梦共潮涌，携手续华章》的报告。

26 日，由中国海洋发展研究中心主办，华东政法大学国际法学院暨军事法研究中心、武汉大学国际法研究所承办的"海洋法前沿问题与中国海洋战略"青年论坛暨优秀论文颁奖仪式在华东政法大学举行。

26 日，中国海洋学会成立 40 周年暨 2019 海洋学术（国际）双年会及海洋科学技术奖颁奖仪式在三亚举行。双年会的主题为"科技创新助推蓝色经济高质量发展"。

26 日，"和平之海：东亚历史与未来"研究生学术论坛在中国海洋大学文学与新闻传播学院文新楼举办。来自日本、韩国和我国台湾地区 4 所世界知名大学和大陆北京大学、南开大学等 10 所高水平大学共 10 位学者、22 名博、硕士研究生参加了本次论坛。论坛开幕式由文新学院副院长赵成国教授主持。中国海洋大学研究生院刘海波主任、修斌院长、曲金良教授先后致辞。山东师范大学李云泉教授、日本国立长崎大学南诚准教授分别以《海洋东亚：研究视角与理论模式的探讨》、《有关长崎海洋社会发展的一个考证：以满洲为线索》进行大会主题报告。下午进行研究生报告。论坛分别以"东亚空间关系"和"东亚古今变迁"为主题在两个分会场举行。

11 月　1—3 日，由宁波大学外国语学院、《外国文学研究》杂志、《外国语文研究》杂志、宁波大学世界海洋文学与文化研究中心以及中国社科院–宁波大学外国语言文化与宁波国际化发展战略研究中心等单位共同主办、海洋出版社协办的"第三届海洋文学与文化国际学术研讨会"在宁波大学外国语学院成功举办。本次会议共有包括来自美国、英国、比利时、阿塞拜疆、韩国以及海峡两岸的专家、学者和宁波大学师生近 150 人参加。

1 日至 4 日，由自然资源部第三海洋研究所主办的"中国–东南亚海洋生态系统监测与保护研讨会"在厦门召开。来自中国、新加坡、泰国、马来西亚、印度尼西亚的 30 多位专家学者参会。

23 日，由中国海洋大学韩国研究中心与韩国高丽大学民族文化研究院共同主办的"东亚和平与海洋文明论坛"国际学术研讨会在中国海洋大学鱼山校区学术交流中心举行。来自韩国高丽大学、韩国融合文明研究院、韩国科学技术学院以及中国海洋大学等高校及研究机构的近 20 位专家与学者出席会议。

12 月　13—14 日，"海域·空间·想象：第二届海洋人类学论坛"在厦门大学科学艺术中心四号会议室召开。本次会议是由厦门大学社会与人类学院主办，来自国内各高校及研究机构和校内人类学、环境与生态学等各领域共三十余位学者参加会议。

14 日，2019 "冰上丝绸之路" 与北极合作论坛在大连海洋大学召开。来自自然资源部、黑龙江、吉林、辽宁等地政府部门、中国太平洋学会的相关负责人，中国海洋大学、吉林大学等高校和科研院所的专家学者，以及大连海洋大学师生共 200 余人参会。

16 日，第十二届上海—釜山海洋研讨会在上海召开。来自中韩两国政府部门、涉海学会、大学、研究机构和企事业单位的近 60 位专家学者、政府官员和企事业单位代表汇聚一堂，围绕 "发展海洋经济，促进产业合作" 主题展开交流研讨。

研究机构

3 月 30 日，海南大学国际顾问委员会第一次会议暨海南大学 "一带一路" 研究院揭牌仪式在海南大学举行。海南大学宣布成立国际顾问委员会，并聘请中国丝路智谷研究院首席顾问冯达旋担任国际顾问委员会主席，诺贝尔化学奖得主、美国国家科学院外籍院士阿龙·切哈诺沃，美国国家工程院院士、加州理工学院医学工程和电气工程终身教授汪立宏，中国科学院院士、复旦大学原校长杨福家等世界知名专家担任委员会委员。

节庆赛事

1 月 全国大中学生第八届海洋文化创意设计大赛作品征集公告发布，全国大中学生海洋文化创意设计大赛是 "世界海洋日暨全国海洋宣传日" 系列活动内容之一，是全球唯一以海洋文化创意为主题的公益大赛。分别以 "海洋·人类·和谐" "美丽海洋" "海洋强国梦" "丝路海洋" "创意海洋" "智慧海洋" 和 "透明海洋" 为主题成功举办过七届，共有 1100 余所高校、210 余所中学参赛，覆盖国内所有省份和港、澳、台地区。

6 月 6 日，2019 年世界海洋日暨全国海洋宣传日主场活动在三亚市举行。活动中，围绕 "珍惜海洋资源，保护海洋生物多样性" 主题，相关人士倡导 "要像对待生命一样关爱海洋"，从理论、实践以及二者如何有机结合视角，提出了颇有见地的意见和建议。

7 月　27—28 日，由自然资源部宣传教育中心、北海局、中国海洋大学、中国海洋发展基金会共同举办的全国大中学生第八届海洋文化创意设计大赛完成作品终审评审。此次大赛是 2019 年"世界海洋日暨全国海洋宣传日"期间举办的活动之一，大赛主题是"生态海洋"。本届大赛共有 978 所学校组织参赛，共征集作品 45190 件，全国所有省份及港、澳、台地区均有作品参赛。韩国、日本等国家也有作品参赛。大赛共评出获奖作品 4257 件。其中：大学组，全场大奖空缺，最佳指导教师奖空缺，金奖 9 件，银奖 18 件，铜奖 43 件，优秀奖 287 件，入围奖 3715 件；中学组共评出获奖作品 185 件，金奖空缺，银奖 2 件，铜奖 7 件，优秀奖 29 件，入围奖 147 件。

8 月　29 日，由文化和旅游部、浙江省人民政府主办，浙江省文化和旅游厅、舟山市人民政府承办的 2019 国际海岛旅游大会开幕式在碧海金沙的浙江舟山普陀朱家尖岛成功举行。25 个国家与地区代表团，近千名嘉宾参加开幕式。开幕式上，斯里兰卡旅游发展国务大臣兰吉特·阿鲁维哈加，塞舌尔旅游、民航、港口和海运部旅游副部长安妮·拉福蒂纳、格林纳达旅游和民航部常务秘书长阿琳·巴克米尔–欧特拉姆和亚太旅游协会（PATA）大中华区主任吴波上台致辞。"一带一路，海上文旅融合"主论坛于开幕式后举行。主论坛邀请了境外旅游局代表、国内外知名文旅企业高管，以国际视角看待中国文旅发展，探讨全球文旅资源如何战略性共建与共享等议题，并发布了《2019 世界海岛旅游目的地竞争力排名研究》报告和《2019 世界海岛旅游产业发展报告》。

9 月　28 日，深圳市第一届海洋知识竞赛正式启动。竞赛面向深圳市民及全市大中小学生，旨在传播海洋文化、海洋科技、海洋资源、海洋生态知识，推动形成学习海洋知识的良好氛围，让市民进一步了解海洋、热爱海洋，形成合力建设全球海洋中心城市的共识。

11 月　1 日，第四届世界妈祖文化论坛在"妈祖故乡"福建湄洲岛开幕。本届论坛由文化和旅游部、自然资源部、中国社会科学院、民革中央委员会、澳门特别行政区政府和福建省人民政府共同主办。来自世界五大洲 42 个国家和地区以及国际组织的政府官员、专家学者、企业家和社会各界人士共 800 余人，汇聚一堂，围绕"妈祖文化·海洋文明·人文交流"主题，倡行妈祖精神，同叙妈祖情谊。

9 日，第十三届中国·如东沿海经济合作洽谈会暨首届海洋滩涂文化周、第五届科技人才节在江苏如东举行。滩涂文化周期间，如东举办了国际风筝节、滩涂足球、海洋摄影展等丰富多彩的活动，向公众展示独具特色的海洋文化。

12 月 8 日，2019 年北京市学生海洋文化节在八一学校举行。活动由海军政治工作部、自然资源部宣传教育中心、北京市教工委、首都精神文明办、北京市教委、共青团北京市委共同主办。文化节以"珍爱海洋资源、探索海洋科技、维护海洋权益"为主题，围绕海洋科普教育、体验海洋科技创新等展开。

12 月 20 日至 21 日，第六届浙江省海洋知识创新竞赛海洋知识类竞赛半决赛和总决赛在浙江海洋大学举行。来自全省 25 所高校的 43 名选手，为角逐进军全国总决赛的 3 个省级推荐名额展开了激烈比拼。此次竞赛由浙江省自然资源厅、省教育厅、共青团浙江省委、浙江省学生联合会主办，自 7 月启动以来，先后吸引了 2 万多名大学生及社会公众积极参与。

共建 21 世纪海上丝路

2 月 16 日，应泰国外长敦邀请，国务委员兼外交部部长王毅赴清迈与敦举行战略磋商。王毅表示，中方支持东盟共同体建设，将全力支持泰国履行东盟轮值主席国职责，愿与泰方积极推动"一带一路"倡议与东盟互联互通总体规划对接，促进区域联通和可持续发展。

4 月 6 日，2019"海丝云创"国际丝绸之路（厦门）科技创新交流与合作论坛开幕式在厦门大学举行。此次论坛以"共享机遇，协作创新"为主题，中国科学院、俄罗斯科学院、国际欧亚科学院的 20 余名院士，多名国内外专家学者及部门负责人出席开幕式。开幕式上举行了厦门大学与国际欧亚科学院中国科学中心战略合作的签约仪式。论坛期间，还举办国际丝绸之路科技创新成果及项目对接交流活动，人工智能、生物科技健康医疗、芯片高新产业、海洋产业，以及绿色发展产业等领域近 40 个科技项目参展。

27 日，第二届"一带一路"国际合作高峰论坛在北京雁栖湖国际会议中心举行圆桌峰会，国家主席习近平主持会议并致开幕词。国务院副总理韩正出席。

24 日，由新华社研究院联合 15 家中外智库共同发起的"一带一路"国际智库合作委员会在北京宣告成立。这是响应中国国家主席习近平"要发挥智库作用，建设好智库联盟和合作网络"建议的重要举措，也是对中外专家关于搭建合作平台、推动"一带一路"学术交流机制化常态化共同意愿的积极回应。

5 月 7 日，以"追梦海洋 智见未来"为主题的第二届数字中国建设峰会数字海丝（智慧海洋）分论坛在福州举行。福建以此加速海洋强省建设，打造智慧海洋福建方案。

华侨大学海上丝绸之路研究院、社会科学文献出版社共同发布了《海丝蓝皮书：21 世纪海上丝绸之路研究报告（2018～2019）》，围绕"一带一路"特别是"21 世纪海上丝绸之路"建设的年度进展及重大现实问题，侧重海上互联互通、海丝经贸合作、海洋安全与风险、海上航道建设、海丝地缘关系等研究领域，追踪相关国家和地区在政策沟通、设施联通、贸易畅通、资金融通、民心相通等方面的平台搭建、机制建设、措施出台、项目进展等动态情况，致力于打造"一带一路"特别是"海丝"研究的专业化、权威性年度报告。

6 月 28 日，第一届"海丝论坛"暨海洋科技创新与产业发展研讨会在广州南沙举行。中国工程院院士、中国科学院南海生态环境工程创新研究院院长张偲，中国工程院院士、中国科学院沈阳自动化研究所研究员封锡盛等专家学者出席了研讨会开幕式。

10 月 23—24 日，"我们的海洋"第六次会议在挪威首都奥斯陆召开，来自 100 多个国家的政府、企业、学术、非政府组织等约 500 名代表参会。挪威首相埃尔娜·索尔贝格致辞，挪威外交部部长伊娜·埃里克森·瑟雷德主持开幕式。"一带一路"与海洋生态环境治理成为会议的热议话题。"我们的海洋"大会于 2014 年由美国发起，迄本次大会为止，与会各方共作出 1000 多项自愿性承诺。

11 月 1 日，以"发展蓝色伙伴关系 构建海洋命运共同体"为主题的 2019 厦门国际海洋周在佰翔五通酒店盛大开幕。我国及近 40 个"一带一路"沿线国家和地区的 500 名官员、专家学者、有影响力企业代表和国际组织代表参会，其中外宾参会人数约 300 人。

学术出版

1 月 祁慧民编著的《漫歌东海 话说浙江海洋音乐文化》由浙江大学出版社正式出版发行。这部著作是"浙江海洋文化知识专题丛书"的一种。该丛书从不同角度展示了悠久而丰富的浙江海洋文化。

陈贞寿的《中国海洋文化丛书 美名传世南国仰》由大百科全书出版社正式出版发行。本书为《中国海洋文化丛书》8 本分册中的第 5 本，内容包括"世界唯一海神文化—妈祖文化""福州的水部尚书文化"与"郑和史迹在福建"三部分，以图文结合的形式，结合历史人物与事件，讲述了中国沿海地区海神文化的起源、传播、标志性景观、祭典情况等，展现了中国海神文化的丰富多样性与广泛影响力。

杨国桢著《瀛海方程 中国海洋发展理论与历史文化》由江西高校出版社正式出版发行。《瀛海方程 中国海洋发展理论与历史文化》是《海洋与中国研究丛书》中的一册。全书分为四部分。第一部分主要阐述海洋观与海洋人文社会科学；第二部分主要介绍海洋发展与海洋文化建设；第三部分主要阐述中国海洋史学；第四部分主要介绍清嘉庆道光朝的海洋史。

孙峰著《群岛探津》由宁波出版社正式出版发行。本书是对舟山地名文化的解读，联系海上丝绸之路与舟山的关系，利用典籍对地名进行溯源。

徐晓望著《大航海时代的台湾海峡与周边世界 明代前期的华商与南海贸易 第 1 卷 海隅的波澜》由九州出版社正式出版发行。《大航海时代的台湾海峡与周边世界》是以中国海商为线索的东亚海洋史系列丛书，共分四卷，分别叙述了明代前期的华商与贸易、晚明环台湾海峡区域与周边世界的概况，并分析了晚明时期环台海区域的泉漳模式以及明末清初东亚的发展与危机。

杨国桢等编著《中国海洋资源空间》由海洋出版社正式出版发行。本书站在陆海整体以及人类可持续发展的角度，从海洋地理资源空间、海洋物质资源空间、海洋能资源空间、海洋文化资源空间和海洋资源空间拓展几个方面来探讨中国的海洋资源空间。

王平、徐功娣著《海洋环境保护与资源开发》由九州出版社正式出版发行。本著作分为上下两个篇章对海洋环境保护与资源开发进行系统的探究。

指文董旻杰工作室、指文号角工作室、中国海军史研究会联合编写的《海权与日本近代国家命运 修订版》由台海出版社正式出版发行。本书对海权与日本近代国家命运的关系进行了系统论述。

王荣国著《海洋神灵》由江西高校出版社出版。本书以海神信仰为对象切入中国海洋文化与海洋社会经济史的研究视域。

张华著《中国海洋故事 神话卷》由中国海洋大学出版社出版。本书选取了14个与海洋有关的神话故事，如精卫填海、大禹治水、八仙过海、东海龙女等，对其中的内容进行了改写和再加工。本书是海洋文化类普及读物，适合青少年及普通海洋文化爱好者阅读。

2月 崔京生著《我爱这蓝色的海洋 青少年海洋国土知识读本》由浙江少年儿童出版社出版。这是一部向青少年普及海洋知识、弘扬海洋文化、唤醒海洋意识，进而让他们热爱海洋事业，引导他们畅想海洋前景，将来投身海洋强国建设的主题教育读本。

3月 麻三山著《海洋文明复兴导源 环北部湾海洋文化遗产抢救挖掘与创意产业廊道构建》由中国社会科学出版社出版。本书力图突破我国海洋文明研究的薄弱环节，梳理了海洋文明的脉络、资源分布图谱及空间轨迹，揭示古代海上丝绸之路诸多渊源，揭示了诸多重要发现，规划了共同体美好前景。

4月 许元森著《"一带一路"下的海洋文化发展》由中国纺织出版社出版，将以"一带一路"倡议与中国海洋文化发展的关系为突破口，通过典型区域海洋文化发展的现状和发展策略来阐述海洋文化在"一带一路"倡议下将如何发展。

郭泮溪著《青岛海洋文化史话》由青岛出版社出版，是一部书写青岛滨海地域数千年海洋文化历史的书。

李庆新主编《海洋史研究》（第 13 辑）由社会科学文献出版社出版。收录专题论文 18 篇及学术述评 3 篇，涉及古代商品贸易、对考古新发现的研究，与东亚东南亚国家的文化交往、山东与海上丝绸之路等领域。

5 月　曲金良著《中国海洋文化遗产保护研究》由福建教育出版社出版，本书是国家社科基金重大项目"中国海洋文化理论体系研究"、教育部基地重大项目"中国海洋文化遗产保护机制创新研究"的成果之一。全书分为八章，系统研究阐述了中国海洋文化遗产及其传承保护之内涵、现状、问题与创新对策，是目前国内第一部此领域的研究专著。

王爱红著《生命叙事的三重奏 中国新文学中的乡土海洋及女性书写研究》由天津人民出版社出版。本书是一部普及类文学研究类作品，乡土、海洋、女性，是中国现当代文学书写的重要主题。

李松岳著《中国古代海洋小说史论稿》由中国社会科学出版社出版。本书自远古神话传说始，到晚清文学终，详尽考察了中国古代海洋小说的兴起、定型、成熟、繁荣、完成的历史轨迹，以及这些发展流变地诸多内外因素。

6 月　崔凤编著《中国海洋社会学研究》由社会科学文献出版社出版。《中国海洋社会学研究》是中国海洋大学法政学院社会学研究所主办的全国性海洋社会学学术理论集刊，集刊依托中国社会学年会中国海洋社会学论坛，在参会论文集中遴选优秀论文集结出版。

《海洋社会蓝皮书（2018）》由上海海洋大学海洋文化与法律学院、中国社会学会海洋社会学专业委员会和社会科学文献出版社合作推出。

7 月　罗春荣编著《图说妈祖文化》由学苑出版社出版。本书是一本图文结合介绍妈祖文化的普及文化读本。作者运用搜集整理的妈祖图像资料 200 余幅，结合妈祖的传说、信仰、遗址等，讲述了妈祖文化的产生、发展和传播的特征，分析了其文化人类学、美学意义及其艺术价值，探讨了其在文化传播、文化交流方面的重大意义。

8 月　赵吉峰著《变迁与现代化 我国海洋体育文化的发展研究》由中国海洋大学出版社出版。本书以海洋体育文化发展的时空背景为研究起点，以促进海洋体育文化现代化的转型为研究归宿，探讨了我国海洋体育文化的变迁与现代化发展问题。

2018 中国海洋年鉴由海洋出版社出版。本书为中国海洋年鉴系列图书，对 2017 年度我国的海洋工作做了系统、全面的总结。

9 月　倪浓水著《中国海洋非物质文化遗产十六讲》由海洋出版社出版。依据国际、国内有关非物质文化遗产的定义和分类对我国海洋非物质文化遗产进行了初步的梳理和框定。

吴春晖、李莹著《生态海洋》由中国海洋大学出版社出版。此书为全国大中学生第八届海洋文化创意设计大赛优秀作品集，选刊了部分优秀获奖作品。

青岛海洋科普联盟编纂《中国海洋地标》由中国海洋大学出版社出版。本书按照我国 4 个边缘海分为渤海篇、黄海篇、东海篇和南海篇，以及介绍我国南、北极科考站的极地篇。从每个海域选取 10 余个具有地标性意义的海洋自然景观、海洋人文景观、海洋科教机构或者海洋地理标志等进行介绍说明。

《中韩社会与海洋交流研究》由民族出版社出版。本书以 2018 年浙江大学韩国研究所主办召开的"中国浙江地区与韩国友好交流国际学术会议暨崔溥漂海登陆 530 周年纪念会"和"东亚人文交流研讨会"中发表的 22 篇研究论文编辑而成。

11 月　中国华侨历史博物馆与中国侨联年鉴编纂委员会合作出版《"海丝寻踪"——华侨华人与海洋文化学术研讨会论文集》。

12 月　张向冰著《海洋信仰》由江苏人民出版社出版。本丛书记录了中国 18000 公里大陆海岸线、50 余个主要岛屿，考察了中国万里海疆和部分岛屿最为重要的历史遗存、文化渊源、地理演变、海上丝绸之路中国节点等。

郑一钧，郑闻天著《郑和航海与人类海洋世纪》由海天出版社出版。本书阐述郑和航海的中外社会、文化、经济与科学技术基础，与海洋起源、发展的关系。

宋正海著《中国传统海洋哲学初探》由海天出版社出版。本书主要阐述中国古代的海洋观，包括海洋自然观及相应的认识论、方法论。

其他

5 月　被誉为"海上故宫"的国家海洋博物馆于 5 月 1 日起试运行。试运行期间，国家海洋博物馆首批开放"远古海洋""今日海洋""发现之旅""龙的时代"4 个展厅，分别展现海洋与生命进化的关系、人类在航海中的大发现以及海洋生命、海洋环境与可持续发展等海洋知识与理念。国家海洋博物馆展厅面积共计 2.3 万平方米，设六大展区、15 个展厅，包括中华海洋人文展区、海洋自然展区、海洋互动展区、海洋科普教育区、海洋生态展区、高端合作展览及临时展览区。博物馆有望于 6 月正式开馆。

6 日，中国海洋大学与华为技术有限公司战略合作协议签约仪式举行。双方将依托华为自主研发的高性能计算设备，发挥中国海大的学科优势，共同围绕全球气候气象精细预测、海洋生物医药资源精准开发、智慧产业经济精细服务等重要领域，携手打造生态体系。在此基础上，围绕芯片、5G、人工智能等重点领域开展长期合作。

7 月　**5 日**，在阿塞拜疆首都巴库召开的第 43 届世界遗产大会上，经联合国教科文组织世界遗产委员会审议通过，中国黄（渤）海候鸟栖息地（第一期）被批准列入《世界遗产名录》。

6 日，江苏省政府下发《省政府关于淮海工学院更名为江苏海洋大学的通知》，淮海工学院即日起正式以江苏海洋大学对外发布消息。通知称，为贯彻实施海洋强国战略，进一步提升海洋人才培养和科学研究水平，充分发挥学校办学特色和优势，不断增强学校竞争力和影响力，经江苏省政府研究并报教育部批准，决定将淮海工学院更名为江苏海洋大学，同时撤销淮海工学院建制。江苏海洋大学系江苏省属多科性本科学校，以本科教育为主，承担研究生培养任务。该校将在海洋强国建设中发展特色，培养更多的优秀海洋人才。

11 日，2019 海峡两岸大学生海洋文化交流活动开营仪式在中国海洋大学崂山校区举行。来自台湾海洋大学、台湾"清华大学"、台湾政治大学、台湾中山大学、台北大学、台湾昆山科技大学、台湾澎湖科技大学等台湾地区高校的 48 名师生和来自中国海洋大学的 25 名志愿者参加开营仪式。开营仪式结束后，中国海洋大学海洋与大气学院史久新教授为师生们带来了题为《极地海洋与气候变暖》的海洋专题讲座。

8 月 29 日，由中国海洋发展研究中心联合中国海洋大学研究生院、教务处开设的涉海类课程《中华海洋文明》在中国海洋大学崂山校区顺利开课。课程负责人、中国海洋发展研究中心常务副主任高艳讲授课程导论，中国海洋大学文学与新闻传播学院教授曲金良为学生带来第一讲《四海之内：中华海洋文明导论》。中国社会科学院历史所研究员万明、首都师范大学教授冷卫国、清史研究专家卜键、福建师范大学闽台区域研究中心教授谢必震、国家文物局水下文化遗产保护中心水下考古研究所所长姜波、天津大学海洋战略研究所常务副所长刘家沂将相继带来六个专题的授课，从《万里梯航：海上丝绸之路与文化共生》《历史与想象：海洋文化与文学》《存在与沦亡：清代的东北海疆》《东海津梁：跨东海的海洋文化与文明》《水下考古：古代沉船与海上丝绸之路》《海洋聚落的未来：海洋文化与可持续发展》等方面讲述中华海洋文化的历史与未来。

9 月 4 日，2019 东亚海洋博览会在西海岸新区青岛世界博览城开幕，持续到 8 日。山东省海洋局副局长姜清春出席博览会开幕式。2019 东亚海洋博览会以"交流互鉴 开放融通——蓝色·海洋·科技"为主题，由青岛黄岛发展（集团）有限公司主办，致力于打造海洋产业领域高端专业展示平台。博览会以"港口、航运、金融、贸易"为主线，突出"专业化、国际化、市场化、品牌化"特色，设四个展馆，总展览面积 4 万平方米。

14 日，蓝色经济企业家国际论坛在深圳举办，开幕式上，自然资源部总工程师张占海发布了《中国海洋经济发展报告 2019》。

2020 年

学术会议

7 月 30 日，北太平洋海洋发展吉林研究中心（冰上丝绸之路吉林研究中心）成立仪式暨首届东北亚海洋发展合作论坛在长春举行。论坛在吉林日报报业集团融媒体数字中心以云视频会议、线上线下互动形式进行，来自全国高校、研究机构和智库的专家学者 80 余人参加。

8 月 31 日，由中国海洋发展研究中心主办的主题为"构建海洋命运共同体问题前瞻"第十三期中国海洋发展研究论坛在青岛召开。中心主任、原国家海洋局局长王曙光出席论坛并讲话。

9 月 22 日，2020 东亚海洋合作平台青岛论坛暨青岛国际海洋周在西海岸新区世界博览城国际会议中心拉开帷幕，国际海洋论坛、海洋展览洽谈、海洋人文交流三个板块 10 余项活动同期启动，共同助力青岛打赢"海洋攻势"硬仗，做好经略海洋大文章。

23 日，中国海洋发展研究中心联合中国海洋大学法学院、华东政法大学国际法学院暨军事法研究中心、武汉大学国际法研究所，在青岛举办了主题为"构建海洋命运共同体的法律问题与中国海洋战略"的第二届中国海洋发展研究青年论坛。中心主任、原国家海洋局局长王曙光出席会议并讲话。

11 月 27—29 日，由闽江学院和中国生态学会海洋生态学专业委员会主办，闽江学院海洋研究院和海洋学院承办的首届"福州海洋高峰论坛——海洋生态研讨会"在福州召开。本届研讨会以"聚焦海洋生态，共谋海上福州"为主题，以专家报告和专题研讨形式展开，来自中国科学院海洋研究所、中国科学院南海海洋研究所、自然资源部第二海洋研究所、自然资源部第三海洋研究所、山东大学、中国海洋大学、厦门大学、福州大学、福建省环境科学研究院、福建省海洋预报台等近 20 家科研院所和高校的专家学者参加。

12 月 18 日，第二届"海丝论坛"暨 2020 海洋经济高质量发展高峰论坛在广州南沙开幕。本次"海丝论坛"以"集群驱动 拓展深蓝"为主题，与当前政策紧密结合，更加聚焦"双循环"新发展格局。与会专家围绕"双循环"背景下海洋经济的高质量发展以及粤港澳大湾区海洋经济集群化发展路径，献言献策。

12 月 24 日，"送王船仪式与海洋文化遗产保护"专题学术研讨会在福建泉州顺利召开。本次学术研讨会系中国社会科学院世界宗教研究所

"第四届民间信仰研究高端论坛"的年度专题论坛。研讨会由中国社会科学院世界宗教研究所、中国宗教学会、中国宗教学会宗教人类学专业委员会主办，中国民俗学会、中国闽台缘博物馆、泉州海外交通史博物馆、泉州华侨历史博物馆、泉州师范学院中国泉州文化遗产研究院及泉州市区民间信仰研究会协办，泉州市非物质文化遗产保护中心、泉州富美宫董事会承办。福建省内外宗教民俗领域的专家学者齐聚一堂，纵论"送王船"仪式及其背后王爷信俗的文化内涵。

研究机构

8月19日，山东省大中小学海洋文化教育研究指导中心项目签约及揭牌仪式在中国海洋大学举行，山东省委教育工委副书记，省教育厅党组副书记、副厅长冯继康，中国海洋大学党委常务副书记张静为中心揭牌。

12月10日，国家海洋博物馆与中国地质大学（北京）签署科学文化战略合作协议暨自然文化研究院海洋分院揭牌仪式在国家海洋博物馆举行。自2019年11月，国家海洋博物馆面向全国征集馆校共建合作学校以来，该馆与中国地质大学（北京）一直保持着良好的沟通合作。2020年9月，中国地质大学（北京）成为该馆首批共建合作学校。

节庆赛事

6月9日，首届"关爱海洋"文化出版融媒体创意作品大赛启动，面向全社会征集文化出版融媒体创意作品。

7月11日，以"携手同行 维护国际物流畅通"为主题的中国航海日活动在各地举办。中国航海日也是世界海事日在中国的实施日，自2005年至今已举办过十五届活动。

9月19日，2020"守护美丽岸线，我们共同行动"暨"友善青岛·蓝色时尚"海洋公益嘉年华活动在青岛市城阳万达广场举行启动仪式。

10月25—27日，"中国诗歌之岛·第二届国际海洋诗歌节"在洞头区举行，60余位来自海内外的知名诗人以诗歌之名，齐聚在美丽的百岛洞头，共话创作、交流心得。

11 月 9 日，第十届"岱山杯"全国海洋文学大赛在岱山颁奖。王剑冰的散文《偶遇岱山》、高鹏程的组诗《细雨海岸》荣获一等奖，陈晨等10 位作家的作品获二等奖，于厚霖等 20 位作家的作品获三等奖，宋旭东等 25 位作家的作品获优秀奖。本届大赛由中国散文学会、岱山县人民政府主办，截至今年 8 月截稿，共有海内外 2310 位作者参赛。

23 日，第十二届全国海洋知识竞赛大学生组总决赛在海南省海口市落下帷幕。来自厦门大学的姚程成、盐城师范学院的李天森、浙江工业大学的庞思晨分获"南极奖""北极奖"和"大洋奖"。

文化展演

5 月 17 日，由深圳市妇女儿童发展基金会和深圳市蓝色海洋环境保护协会共同主办的"2020 第三届国际儿童海洋节启动仪式暨儿童海洋教育研讨会"在深圳举行。本届国际儿童海洋节以"爱海童行，海有未来"为主题，包括儿童海洋教育研讨会、"儿童 le 海地图绘制"、引进非遗艺术品DIY 贝壳拼图、儿童海洋绘本创作征集、儿童与海洋系列短视频及持续 1个月的公益服务活动。

6 月 7 日，广东省林业局、广州市林业和园林局在广州海珠国家湿地公园联合举办 2020 年广东世界海洋日宣传活动，为粤港澳自然教育联盟秘书处揭牌，拉开了全省世界海洋日系列宣传活动的序幕。

8 日是第十二个"世界海洋日"和第十三个"全国海洋宣传日"。围绕着"保护红树林 保护海洋生态"这一主题，中国海洋文化新媒体联盟单位：中国海洋大学、上海海洋大学、广东海洋大学、大连海洋大学、海南热带海洋学院、浙江海洋大学、江苏海洋大学共同发声，用行动致力于海洋生态环境的保护和修复，一起守护蓝色海洋。

11 月 26 日，2020 厦门国际海洋周闭幕。本届海洋周期间，海洋大会论坛、海洋专业展会、海洋文化嘉年华三大板块的 34 项活动精彩纷呈。2020 永续海洋论坛、2020 年 APEC 海洋空间规划培训研讨会、第五届中国休闲渔业高峰论坛等 11 个海洋大会论坛关注蓝色经济、蓝色伙伴关系、海洋可持续发展与区域合作等议题，近 4000 件生物标本、百余件航海藏品、众多重点实验室亮相海洋科学开放日，2020 厦门风筝节、2020 年厦门市青少年沙滩橄榄球锦标赛等活动同期举办。

学术出版

1 月　王崇敏著《南海海洋文化研究》，由社会科学文献出版社出版。本论文集为"第四届南海更路簿暨海洋文化研讨会"中关于南海海洋文化研究的论文汇编，共有 32 篇论文。

胡细华、叶芳编《中国古代海洋发展简述》由冶金工业出版社出版。该书从古代中国海洋发展的视角出发，以时间为轴，按先秦、秦汉、隋唐、宋朝、元朝和明清时期海洋发展的演化历程来展现整个古代中国与世界文明发展的关联性。

刘怀荣主编《中国传统文化研究 第一辑》由中国海洋大学出版社出版。该集刊以刊载中国优秀传统文化为主要内容的论文，以中华传统美德、齐鲁文化、海洋仙道文化、青岛文化为特色。

3 月　靳维柏主编《中国水下文化遗产保护问题研究》由黑龙江人民出版社出版。本书为国家海洋公益性项目成果。详细介绍了中国水下文化遗产范围和水下文化遗产保护工作历史及国内外有关法律法规，统计汇总中国从事水下文化遗产保护人员的配备和培养情况。

4 月　《面向海洋》由岭南美术出版社出版。此画册为西汉南越王博物馆与长沙博物馆联合策划的主题展览合集，精选长沙博物馆的长沙窑瓷器 273 件（套），以海路彩瓷、诗意大唐、胡风吹拂、禅风浸染为四大主题版块。

5 月　王付欣著《跨学科视角下的全球海洋治理研究》由中国海洋大学出版社出版。本书以全球海洋治理为问题导向，从全球海洋管理制度、全球海洋资源治理、全球海洋经济可持续发展、全球海洋科技研究等方面进行论述。

王克恭原著、王屏藩增辑《鲞经》由文汇出版社出版。这是一部全方位研究、记述与石首鱼鲞相关的渔业实业及渔业科技的专著，共分前、后两卷。前卷正编十三篇，系王克恭先生撰成于清光绪十二年十一月；后卷附编十三款，为其孙王屏藩先生增订成稿于民国二十年。

《泉港本草》由福建科学技术出版社出版。《泉港本草》第六辑为海洋药专辑，精选收入了泉港地区海洋药 200 余种，每种海洋药分别从别名、来源、识别、形态特征、采收、药性、功能、主治、用法、民间验方、文献摘要和现代研究等多个方面作了系统说明。

万明、曲金良、修斌主编，马树华执行主编《海陆丝绸之路的历史变迁与当代启示》由中国社会科学出版社出版。本书是以"海陆丝绸之路的历史变迁与当代启示"为主题，在中国海洋大学召开的中国中外关系史学会第九届会员代表大会暨学术研讨会论文集。本书共收录 24 篇论文，大致可以分为"海陆丝绸之路"的历史变迁；南海与东南沿海海上丝路；中国与琉球群岛、日本列岛与朝鲜半岛的关系；以耶稣会传教士为代表的中西文化交流四个部分，对于了解我国以海陆丝绸之路研究为代表的中外关系史研究学术脉络和发展动态具有重要价值。

曲金良著《胶州湾历史文化资源》由中国海洋大学出版社出版。内容包括总论、胶州湾地区的：海陆景观与环境资源、人文社会历史变迁、渔业文化资源、盐业文化资源、航海文化资源、港口文化资源、军事文化资源、宗教文化资源、民俗文化资源、城市文化资源、工程文化资源、文学艺术资源、中外名人评传、历史事件一览。

6月 胡铁球、李义琼著《古代福建海商家谱整理与研究》由海洋出版社出版。该书系学界首部从传统海商家谱的视角探讨中国海洋文化的研究专著，具有开创性和独特性。在整理学界相关研究的基础上，利用海商家谱等史料，从家族文化、商业文化、教育教化、文学艺术、海洋信仰等多重角度出发，探究海商家谱所展现的海洋文化的内容与特色。

8月 陈耕著《思明与海》由鹭江出版社出版。本书以图文结合的方式介绍思明从古至今的海洋文化历史与特色，史料丰富，语言通俗流畅。

《第四届海峡两岸海上丝绸之路学术研讨会论文集》由团结出版社出版。全书收录 32 篇学术文章、三十余万字，主要包括海上丝绸之路当代研究、历史上的海上丝绸之路、中外交流史、海洋文化四部分，论及了海上丝绸之路在秦汉、元、民国等时期，以及不同地域和国家间的历史发展；

海上丝绸之路带来的文化交流和沟通对不同地区的文化影响等内容。

9月　刘勇著《海洋生态文化建设研究》由中国社会科学出版社出版。本书全面系统研究探讨了海洋生态文化建设及其保障机制理论，初步尝试从海洋生态文化的内涵、特征、内在要求、结构体系、指导思想、等方面建立海洋生态文化基本理论体系。

吴春晖编著《资源海洋》由中国海洋大学出版社出版。此书为全国大中学生第九届海洋文化创意设计大赛优秀作品集，本届大赛以资源海洋为主题。

《中国海洋社会发展报告》由社会科学文献出版社出版。《海洋社会蓝皮书：中国海洋社会发展年度报告》是上海海洋大学海洋文化与法律学院主办的中国海洋社会发展的年度发展报告，由上海海洋大学的崔凤教授担任主编。

崔凤主编《中国海洋社会学研究2020》（总第8期）由社会科学文献出版社出版。内容包括：海洋社会学基础理论；渔民群体的流动与发展；渔村社会与海洋生态；海洋文化与产业发展；海洋民俗与海洋民俗信仰等。

《生态资源海洋主题海报展特邀作品集》由中国海洋大学出版社出版。为全国大中学海洋文化创意设计大赛指导老师、新锐设计师等的主题海报特邀风采作品，包含60多个作品，主题为生态海洋和资源海洋。

张海鹏主编《中国海域史》由上海古籍出版社出版。此书共分为五卷，即《总论卷》《渤海卷》《黄海卷》《东海卷》和《南海卷》。《总论卷》从中国人对海域的认识、中国古代造船技术发展、海洋经济与贸易等角度，系统介绍了从古至今中国人对海域的认知和中国海域的发展变迁。各海域的分卷则具体论述自身的变迁历史，同时又各具特点。

曲金良主编《黄海明珠青岛》由中国海洋大学出版社出版。本书为中国海洋文化名城系列之一，定位为学术科普大众读物。基于对整个青岛古代历史的考察、现代文化的发掘及海洋特色来向读者讲述青岛这座城市。

肖宪著《海上丝路的千年兴衰》由中国书籍出版社出版。本书从古代中国的海上探索开始，向读者叙述海上丝绸之路的形成、发展、繁盛到近代衰落的历史，以及新中国建立后海上丝绸之路的复兴和再次繁荣；介绍我国"21世纪海上丝绸之路"倡议提出后，有关沿线国家的态度、反应和参与，以及未来发展的美好前景。

10月　马来平、杨立敏、肖鹏主编《海洋科普与海洋文化》由中国海洋大学出版社出版，本书分为四个方面：一是海洋科普，二是海洋强国，三是海洋文化，四是海洋生态。

11月　王曙光编著《韬海论丛》第一辑由中国海洋大学出版社出版。内含"海洋强国建设""全球海洋治理""海洋命运共同体""蓝色伙伴关系""海洋空间规划""海洋灾害应对"6个专题文章共37篇。

12月　朱雄、丁剑玲编《中国海洋名城 青岛》由中国海洋大学出版社出版。本书以图文并茂的方式，向读者介绍了青岛形成海洋文明优越的地理位置、悠长的历史文化发展脉络、别具风情的海洋民俗，还介绍了众多海洋科教机构及海洋科普的开展情况、支撑海洋事业发展的海洋科技、助推蓝色经济发展的海洋产业，最后介绍了海洋发展战略、海洋生态文明建设、国际港口建设等深入谋划海洋发展、打造国际海洋名城的举措与进展。

徐岚著《浙东渔文化趣谈》由西南交通大学出版社出版。本书从渔俗、渔歌、渔谚、渔味和渔趣五个微观视角再现了多彩鲜活的浙东渔文化，并分析和归纳了浙东渔文化的内涵和特色。

《中国古船录》由上海交通大学出版社出版。本书收录了中国历代古船，超过800多种。每一种古船均配备有详细的出土年代、用途、使用流域和文献记载，是我国首次对古船的系统收集整理。全书采用词典的形式，并配备索引，方便读者查阅。

曲金良著《中国传统海洋宗教与民间信仰》由海天出版社出版。本书从四海海神、蓬莱仙境、徐福东渡、海神妈祖等方面进行了梳理和介绍，提炼了其主要特点，概述了其主要作用，对我国建设"海洋强国"、建设"21世纪海上丝绸之路"国家战略有一定学术参考意义。

5日，山东财经大学海洋经济与管理研究院与社会科学文献出版社联合发布了《海洋经济蓝皮书：中国海洋经济发展报告（2019—2020）》。

其他

6月 1日，为促进海洋文化与亲子阅读的深度融合，深圳首个街区海洋儿童友好图书馆在大鹏新区葵涌办事处正式亮相，总馆面积1000平方米。

7月 国家科技基础资源调查专项"中国海岛志编研"项目在山东青岛正式启动，研究团队由来自自然资源部、中国科学院、生态环境部，以及科研院所、海洋调查研究部门等19家单位的专家学者组成。

天津市旅游景区质量等级评定委员会发布公告称，经天津市旅游景区质量等级评定委员会组织评定，国家海洋博物馆景区达到国家AAAA级旅游景区质量等级标准要求，批准为国家AAAA级旅游景区。

9月 深圳于2020年9月印发了《关于勇当海洋强国尖兵加快建设全球海洋中心城市的实施方案（2020—2025年）》，聚焦海洋事业高质量发展，将力争通过一批标志性、代表性、关键性项目，形成示范效应，有效支撑全球海洋中心城市建设，到2025年成为我国海洋经济、海洋文化和海洋生态可持续发展的标杆城市和对外彰显"中国蓝色实力"的重要代表。

自然资源部第一海洋研究所"拥抱海洋"全国大学生暑期夏令营活动成功举办。本次夏令营采用线上形式，吸引了54名大学生营员相聚"云端"。

29日，由中国海洋大学期刊社倡议创建的全国高校海洋类学术期刊联盟成立大会在青岛召开。会议审议通过了《全国高校海洋类学术期刊联盟章程》，并选举出全国高校海洋类学术期刊联盟第一届理事会。中国海洋大学副校长李华军院士当选为理事长。联盟秘书处设在中国海洋大学期刊社。联盟理事单位有中国科学院大学、中国海洋大学、厦门大学、上海海洋大学、广东海洋大学、海南大学、江苏海洋大学、浙江海洋大学、大连海洋大学、海南热带海洋学院共十所高校。

11月 教育部社会科学司发布了《教育部关于第八届高等学校科学研究优秀成果奖（人文社会科学）奖励的决定》。中国海洋大学文学与新闻传播学院曲金良教授主编的《中国海洋文化发展报告（2013年卷）》荣获二等奖。这是继《中国海洋文化史长编》（五卷本）之后，中国海洋大学海洋文化团队第二次荣获教育部二等奖。

2日，"海洋历史文化"公众号创建。此公众号是由中国海洋大学中国史学科和海洋文化团队联合创设和运营的公共学术交流平台，致力于海内外从事海洋史、海洋文化研究的学界同仁和青年学友的交流，以期共同推进海洋历史文化的学术发展。目前暂设成果荟萃、动态信息、人才培养、团队介绍、文献资料等几个版块。

4日，中国海洋大学设立"海洋历史文化"微专业。该专业由中国海洋大学文学与新闻传播学院中国史学科开设。专业面向全校招生、并可替代部分通识课程学分。其设立目的在于夯实文史基础、培育人文精神、助力通识教育、繁荣校园文化、强化海洋特色，为建设世界一流大学做贡献。该专业立足海洋历史文化人才培养与通识教育，注重海洋教育的人文思维和内在精神价值，发挥海大学科交叉和综合性海洋学科的优势，鼓励学生更多接受跨学科方法的训练。首期微专业招收学生35人，于2021年6月27日完成第一个学期的期末汇报总结和交流讨论会。

15—17日，第十七届中琉历史关系国际学术会议在中国海洋大学举办。本次会议由中国海洋大学主办，文学与新闻传播学院、海洋文化研究所、日本研究中心共同承办，副校长李巍然出席开幕式。开幕式由文学与新闻传播学院院长、日本研究中心主任修斌主持。来自北京大学、清华大学、福建师范大学、集美大学、天津工业大学、台湾"中研院"、台湾大学、台湾中兴大学、日本琉球大学、名樱大学、冈山大学、关西大学、法政大学等院校和科研机构的80余位学者参加会议。

12月 8日，中国常驻联合国副代表耿爽8日在第75届联大全会"海洋和海洋法"议题下发言，呼吁各方携手构建海洋命运共同体。

中国海洋学会被评为"2020年度全国科普日活动优秀组织单位"、"2020年度全国学会科普工作优秀单位"。从2014年至今，中国海洋学会已连续7年获得"双优秀"荣誉称号。